智能合约
重构社会契约

蔡维德 主编

RECONSTRUCTION OF SOCIAL CONTRACT

法律出版社 LAW PRESS·CHINA

本书编委会

序言

迎接“约满天下”时代的到来

本书源起于2019年,应法律出版社之约,笔者团队准备编写一本关于智能合约的书,主要是来介绍相关的技术。在最先的资料收集过程中,笔者发现目前市面上关于智能合约的介绍其实并不一定真正关系智能合约,而只是区块链技术换了一个称呼,甚至有许多案例与智能合约并没有任何关联。

那时候,笔者面临着两个选择:一个是选择迎合,随波逐流把区块链案例都当作智能合约案例写在书内;另一个是选择坚持,放弃任何与智能合约无关的材料,只写真正涉及智能合约的案例。

面对一个新兴的领域,固然有太多的不确定性,尽管有时候“迎合”会更容易,甚至能赶上一时的风口,但是一个行业要能真正有所作为,需要的不仅仅是风口,而是要有自己的“翅膀”,需要一批有志之士真正去“坚持”。所以笔者决定选择“坚持”,坚持自己所知的“正确”。

现在已经有太多的书和文章在谈区块链和智能合约,为读者提供一个正确的观点是最重要的。书中涉及的技术可以不成熟,可以有不同的观点,但是不能鱼龙混杂(如把伪链当作真链),不能指鹿为马(把没有法律效力的链上代码当作有法律效力的智能合约),更不能得过且过(把没有智能合约的系统当作智能合约系统)。因此,笔者在材料选择上非常谨慎。除非在材料中有智能合约的描述(如算法和程序),从法律合同出发才会采用。

观点不一致,是一个科学学科发展早期的必经之路。在2016年的The DAO事件后,智能合约才开始获得广泛的关注,以前只是一些极客的实验或是想法。虽然后来人们放弃了用以太坊上的智能合约来管理投资的想法,但智能合约却因其能够成为可计算的合同而被保留下来。

这也是在科学历史上常常发生的过程,伴随一个新兴学科的开始都会产生不同的看法,但是最终会有定论,偏差的理论慢慢会被淘汰。正因如此,笔者认为书中材料的正确性比数量更加重要。

本书一开始就有两个重要原则:

其一,智能合约必须是以法律观点出发的可计算合同(computable contracts)技术,即智能合约以后必须是有法律效力的合同,而不只是"链上代码",本书也是基于这观点来写作的。唯有如此,才可能带来人类几千年来的一次法律大改革。因为有些链上代码的目的是故意逃避监管,这两种技术有重叠,但各有其独立的地方。

其二,对于智能合约技术的讨论,都应以合法合规为出发点。遇到"对抗审计"(censorship resistance)的材料时,只讨论其智能合约技术,不讨论如何逃避监管。

坚持以上两个基本原则,在团队成员的共同努力下,本书引用了大量国外相关前沿研究内容,如英国法律协会的研究报告、李嘉图合约、雅阁项目(Accord Project),斯坦福大学的 CodeX 项目[包括法律规约协议(Legal Specification Protocol,LSP)]、美国商品期货交易委员会(U.S. Commodity Futures Trading Commission,CFTC)报告,国际掉期与衍生工具协会(International Swaps and Derivatives Association,ISDA)的智能衍生品交易合约。另外,还列举了不少智能合约的案例,包括金融、保险、房地产、监管等智能合约。

客观来讲,这几年国外的智能合约有了非常大的发展。例如,李嘉图合约已经发展25年;雅阁项目从2016年开始,由英国和美国法学家开启,已经有许多单位参与其中;法律规约协议项目介绍了许多相关的技术,包括语言、模板、逻辑,而且其中引用的一些文章发表在60年前,表示相关工作在很早以前就已经开始,但是近年因为区块链的来临,这一领域开始有了大幅度的进展,也得到许多人的关注。ISDA一直在工作而且最近进展快速,发表一系列重要报告,仅仅是在2020年就已经发布多篇高价值的报告。

从上述研究中可以看出大家都有同一观点——因为自然语言处理(Natural language processing)、人工智能(AI)、区块链(Blockchain)、云计算(Cloud computing)的到来,法律界会有大的变革,不论是执法、司法、立法都会受到影响。而且这些工作大都是国外法律界开启的项目,国外一些著名法学院的学者已经参与其中。

同时,研究界对"智能合约"(Smart Contract)这一名词一直都有不同的解释。因最早期对智能合约的法律效力存在争议,国外有些单位使用法律智能合约(Legal Smart Contract)代表有法律效力的智能合约,而"智能合约"代表类似以太坊上的代码(一个系统工具或是平台)。本书还是采取保守的态度,在本书中"智能合约"代表计划有法律效力的代码,而不想有法律效力的代码在本书中被表述为"链上代码"(chaincode),以太坊的智能合约事实上就是一个"链上代码"平台——这一点以太坊在2018年也同样公开承认过,因为从一开始他们就没有想与法律合同有任何关系。

本书有可能是全世界第一本以法律为出发点的智能合约专著。笔者团队在亚马逊书店搜寻关于智能合约的书籍,基本上谈论的都是“链上代码”而不是“智能合约”。团队也找到一些法律科技的参考书,其中也涉及智能合约的材料,但还没有看到关于合规的智能合约专著。

事实上,在美国法律界的国际会议期刊中,从2019年开始这方面的论文才开始多起来。现在大部分白皮书或是论文,还是在讨论“链上代码”的机制、安全、架构等问题,深入研究合规的智能合约的论文依然非常少。

法律和计算机这两个领域相差太远,在哲学性、思维方式、科技水平上的差距都非常大。虽然这两个领域已经过了至少60年的合作,但实践中还是会遇到一些困境,从30多年前的法律逻辑计算到最近几年的认知法律应用,都曾遇到难解的问题,这些问题不一定是技术性的,也有可能是监管政策上的难题。另外一个难题是以前那些技术属于辅助性的工具,可有可无,并且学习这些技术是有难度的。

但是智能合约以可执行的合同出发,反而有可能会成为重要突破口。因为其会在第一线上工作,速度又快,将会影响相关公司的成本效率。尤其在一些法律应用上的突破,会打破长久以来两个领域的鸿沟。

不少人认为金融领域会是智能合约的第一个应用方,但ISDA的白皮书已非常清楚地表明,金融领域应用智能合约的工作还有一些距离。但是从ISDA发表白皮书的速度以及相关单位的合作看,这项工作已经受到重视,例如拥有1.4万名会员的新加坡法律协会(Singapore Academy of Law)就参与了这项工作。这项技术还需要新型区块链技术和智能合约的架构,如果有人去研究上述白皮书便可发现,其基本上在重新定义金融交易系统的基础设施规则。

过去,错误的智能合约可以融到上亿美元,美国投资圈还预备在实际环境下运行这种错误的智能合约。如果错误的技术都可开启这样的热潮,那何况是合规的智能合约技术?正确的智能合约可带给社会正面、公平、积极、经济的效益,是值得期待的。虽然这可能需要花费10年或是20年的时间研究和开发,但是智能合约的高速列车即将启动,大家可以选择上车或是继续留在原地。

为了让读者更加全面地认识智能合约,本书作了如下的安排:

第一部分,对智能合约进行综合介绍。其中最重要的部分是2018年CFTC的报告。该报告内容虽短但观点平衡且正确,并且融合了2018年前的研究结果。他们同时提出了新观点,以前很多人认为区块链和智能合约是逃避监管的机制,CFTC反而认为这是新的监管机制。这和笔者的观点一致,因为科技是中性的,盗匪可用,公安也可用;逃避监管的机构使用这些技术多年,为什么监管单位还不使用?这一新概念在2015年已经提出了,为什么2018年的这份报告如此重要?因为CFTC是监管单位,作为美国监管单位认同这一概念,意义重大。这表示区块链和智能合约不再只是“币圈”可以拥抱的技术,而成为合规市场和监管单位都可以拥抱且大量使用的技术。可能以后,监管单位的智能合约会用来监管“币圈”的智能合约交易活动,大家用科技在市场上博弈。

第二部分,重点讨论智能合约的法学上的考量。这里有一些重要讨论,例如,英国在2018年开始考虑将智能合约和区块链融合在英国法律之中,并在2019年由英国法律协会开启具体工作。这次报告在2019年年底出炉,结果是英国法律协会支持智能合约成为有法律效力的合同。笔者也把他们的考量收录于本书中,供中国法学界参考。

其中,ISDA的工作和英国Fnality公司的工作代表着将来金融系统都可以由区块链和智能合约完成,Fnality公司讨论系统架构,而ISDA讨论智能合约法律问题。因为Fnality公司的工作主要在基于区块链的金融交易系统,本书遵循前文确定下来的规则,只讨论智能合约,对此部分内容不再赘述。这里有一个非常重要的信息,区块链和智能合约系统在合规市场的使用还是有许多工作要做,ISDA报告多次提到问题非常复杂。

另外一个观察,2019年10月24日,中共中央政治局就区块链技术发展现状和趋势进行第十八次集体学习,习近平总书记在主持学习时提出,努力让我国在区块链这个新兴领域走在理论最前沿、占据创新制高点、取得产业新优势。要推动协同攻关,加快推进核心技术突破,为区块链应用发展提供安全可控的技术支持。要加强区块链标准化研究,提供国际话语权和规则制定权。事实上,ISDA就是在建立基于区块链和智能合约的国际金融交易标准,在这方面他们现在有话语权,他们的想法与习总书记的想法不谋而合。

第三部分,重点讨论智能合约在计算机的考量,而且大部分是基于可计算的合同出发的。本部分将讨论过去“传统”的智能合约技术(如李嘉图),也讨论现在正在开发的雅阁项目——IBM公司都加入了该项目,联合开发基于其提出的国际标准模板的智能合约。另外,美国斯坦福大学和多家单位联合研究的项目CodeX为本书提供了大量研究材料,参与项目工作的大多是法学家。本书中只介绍他们最近的工作，他们之前的工作还包括可计算合同（Computable Contracts）模型及将人工智能应用在合同建立上，篇幅所限本书中不再展开分析。

本部分除了介绍国外的工作，还介绍了北京航空航天大学在这方面的工作——比格犬模型。比格犬不能说话，没有上过学，不会高科技，但是却可以在美国飞机场执法。比格犬都可以执法，有高科技支撑的智能合约技术将来有一天也一定可以执法。比格犬模型项目便是北京航空航天大学和国内外律师合作开发的一个智能合约开发流程模型。

比格犬项目和其他许多国外项目的不同之处在于，大部分国外项目都假设现在有许多可靠的区块链系统可以使用，而且这些系统在功能和性能上没有差异。但是这种假设是不成立的，加拿大中央银行在2017年已经提出报告称区块链系统不可靠，后来美国联邦储备系统在2019年12月也提出区块链系统平台会对应用产生巨大影响，这也反映在2020年3月英国中央银行的报告《中央银行数字法币：机会、挑战、设计》（Central Bank Digital Currency：Opportunities，challenges，and design）中。这也是本书的观点，链和链不同，在功能和性能上存在很大差异，不能把伪链当真链。

第四部分，主要围绕智能合约的案例进行讨论，包括司法、金融、数字法币、保险、政务领域的应用。英国中央银行的上述报告提出了三种中央银行智能合约平台，本书也分析了这三种智能合约平台。正如CFTC所言，监管单位（这里指英国中央银行）对智能合约有非常大的兴趣，这三种智能合约大部分的功能都是为监管设计的。

第五部分，对智能合约的未来进行了展望。本书立足于未来数字社会“万物上链”的发展趋势，结合智能合约创造信任、节约成本、重塑秩序等独特的作用，描绘了未来的社会图景。当然，任何技术的大规模应用都需要合法，唯有如此才能赢得社会的认同。本书结合智能合约的实际，提出了“皋陶模型”——以法律为基础的智能合约，模型的设计围绕皋陶“天人合一、民本思想、司法公正、德法结合”的中国传统法律思想，符合中国的文化特征与现实要求，与践行智能合约，推动中国梦的理念一脉相承。

当智能合约这一概念在1994年提出的时候，尼克·萨博（Nick Szabo）就提出以后智能合约会在全球范围内广泛应用，就是“约满天下”。在如今的互联网时代，对隐私的保护较弱，而且难以查验对方的身份，甚至被人诟病为“伪满天下”。区块链因可保护数据不被篡改，成为信任机器，于是带来了“链满天下”。但是在链满天下的时代，智能合约比链更多，一条链可能可以执行几百到几千个智能合约，因此“约满天下”以后必定来临。

人类每一次的重大技术革命都会带来社会的极大改变，但是对于每个人的机会窗口其实是很有限的。笔者从 2015 年选择投身区块链领域的研究，5 年来亲眼见证了区块链领域的许多重要的进步，尤其是智能合约对于未来法律的颠覆已经逐步显现，这些变化进一步坚定了笔者当初的选择，也鼓舞了笔者要出版这本《智能合约：重构社会契约》。

此刻，手捧书稿，回顾这段时间的经历，感谢许多人给予笔者帮助。梅宏、王怀民、李建中、周立柱、吕卫锋、柴跃廷、金芝、杨东、霍学文、尚进、黄涛等专家，不仅在各自领域造诣深厚，并且时刻关心新技术、新思想的发展，在日常的交流中给了笔者很多启发与鼓舞。

在本书撰写的过程中，北京互联网法院的伊然法官从法官视角提供了很多专业观点；姜嘉莹法学博士，同时也是美国和中国的注册律师，贡献了她在计算法学和可计算合同的研究结果；北京航空航天大学的葛宁老师贡献了她在智能合约形式化验证方法的结果；冯永强提供了他在预言机方向的研究，并且在多方面为本书创作提供了支持；北京华讯律师事务所张韬律师提供了他在这方面宝贵的专业知识；北京航空航天大学的何娟在智能合约预言机方面提供专业论文成果；乔聪军在未来法律人才发展方面提出了有前瞻性的构想；潘鹏飞在资料补充、书稿调整方面做了很大贡献；北京植德律师事务所曾雯雯，同时也是美国和中国的注册律师，提出了许多有建议性的讨论和评语；北京航空航天大学数字社会与区块链实验室研究人员邓恩艳、王荣、向伟静、王康明、胡子木、王帅等也为这本书默默提供了很多的帮助。

还有国外许多专家为本书的创作给予了很多的帮助，美国斯坦福大学 CodeX 项目的奥立弗·古德纳夫（Oliver Goodenough）参与了多次讨论，并且提供了许多专家观点；前伦敦股票交易所市场总监兼 AIM 主席马丁·格雷厄姆（Martin Graham），他多次来中国讨论数字经济和相关技术；Assured Enterprise 公司董事长史蒂芬·索布尔（Stephen Soble）和笔者团队多次讨论相关信息，特别在安全方面给予了很多建设性意见；前英国财政部高管和汇丰银行贸易金融主任罗伯特·布洛尔（Robert Blower）从 2015 年开始多次就数字经济和科技问题与笔者探讨；伦敦大学学院区块链研究中心主任保罗·塔斯卡（Paolo Tasca）给予了笔者许多帮助；伦敦区块链孵化器专家埃里克·范·德·克莱（Eric Van Der Kleij）在区块链科技上给予笔者许多指导；英国 Fnality 公司前 CCO 奥拉夫·兰索姆(Olaf Ransome)给予笔者许多指导；以太坊创始人维塔利克·布特林(Vitalik Buterin)在 2015 年到北京航空航天大学与笔者团队多次讨论，奠定本书基础。

同时，国内北京科技大学的朱岩老师是科技部另一个智能合约课题组带头人，参与多次讨论；北京大学郁莲老师长期和笔者团队合作，在智能合约上提出许多新想法；北京航空航天大学与笔者团队胡凯老师从 2015 年参与区块链和智能合约项目，专注于智能合约研究；北京航空航天大学与笔者团队的张辉老师多次帮助；天德科技 COO 张柯锋提供许多法务指导；人民大学梁循老师提供许多建议；北京理工大学喻佑斌老师长时间提供新思想；齐鲁工业大学(山东省科学院)徐如志和赵华伟老师很早就和笔者团队合作；青岛科技大学杜军威老师长期和笔者团队合作；科技部现代服务重大项目参与者多次讨论并提出建议，项目团队包括北京航空航天大学、北京大学、清华大学、北京邮电大学、北京科技大学、西安交通大学、北京物质学院、赛迪(青岛)区块链研究院、京东、中化能源、交通运输部科学研究院、德法智诚、北京植德律师事务所、北京华讯律师事务所、天民(青岛)国际沙盒研究院。

还要特别感谢北京航空航天大学前校长李未院士、中国科学技术协会怀进鹏院士、贵阳市常务副市长徐昊、工信部卢山司长、工信部金健、北京航空航天大学王蕴红老师一直以来对笔者团队的鼓励和支持。

此外，本书还得到了国家自然科学基金项目(61672075、61690202)，科技部重大项目(2018YFB1402700)，山东省 2018 年重点研发计划(重大科技创新工程 2018CXGC0703)，青岛市崂山区区领导和招商部门的相关同志，贵阳市双龙管委会的韩勇、杨力立等领导，北京金融安全产业园的支持。本书创作过程中还有很多人默默地提供了许多帮助。

本书完成于 2020 年 3 月底，还有相关资料已经收集但因还未处理不能放进本版书中，未来笔者团队还会以其他方式与读者分享智能合约最新的进展成果。

当然，智能合约领域作为一个新兴的领域，无论是技术创新，或是理论创新都面临着高速的变化，笔者能做的只是坚持目前所知的“正确”，并且将这些“正确”分享给更多的人。然而，智能合约技术远远还未成熟，学者的看法以后会随着技术发展而进步或是改变，甚至笔者团队自己也会对现有的“正确”提出质疑，甚至主动去推翻。这都是非常正常的，这可能也是现在最好的方式，思想开放，鼓舞创新。

亲爱的读者，智能合约就是这本书的主题。本书可能是中国最早期以合规的智能合约为主题的书，但绝对不会是中国最后一本以智能合约为主题的书。这本书的特性，在于它是由法律学者和计算机学者合作完成的。

流水不腐，户枢不蠹。这本书由多位专家学者参与编辑而成，代表文章作者持有的看法。笔者团队坚持目前所知的"正确"，但这不是真理，而是要时刻接受着广大人士的补充，甚至批评。衷心期待有更多的有识之士投入智能合约的研究与开发当中，一起创造一个更加高效、更加美好的未来。

蔡维德

于北京航空航天大学

前言

无心插柳柳成荫

——技术“错误”与智能合约的诞生

人类的技术进步看似必然，其实伴随许多的偶然，甚至是“错误”，难能可贵的是总有一群人孜孜以求，不断地抓住每一个机会，最终开创了新的天地。

智能合约的出现也是如此，它的出现离不开历史上的三个“错误”，并且改变了计算法学的历史，甚至改变整个法学。

第一个“错误”发生在1994年，尼克·萨博(Nick Szabo)提出了智能合约的概念，被许多人称为智能合约之父。不仅如此，根据许多国外纪录片和文章，以及对尼克·萨博的许多演讲进行分析，2019年笔者在《比特币的发明者“中本聪”到底是谁?》中提到，其非常可能就是比特币的创始人中本聪。[1] 当时有能力做这项技术而且还没有被排除的只剩一人，就是尼克·萨博。可是他不会承认，如果承认，他可能会因为发行货币而面临牢狱之灾——和他同期发行货币的朋友后来在美国被判刑且入狱。而且如果他承认，还可能需要支付大量的税金，因为比特币从开始到高点暴涨至少百万倍(有报道说千万倍)，他如果要补税(需要加恐怖的利息)，这会是天文数字。

尼克·萨博既是律师又是计算机工程师。在1994年写了一篇文章，提出了“智能合约”这个概念。如果大家去读这文章，会发现里面有创新思想，但是没有提出关于系统的设想。这个名词非常好听，但是这篇文章却存在许多漏洞。

尼克·萨博将智能合约定义为：“一个智能合约是一套以数字形式定义的承诺(promises)，包括合约参与方可以在上面执行这些承诺的协议。”智能合约就是任何能自行执行部分功能的协议。例如，股票交易后需要支付资金，这可以用智能合约完成。上述定义的第一个重点是协议或是合同，第二个重点是自动化执行。

---

[1] 参见蔡维德：《比特币的发明者“中本聪”到底是谁?》，载微信公众号“天德信链”2019年1月4日。

但是问题马上来了。这个“数字形式定义的承诺”是法院认可有法律效用的合同？显然不是。就算法院认为是,这些计算机语言可以保证执行正确的指令？数据来源是不是正确？计算是不是正确？谁可以验证协议是不是正确？如果出错,哪个单位应该负责？如果出问题,是协议出了问题？还是执行出了问题？还是数据出了问题？因为在计算机端,算法可以正确,代码也可以正确,但是如果使用不正确的数据,还是会出错。就算数据正确,但是支持系统出了问题,例如,网络(断网就是一个例子)或是数据库出了问题,还是会有问题。诉诸法院,谁可以判定由谁负责？法官和律师可能都不懂计算机语言,也不懂智能合约,不了解计算机和网络系统。

这一连串的问题都没有解释,所以这次只是提出了一个概念或是想法,这个概念就是“可执行的协议”,但是没有解决实际问题。

一直到19年后,一个年轻人出现,再一次改变了历史。这是历史上的第二个“错误”。这个“错误”是什么？这个年轻人认为,只要把代码放在区块链上运行,该代码就成为“智能合约”。这是什么逻辑？代码放在区块链上运行,就成为合法合规的合约？在法庭上,法官可以用该合约判断是非？代码运行在区块链上和原来定义的“智能合约”没有任何关系,原来还假设可以是合同,这里连合同这一概念都不需要了,只要是代码,运行在区块链上,就是“智能合约”。

值得注意的是,这个年轻人的确在建设智能合约。他的成果是让智能合约使用区块链上的数据以及把智能合约结果存放在区块链上。区块链上的数据是非常难更改的,所以数据放在区块链上“有机会”可以成为有法律效力的证据。这是因为在法律上,没有更改过的证据才有法律效力,而区块链具有这样的特性。因此,这样的代码“有机会”可以成为智能合约。但是使用“有机会”成为证据的数据,并不代表其就是具有法律效力的证据,而且代码和合同差距太大。这样的智能合约机制距离实际可计算的合同还是非常遥远。

2015年,笔者在北京航空航天大学和这个年轻人进行了交流,直接表明他的想法太过乐观。这个年轻人也同意,但是他认为如果不叫“智能合约”,这个机制便卖不出去。这就是在历史上,包括创始人(年轻人)和评论人(笔者)都认为是错误的名词,却被保留下来。

这个年轻人就是以太坊的创始人维塔利克·布特林(Vitalik Buterin),一个少年天才。维塔利克说得对,“智能合约”这个名词响亮得多,比“链上代码”好。链上代码实际是学术名词,是正确名词,但是大家都不喜欢(后来维塔利克在2018年10月公开表示他后悔使用这一名词,因为他开发的系统的确和法律没有关系)。

以太坊也是公认的世界上第一个智能合约系统，而尼克·萨博只是提出了这一名词。后来智能合约的发展是根据以太坊的路线（和李嘉图合约模板）。现在智能合约如果没有运行在区块链上，根本没有机会成为有法律效力的协议。

第三个“错误”的出现则是真有人相信以太坊的智能合约是“智能”的“合约”，还在2016年开启了一个大项目The DAO。当时这个项目大受欢迎，融资上亿美元。这真是个历史上的一个认知大错误。《美国银行家》（American Banker）杂志连续发表文章批评这个项目，认为是胡闹，该智能合约并不合法，全世界没有国家承认这是有法律效力的合同，而且也不智能。2016年笔者撰文《两种选择，两种结构——The DAO事件的反思》也对这一事件进行了讨论。

就是在这种环境之下，项目出了纰漏。出了纰漏后需要追责，The DAO项目方和以太坊都有法律责任，以太坊是技术提供方，技术出了问题也需要负责。于是他们只好退钱给投资人。问题在于没有国家承认“智能合约”是有法律效力的合同，既然没有合同，这个项目就没有法律依据，必须退钱。

经历这三个“错误”后，人们应该对“智能合约”技术说再见了吧？

结果正好相反，世界开始拥抱智能合约。大家承认以前的错误，但是可执行的代码在法律上的革命却是真实的，而且必定改变世界。

但是这一次世界不再愚蠢，世界开始走上正确的路线：

第一，研究智能合约的法律问题，目标是建立一个可执行的法律体系来支持“可执行的合同”。这属于法律范畴，而且会影响到立法、司法和执法。

第二，研究如何验证智能合约软件，如何设计，如何和区块链交互。这属于计算机范畴的工作。

并且这两个方向必须是交互的，不能单独独立出来，不能把计算机和法律分离。

例如，笔者在2019年的《智能合约三个重要原则》一文中提出了“三原则”：（1）数据完全来自区块链；（2）计算结果有共识；（3）计算结果完全存在区块链上。加上这“三原则”，智能合约会更加进步。

首先，数据来源如果有法律效力，而且存在区块链上，没有被更改过，智能合约就可使用正确的数据来计算，这是第一步。另外，智能合约不能使用没有存在区块链上的数据，以保证数据来源正确。

其次，现在智能合约在多服务器上执行，执行后，结果必须有共识，减少计算错误，这是第二步。假如没有遵守这一原则，没有共识，直接认为计算正确，可能导致不正确的计算结果存在区块链上。

最后,计算结果如果一致,结果完全存在区块链上,避免被更改,以增加数据可以成为有法律效应的证据的可能性,这是第三步。注意,计算结果必须完全记录在区块链上,保证结果可以完全地保留下来,没有减少,没有被更改。如果有部分结果没有存在区块链上,就有可能证据出问题。

这些看起来简单的原则,却可以提高智能合约成为有法律效力的协议的可能性。另外,数据上链也是重要问题,需要由预言机来解决。

当然,这些还不够,还需要大量算法、模型、代码、系统开发和验证,而且这些不只需要计算机学者的验证,也需要法官、律师、法学家的验证。

有了区块链、智能合约三原则、预言机和大量验证,智能合约终于有机会成为有法律效力的协议。当可执行的协议有法律效力的时候,改变是巨大的。因为以前合同从来不是"可执行的代码",都是自然语言(如中文)。现在计算机语言可以成为合同,而法规也可以计算机化,这将改变立法、司法和执法。这是人类第一次开始考虑使用计算机语言来表述合同和法规,是一次历史性的改革。

智能合约和传统计算法学(Computational law)大不相同,以前是利用这些工具来分析法律,如使用大数据、自然语言处理、软件工程、机器学习等来分析查询法规和案例。现在面对的是可执行的法律,意义上有了巨大差异。分析是辅助,执行却是在第一线上工作,计算机从辅助走到第一线工作。

英国法律委员会(Law Commission)作为一个独立修法的机构,在 2018 年正式提出在英国法律中考虑使用智能合约和区块链,并且认为这会增加英国在数字经济上的竞争力。在 2019 年英国法律协会研究智能合约后发表法律声明支持智能合约(见本书第二部分的讨论)。中国也是一样,在 2018 年开始探讨使用区块链和智能合约来执法,保存证据。就从这一年开始,人类法学历史被改变了。因其重要性,笔者在 2018 年提出这是一个区块链中国梦,记录在《区块链中国梦之三:法律的自动执行将颠覆法学研究、法律制度和法律实践》一文中。

可以预想,区块链上的智能合约可以建立信任、可编程、不可篡改等特性,可灵活嵌入各种数据和资产,帮助实现安全高效的信息交换、价值转移和资产管理,最终有望深入变革传统商业模式和社会生产关系,为构建可编程资产、系统和社会奠定基础,对于中国以及世界将会有着非常重要的意义。

目　　录

第一部分　智能合约是新技术、新思路

第二部分　完善法律基础,保障智能合约执行

第三部分　创新智能合约基础设施,提升法律执行效率

第四部分　智能合约的实际应用

第五部分　积极拥抱智能合约革命(趋势展望)

第一部分

智能合约是新技术、新思路

这部分主要介绍智能合约相关的基础知识。理解区块链是认识现代智能合约的基础，安全与合法是当前智能合约要面临的重要问题，其中区块链底层技术构造了安全的框架，而自动执行的法律是探讨多年的话题，也在不断进步，这些都将推动智能合约的发展。

第一章主要介绍与智能合约相关的一些概念。其中，比特币、区块链对于现在智能合约的创新起到了非常重要的启示作用，尤其区块链的出现，奠定了未来互链网的发展基础，具有重要的意义。

第二章主要介绍了智能合约的历史。在合同的代码化与法律的代码化方面已经有很多人作出了重要的尝试，以太坊的出现是一个智能合约的集大成者，并且逐渐形成了智能合约的许多规范。另外，美国商品期货委员会的观点非常重要，制定了智能合约的许多规则，毕竟未来智能合约要想真正大面积应用，合法是最基本的前提。

第三章主要展望了未来智能合约为社会治理带来的新思路。依次从法治改革、公司管理模式创新以及社会结构的进化方面进行了分析，这些虽然看起来很遥远，但是“未来”其实已经悄无声息地到来，并且与我们每个人的命运息息相关。

第一章 区块链横空出世

“继蒸汽机、电力、信息和互联网科技之后,目前最有潜力触发第五轮颠覆性革命浪潮的核心技术”,2016 年 5 月,全球知名管理咨询公司麦肯锡在其发布的报告《区块链——银行业游戏规则的颠覆者》中,给予了区块链上述评价。除麦肯锡外,一些专业机构和分析人士也认为,区块链有望成为互联网的基础协议之一,其作用和价值可与互联网比肩。潜力巨大,因此各界争相追逐区块链。

一、从比特币到区块链

(一)从物物交换到记账货币

在远古时代,人们的交易还是通过物物交换的形式,采用石板记账、节绳记账等古老的方式,来保证记账的正确与公平。后来出现了实物货币,贝壳、羽毛、牲口、金银等,它们被当作计价方式和一般等价物,是因为人们相信它们具有稀有性的特点,其本身的价值等于被交换物品的价值。

再后来,人类活动日益频繁,贵金属沉重、不易携带的缺点暴露了出来,逐渐过渡到了用纸币进行商品的交易。在国家信用背书的前提下,人们相信国家中央银行发行的纸币可以兑换价值相同的商品。

而随着互联网的发展,如今的人们连纸币也很少使用了,大部分时候使用的是记账货币。比如发工资只是在银行卡账户的数字上做加法,买衣服只是在银行卡账户的数字上做减法——整个过程都是在记账。这个过程的运行离不开各家银行及第三方支付机构帮助每个人记账,中央银行拥有整个国家“大账本”的记账权,从而形成一个中心记账的体系。货币的发展历程,如图 1 - 1 所示。

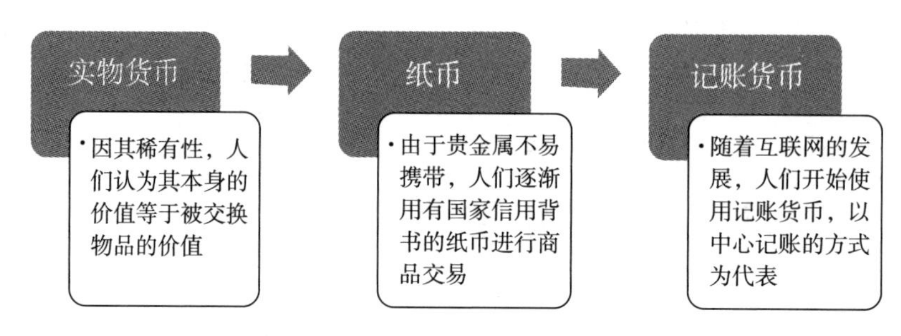

图 1－1　货币的发展历程〔1〕

2014 年年底，英国中央银行在研究比特币的时候，突然发现虽然比特币不是合法货币，但是居然没有信用风险和流通性风险，而这两个风险就是造成 2008 年全球金融危机的关键。为这两个原因，2015 年英国中央银行开启了数字英镑计划。很快这一计划得到世界许多中央银行的重视，但是经过两年的研究，英国中央银行在 2018 年宣布放弃这一计划，世界各国也不再重视这一方向。然而，这方面的研究工作却一直在进行，一些重要研究报告都发表于 2018 年之后。

2019 年 6 月，美国社交网络服务网站脸书（Facebook）发布了加密数字货币项目天秤币（Libra）白皮书，震动了世界各国中央银行和商业银行，大家开始重视这个方向，公开认为区块链技术是改变世界金融的科技。在这以前，相关技术只是玩家的技术，没有（也不会）对世界金融市场产生实质影响。这在脸书发布白皮书后改变了。大家第一次感受到这技术真有可能改变世界金融市场。

但是故事还没有结束，2019 年 8 月英国中央银行行长在美国演讲，认为合成霸权数字货币（synthetic hegemonic digital currency）可以取代美元成为世界储备货币。这个演讲对世界各国中央银行，特别是美国中央银行美国联邦储备系统（以下简称美联储）影响更大。美国终于在 2019 年 11 月由哈佛大学公开宣称这是世界新货币战争，重要到国家安全级别，并且提出一连串的监管和科技政策来应对这一新型货币战争。美联储也在多次公开演讲中提到相关政策和技术。英国中央银行行长的演讲把区块链技术抬高到国家安全级别，不只是改变了世界金融市场。

（二）比特币与区块链

比特币的由来最早可追溯到诺贝尔经济学奖获得者米尔顿·弗里德曼（Milton

---

〔1〕 资料来源：孔蓉、光大证券研究所：《TMT 行业深度研究报告之——区块链“从 0 到 1”》，载新浪网：http://vip.stock.finance.sina.com.cn/q/go.php/vReport_Show/kind/industry/rptid/4200247/index.phtml，最后访问时间：2020 年 7 月 17 日。

Friedman)的观点。弗里德曼在《货币的祸害——货币史片断》(Money Mischief)一书中提出,“货币的本质并不是信用,而是共识”,并设想用计算机技术来建立的货币体系可能比国家信用更为可靠。

最早的数字货币理论由大卫·乔姆(David Chaum)于 1982 年提出,这种名为 E-Cash 的电子货币系统基于传统的“银行—个人—商家”三方模式,具备匿名性、不可追踪性。20 世纪 90 年代以来,陆续有人试图设计出独立于政府和特定机构的新型电子货币,只是都未获成功。

直到 2008 年,中本聪发表论文《比特币:一种点对点的电子现金系统》(Bitcoin: A Peer-to-Peer Electronic Cash System,又被称为“比特币白皮书”),正式提出了对比特币等数字货币的交易机制构想(见图 1-2)。在论文中,中本聪提出,用密码技术替代信任模式,建立一种新的电子支付系统,任意两个参与者可以直接进行点对点的电子货币支付交易,且交易是不可逆的。通过复杂的电脑运算(“挖矿”)产生,不依赖特定国家和机构,打破了国家间的货币壁垒,且由于它的巨量运算、分布式运算系统安全性很高,成为天然的全球性货币。

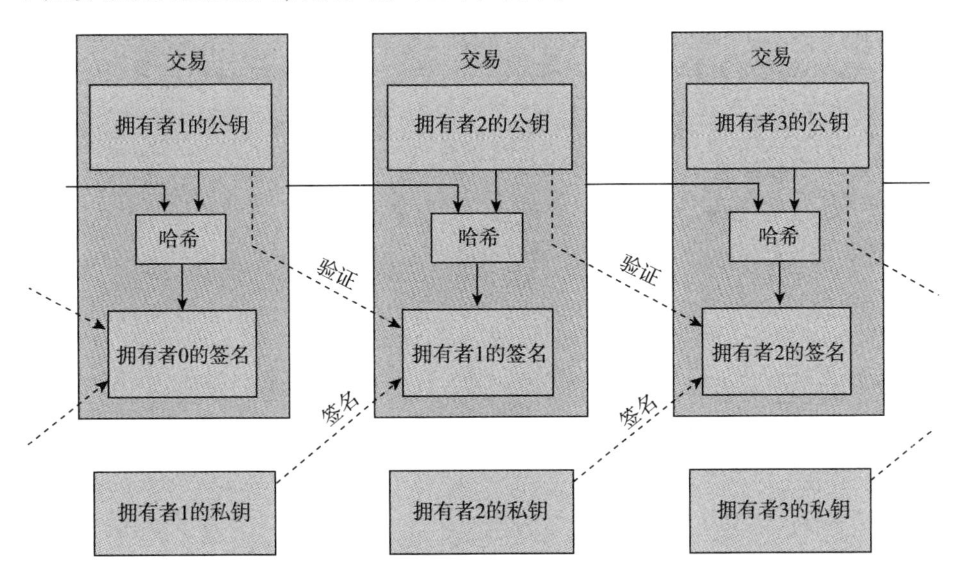

图 1-2　中本聪构想的数字货币交易过程[1]

比特币是人类发展史中首次使用技术在自身领域里对外界的产品进行计价,

[1] 资料来源:中本聪:《比特币:一种点对点的电子现金系统》,载巴比特网:8btc.com/wiki/bitcoin-a-peer-to-peer-electronic-cash-syseem,最后访问时间:2020 年 7 月 17 日。

并且和美元构成了比价效应,很好地模仿黄金的特征,有着稀缺性,实现了价值尺度的社会职能。同时,比特币凭借其较强的分割实力、运用范畴不被约束、价值存储或购买实力存储等特性,能够在线上线下给企业带来产品与服务,完成日后货币和财富的兑现,带来了一种全新的价值流通形式。

从技术来看,中本聪在比特币系统中引入了时间戳的概念,并将交易信息在系统中广泛传播。时间戳可以理解为,通过哈希(hash)函数,计算出代表交易信息的数据块的哈希值,该哈希值带有数据产生时间点的时间信息,并在网络中广播这串哈希值,比特币网络的参与者都将记录该哈希值和对应的数据块的信息。时间戳证明该数据一定在该时间节点下存在。在每一个包含了时间戳的哈希值中,还包括前一个时间戳的相关信息,这样带有不同哈希值的数据块可以根据时间信息形成链条。在比特币系统中,数据块中存储的即为比特币交易的信息,通过哈希函数得到的哈希值中,包含本次交易的时间戳信息和上一个时间戳信息,因此交易信息可以按照时间序列排序,加上其他机制可以有效防止"双花"问题。而带有不同哈希值的数据块,根据时间顺序依次排列,形成的链式数据结构,就叫作区块链。

区块链可以被视为一种分布式的账本技术,区块链中的记账是非中心化(多中心化)的,一页账本就是一个区块,记账由多个节点共同完成,而非某个节点单独记账,并且每个节点都有完整的账目,任一节点被损坏或遭受攻击都会影响整个系统的运作。更为重要的是,系统的运作规则和其中的数据是公开透明的,节点与节点间不需要相互信任,也无法欺骗。因而,区块链提供了一种创建共识机制的方法:所有当前参与的节点共同维护交易及数据库。

同时,区块链采用了加密算法,对其中的账户信息进行加密保护,在未获得授权的情况下,无法访问账户中的数据信息,从而保证了账户的隐私和安全。这也意味着区块链具备防内以及防外界篡改的特性,其中的数据信息可长期保存。

共识机制和加密,对于区块链至关重要。笔者认为,区块链是一个系统工程,是一个集成创新,加密和共识是区块链两大核心技术。区块链的创新是集成创新,而不是单学科的创新,因为影响到货币、金融、法律、安全、计算机、通信技术。

2016 年 10 月,区块链被美国著名咨询公司高德纳(Gartner)列入 2017 年十大战略技术趋势。正是凭借着公开透明、很难篡改、安全可信等独特优势以及可能引发的颠覆性影响,区块链的巨大潜力为麦肯锡、高德纳等国外专业机构和各界人士所看好,成为新兴技术领域的"宠儿"。

(三)区块链带来两个路线

2008 年起,人类开启了一个新的时代,就是区块链时代,在联合国发布的《2019

年数字经济报告》中提到了一些新兴技术,其中排第一位的就是区块链技术。区块链改变了世界,可是区块链的历史却充满了矛盾以及混乱。

1. 区块链的灰色史

灰色代表不合法,甚至可能违法。因为在一些国家,数字代币可以做但是不可以公开,属于灰色地带;有的国家对其则是明确禁止。2008 年比特币诞生出来,经过了多次大涨大跌,大家对数字代币的看法产生了很多分歧。在 2013 年左右又出现了以太坊(Ethereum),一些监管单位认为以太坊才是"万恶源头"(而不是比特币),因为以太坊推出了一种造币机制:ERC20 标准,让大家可以自由发行货币,以至于后来大部分首次代币发行(Initial Coin Offering,ICO)的乱象都基于以太坊产生。

但是比特币是人类历史上增值速率最高的资产,比黄金、股票、房地产等的涨幅都要大,十年之内比特币至少涨了几百万倍,堪称让人惊喜的一大奇迹。微软前总裁比尔·盖茨(Bill Gates)总结得非常贴切,他说比特币没有公司、法人、董事长、总经理,连员工、地址都没有,没有客服,连打电话给比特币公司都不可能。在这种没有人服务情形下,居然每天都有人投入从几十、几百到几千、几万、百万,甚至上千万的美元在上面做支付和交易。都看不到是什么人在后面做交易,也没有政府和银行担保,可是大家却对比特币信任到不畏惧风险的地步,放心地在上面支付,把钱从一个地方汇到另外一个地方,非常奇妙。而且跨境支付比现在的银行汇款快得多。

又因为是匿名的,比特币成为洗钱工具,破坏国家外汇制度,所以比特币一直被许多国家打压,被列为黑色科技。虽然政府一直在打压,可是一群相信比特币的人一直认为比特币是创时代的发明,所以他们被称为比特币信徒。脱离传统金融系统的数字环境,如图 1-3 所示。

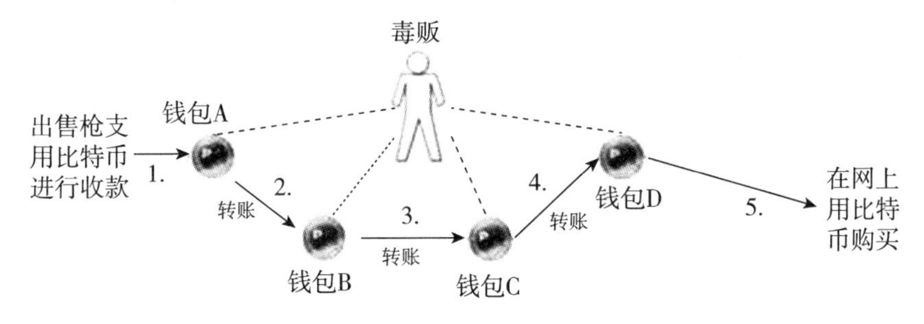

图 1-3　脱离传统金融系统的数字环境

经过多次涨幅,比特币终于在2018年涨到了高点,此后就有了一个很长期的跌幅,在这段时间之内,一直有人发文声称比特币会涨到一百万美元。数字代币本来多是做跨境支付的,后来又变成做投资的资本。在今天被世界多个国家列为金融乱象的ICO就是用代币做资本,因此成为一个不合法的灰色经济。

在2017年、2018年,这种灰色经济居然创造了一些奇迹,让全球各大投资基金感到惊讶,纷纷入场,连一直批判比特币没有任何价值的摩根大通银行也在2018年2月改变官方说法,开始承认其可能是有价值的(当他们承认比特币的价值时,比特币涨到了高点)。

有人认为比特币背后没有价值的抵押,没有中央银行的担保背书,没有价值。然而比特币一直在涨,虽然其没有抵押物或是中央银行支持,但是人们对这个系统有信心(而区块链就是系统的核心技术)。可以说,比特币的价值就是参与者对其的信心,并且认为这是"硬道理",比特币高涨代表有人有信心到愿意出高价来购买。在2019年年底,美国认为比特币的价值其实是支持"地下经济",如洗钱、逃税、黑市交易,而没有其他内在价值。

2018年,美国证券交易委员会出手打压数字代币,造成数字代币大跌,可是对比特币和以太币持宽容态度,将它们列为金融产品,终于使比特币和以太币在美国金融市场合法化。但是除了比特币和以太坊外,美国证券交易委员会并没有把所有数字代币列为合法的金融产品。

假设比特币大涨是一个硬道理,那么2018年比特币以及其他数字代币的大跌是不是也是硬道理?

2019年,一些媒体发现居然民众对比特币的信任程度比对其他金融机构还要高,许多美国民众都还记得富国银行(Wells Fargo Bank)前几年的大规模作弊事件。人们宁可相信比特币背后的区块链技术,因为区块链是用数学来担保没有作弊行为,而不是用制度来担保。

2. 正规军加入区块链

这个历史是从2014年年底开始,但是得到重视是在2015年1月。笔者称为区块链正规军历史,正规军区块链路线开始于美国《华尔街日报》、英国中央银行以及英国政府部门首席科学顾问的努力。

2015年1月,《华尔街日报》发觉没有银行担保,没有政府支持,没有客服,没有董事长,什么都没有的比特币,居然可以让人们有信心在上面进行亿级美元的支付。这个系统后面的技术必定非常强大!而这个强大的技术就是区块链。《华尔街日报》认为这是500年来最大的金融科技创新。

英国中央银行在2015年、2016年开始推出基于区块链的数字法币（法定数字货币），他们要做数字法币的原因是要把监管权拿回来，就是为了打击像支付宝、微信这样的第三方支付系统。

2016年1月，英国首席科学顾问再次提出可以区块链在各行各业试用，包括能源、医疗、政务、税务等，并且多次使用“革命”一词来形容区块链带来的改变。英国首席科学顾问用词一向保守，但是他们却选择使用“革命”代表他们认同这项技术的颠覆性，而且多次使用以避免读者没有注意到，体现出他们的急迫感。

到了2018年，区块链又迎来一个全新的发展——由政府支持但是由科技公司发行的稳定币出现。2015年、2016年，正规军开始研究区块链的用途。但是直到2018年，政府才出面支持这些稳定币或者是数字法币的发行、流转以及支付，区块链开始走进政府支持的货币世界。

2019年，世界第一家银行公开进入区块链金融市场，就是以前一直批判比特币的摩根大通银行。这一举动意义惊人，说明区块链不再只是想逃避监管的技术，一直被强监管的银行也进入区块链金融市场，区块链正式走进银行界。

同年，金融机构如维萨国际组织（VISA）也加入区块链金融，区块链正式走进信用卡金融世界。

2019年6月，脸书发行的天秤币震动了世界，世界各国中央银行和政府突然发觉区块链已经改变了世界，改变了金融市场。两个月内，全球许多银行（包括美国本土银行、英国银行、欧洲银行、非洲银行、中东银行、亚洲银行）都在谈论如何应对脸书的稳定币，银行家本来视之为洪水猛兽的技术，却给了他们一次思想大洗礼。

2019年8月，英国中央银行行长在美国演讲，认为合成霸权数字法币未来可以取代美元成为世界储备货币，震动了世界银行和美联储，使得美国于2019年11月开始表现出激烈反应。

此外，联合国发布的《2019年数字经济报告》把区块链列为新兴金融科技的首位，正规路线产生的价值会远远超过灰色路线。早在2016年，笔者在伦敦和金融城经济学家麦克·麦尼里（Michael Mainelli）谈论此事时便认为正规路线价值会比灰色路线价值大1万倍，麦尼里认为是10亿倍。现在许多经济学者预测数字股票价值会超过百万亿美元市场，远远大于现在股票市场的价值。

3. 两条路线一直并行

长久以来我们看到了两条路线的发展，一条是灰色路线，以比特币为代表，从

2008年开始一直到现在,在比特币、数字代币圈中仍然有许多信徒。由于正规军的加入,他们反而大肆活动,因为受到国家的打压,现在的活动比以前更隐蔽,现在的路演不称为路演,而是以学术会议的形式出现,有时候连项目方都是匿名的。而且因为原始币值与最后发币的价格可能存在巨大差距,以至于该数字代币在交易所上市的时候,已经有人赚了大钱。

支持数字代币的媒体,会利用各式各样的机会大肆宣传数字代币,例如,宣扬数字代币会取代国家中央银行,比特币以后会变成世界的通用货币——当然这是不可能的事情。在2019年6月18日脸书发布天秤币的白皮书时,还有人发文说称天秤币的项目方会成为世界的中央银行。有一些人认为,这些数字代币将彻底改变世界,把中央银行发行货币统统推翻——这当然也是不可能的事情。

这些思想终于在2019年6月后改变。现代经济学家开始承认区块链产生的经济效益和金融效益是巨大的。在2019年8月以前,"数字货币"这一名词不能在媒体上出现,认为是祸国殃民,扰乱金融市场的黑技术,在2019年8月后却可以公开在深圳开发,并且被政府鼓励,因为这项技术可以"防止经济危机"。

首先要明白的是,区块链和智能合约技术是中性的,任何一个中性的技术都既可以被黑道所用,也可以被白道所用,就像人们可以拿车子当救护车和消防车去救人、灭火,同样的也可以开着车子去抢银行。

所以对于一项技术,不需要为它赋予太多意识形态,它本身就是个工具。逃避监管扰乱金融的人可以使用,政府、银行、金融机构也可以使用。

二、从互联网到互链网

如果从20世纪60年代的阿帕网算起,互联网的发展仅仅经历了半个世纪,但是互联网第一次联通了世界,改变了信息的传递方式。新闻传播的渠道不再是纸张和油墨,电子邮件取代了书信,查找资料的方式由翻阅书本变为网络搜索,甚至到如今的移动互联网时代,移动支付、出行、娱乐、购物,等等。均与互联网密切相关,互联网科技革命几乎无处不在。

在当今社会中,互联网涉及的领域较为广泛,但是互联网的数据信息安全一直备受威胁,比特币和区块链技术的分布式、开放性、自治性、不可篡改性、匿名性等特点,实现了真实世界与数字世界之间的资产权益映射和价值转移,是数据革命的重要基础。

区块链作为一项基于互联网的颠覆性技术,是对互联网的迭代升级和功能完善,它更改的是互联网的存在形式,但它的意义却又不止于此。[1]

(一)信息穿透时间空间

21世纪的前20年,是属于互联网行业的。随着科技的不断发展,技术的不断提升,互联网已经实际上改变了人类的生活。包括谷歌(Google)、亚马逊(Amazon)、脸书、阿里巴巴、腾讯在内的一大批互联网公司成为市场新贵,而过往辉煌的实业公司逐渐沦落成为互联网的下游产业。

传统的互联网,其本质是以巨型计算机为中心,把不同的计算机通过网络连接在一起,形成一个互联网生态。但是随着时代的发展,这种中心化互联网的弊端也开始不断显现。因为信息过于集中,一旦遭遇攻击,就不免会导致网络的大面积瘫痪,此外,过度集中的信息也带来了信息处理的低效、缓慢等问题。

除此之外,美国科技界"预言家"乔治·吉尔德(George Gilder)在其2018年出版的《加密世界思想》(Cryptocosm)一书中,再次预言加密技术会改变世界。"加密世界思想"一词是在《谷歌之后的生活:大数据的衰落和区块链经济的崛起》(Life After Google: The Fall of Big Data and the Rise of the Blockchain Economy)一书中提出的。乔治·吉尔德也表示美国已经大力投资,"现在有成千上万的你从未听说过的公司在这方面投入了数十亿美元。总体而言,它们将催生一个新的网络,其最强大的架构最重要的属性是安全性,而安全不是系统设计后才考虑。安全对于这个新系统来说是如此的重要,以至于这类系统应该以其最重要的技术为名字,这就是'加密世界思想'。"

以谷歌公司的模式为例,比较未来基于区块链的世界和现在的大数据世界,形成了非常鲜明的对比[2]:

(1)谷歌的第一个原则是关注用户。谷歌为用户提供免费服务,如搜索、电子邮件、地图等。相比之下,加密世界思想的第一原则是关注安全。与之相关的是,没有任何服务是免费的(因为羊毛出在羊身上)。当用户使用谷歌的时候,用户宝贵

---

〔1〕 蔡维德:《互链网白皮书》,载微信公众号"互链脉搏",2020年3月27日。

〔2〕 George Gilder, "Blockchain paves theway for trust and security", https://gilderpress.com/2019/10/04/blockchain-paves-the-way-for-trust-and-security/, Oct. 4, 2019.
George Gilder, "Exclusive: 'Lifeafter Google', 10 Laws of Cryptocom", https://townhall.com/columnists/georgegilder/2018/07/17/exclusive-10-laws-of-the-cryptocosm-n2501167, July 17, 2018.
Shannon Voight, "George Gilder's Tenlaws of Cryptocosm", https://blog.blockstack.org/george-gilder-predicts-life-after-google/, Feb. 28, 2019.

的信息会被谷歌拿走做大数据分析。用户事实上付出了非常高的代价,就是"失去个人数据的隐私权"。

(2)谷歌的第二个原则是一个单位最重要的是做好一件事。这可能是指搜索(谷歌以搜索引擎起家),但更广泛地说,现阶段可能是人工智能技术(为搜索等产品提供动力)。当然,谷歌在这方面非常出色。但是,加密世界思想认为最好创建一个基础,让用户可以在此基础上做好许多事。

(3)谷歌认为快比慢好。加密世界思想正好相反,其认为"人类的成长比计算的进步更重要"。区块链侧重于建立一个基础设施,即人类可以利用基础设施蓬勃发展,这些人类进步比计算机芯片和迭代算法的进步更重要。

(4)谷歌认为网络需要民主制度,但网络仍然在一个分层系统中。加密世界思想强调权力的分配,如果权力分好了,可能不需要投票。

(5)谷歌第五原则是你不需要在你的办公桌前才知道答案。加密世界思想认为,如果你的手机真的聪明,那么它至少应该抑制广告(而这功能由谷歌和其他单位提供)。

(6)谷歌第六原则是你可以赚钱,但是在赚钱过程中不做坏事。加密世界思想指出,真钱是好的(real money is good)。这里所指的"真钱"对应的是"丑闻的金钱"(scandalous money),乔治·吉尔德在2016年写了另外一本书《金钱的丑闻》(The Scandal of Money),批判美国国家货币政策。吉尔德的立场是不要在不合理的制度或是经济模型下盈利,如出售个人信息。如果在不合理的商业模型下盈利,就算单位自己认为没有做坏事,也是赚"丑闻的金钱"。

(7)谷歌第七原则认为信息总是越来越多,我们应该追求得到这些数据(如通过提供免费服务)。加密世界思想认为,信息属于其所有者。

(8)谷歌认为,对信息的需求是跨越国界。加密世界思想认为,任何人、单位都应该尊重你的计算机或设备的界限。

(9)谷歌第九原则认为,用户应泄露一些信息来得到其他信息。加密世界思想认为,你应该能够可以使用服务和交易,但是不需要泄露任何信息。

(10)谷歌认为,伟大是不够的。加密世界思想认为,提供了一个安全架构和平台,使用者可以成为出色的用户。

当然,正如互联网不是法外之地,区块链、互链网、智能合约也都不是法外之地。如果区块链只是一个应用,犯罪证据还是可以处于政府监管之外。因为现在账户存在应用层,没有在底层处理,只有所有交易都必须在底层处理,才能保证交易的完整性。未来的区块链不但需要可以监管,而且还要主动支持监管[1],这样才能保证区块链生态的健康发展。

(二)数字资产原子化流通

由于信息与价值的密不可分,人们有了互联网这个全球范围的高效可靠的信息传输系统后,必然会要求一个与之匹配的高效可靠的价值传输系统。从“互联网”到“区块链”,其本质是推动从“信息互联网”向“价值互联网”的转变。

现有网络协议以通信效益最为优先,但对于区块链,安全为第一优先。主权区块链(上面执行符合中国法规的智能合约)需要高性能高容错网络,但是现在使用的网络协议已经超过40年没有改变,而且现有网络协议受延迟影响。这是让人非常诧异的事,互联网时代技术发展日新月异,居然还在使用40年前的协议,笔者在北京航空航天大学带领的科技部项目就提出了第一个新型的架构,整个计算和网络基础架构都发生了改变,但又与现有系统兼容。

互联网的TCP/IP协议实现了信息传递的低成本高效率,但未解决信用问题。在这个过程中,原先的信息交互方式是从A到服务器然后再到B,A和B只保存自己以及对方的信息,服务器还保留了除了A、B以外的其他人的信息。而区块链通过分布式的方式省掉了服务器这个角色,使交互方式从A直接到B,各自的信息只由各自以及对方掌握,巧妙地解决了价值交换的问题。新计算机和网络架构,如图1-4所示。

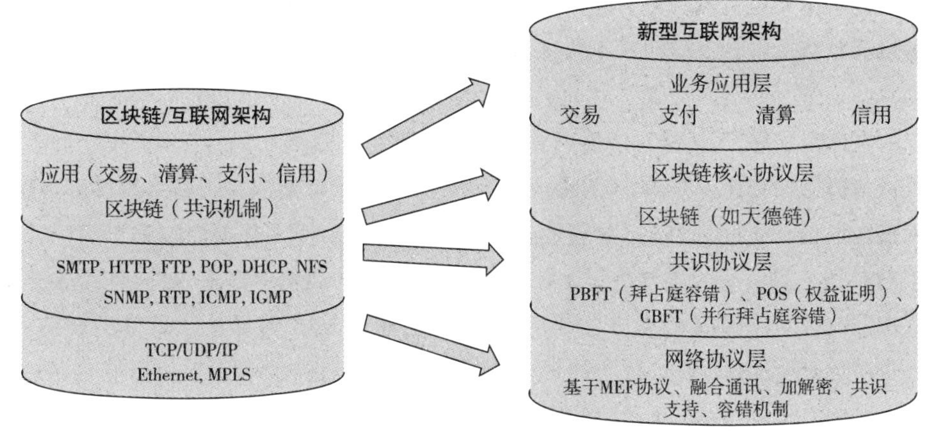

图1-4　新计算机和网络架构

[1] 蔡维德:《真伪稳定币!区块链需要可监管性》,载微信公众号“天德信链”,2019年5月28日。

此外,区块链的技术变革,改变了生产要素的组织模式与收益分配方式,更像一场技术、经济和社会因素叠加在一起的高维度实践,是在多方协作下基于Token(代币)化实现激励共融的非零和博弈。在这里,消费者具有了多重属性,他们既是产品的消费者,又是生产的参与者,成为生产要素的一部分。同时,也具有最终收益的分配权,成为一类投资者。

(三)各行各业面临改造

区块链无意中的"走红",其实得益于比特币。诞生于2009年的比特币,经历过几番大起大落后,逐渐淡出了展示自己的舞台,这使得支撑比特币的底层技术——区块链,有了展露自己的机会。

区块链的热度超过了比特币,是因为行业内人士发现,区块链技术能够改变金融系统的基础架构,作为一种共识的记账法,区块链可以简化金融公司的流程,并且能够减少人力和其他成本。

以一个银行的业务来说,每年世界的交易额是22万亿美元,如果该银行业务使用区块链,将节省不少费用。有银行认为将会省50%的费用,这或许是太过乐观的估计,但仅以节省10%为计算标准,意味着节省了2.2万亿美元,已大于美国量化宽松投入的最高金额。这表示,不需要使用量化宽松,就将有大笔的资金流入经济实体。

除宏观经济层面的影响,区块链的共识机制有助于形成一个诚信的社会,促进社会公平正义的实现。关于这点,《经济学人》杂志指出,区块链是"一台创造信任的机器",因为它让人们在互不信任并没有中立中央机构的情况下,能够做到互相协作。

在微观层面,区块链对金融、科技、教育等都将有重要影响,甚至将改变世界。其一,对科技的改变。区块链的出现,将使软件、加密、存储、数据、网络等多种传统科技得以创新优化。其二,对流程的改变。区块链能够在保险、银行(DVP[1]、RTGS[2])、司法等领域改造新流程,从而创造极大的商机。其三,对教育的改变。区块链的应用,有助于批量产学研成果的产生,计算金融、计算法学等新型交叉学科也将会产生,由此观之,区块链对高校专业、教科书、期刊等都会产生影响。

除此之外,食品安全、医疗健康、房地产证券化、电子证据、遗嘱等领域都可借助区块链做公证之用,尤其是区块链在公证、金融、版权、政务、法务等领域的应用,这

---

〔1〕 DVP(Delivery Versus Payment),货银对付制度。

〔2〕 RTGS(Real-Time Gross Settlement),实时全额结算。

些应用都突出了区块链技术在“信任、高效、透明、节省”独特的优势。

(四)有望成为监管利器

区块链如何实现有效地监管？从这个层面来说，区块链为传统的监管模式带来了一些挑战。区块链作为一项技术并不存在“去中心化”。区块链加上 P2P 网络，才造成了监管的困难。在没有 P2P 网络的情况下，区块链可以是一项监管利器。

区块链为何有利于监管？这本质上源于区块链自身的特性。区块链具有很难篡改的特点，利用加密方法监管方与被监管方都无法篡改原始资料，而且监管方持有万能密钥，保证了监控最大化。同时，许可链中的可控节点加上“双链式架构”[1]使隐私得以保障。

也正因如此，区块链系统工程所带来的新生态中，两个重要新型学科的兴起为全球所重视，一个是“计算法学”，另一个则是“监管科技学”(Reg Tech)。当然，从技术来讲，可应用的区块链(交易和分布式账本)系统需要有高吞吐量和低延迟、低能源、安全和隐私、合规性(防止洗钱，保障其行为的合规性)、可靠性和持续性。在高频交易的应用中任何细微的技术故障都是致命的。笔者认为，区块链系统必须是实时系统，是可扩展的。

当然，尽管区块链技术是一项新兴技术，存在一些尚待解决的技术问题，但谈及区块链的未来时，各界人士仍充满了期待。

有不少业内人士认为，区块链的影响和作用可比肩互联网。原因在于，互联网仍存在集权，而区块链的共识机制提供了这样一种思路：无须依靠任何中介和第三方力量，由网民自主建立起被广泛认同的基础协议。因而，有人预计区块链协议将取代现有的互联网 TCP 协议，成为未来互联网的基础协议。

现实中，区块链要实现各界人士的上述种种期待，需经历长久发展阶段。

本章补充思考

问题一：货币起源，既有基于贸易的价值衡量学说，也有基于借贷的债务凭证学说，您心目中的货币需要具备何种特征？比特币、天秤币等数字代币，曾分别有虚拟财富、投资产品、货币等界定，您是否认为数字代币具备货币的特征？

---

[1] 双链式架构是2015年11月由北京航空航天大学的蔡维德教授发明的，论文发表在2016年3月 IEEE 会议期刊上。此外，区块链与大数据结合，及时采取行动能够阻止意外发生。

问题二:哈耶克曾提出一种假说,既然自由竞争是最为高效的资源分配方式,那么,货币作为一种特殊的商品,也应当通过自由竞争,由消费者进行自由选择,基于此,发币方为维持其市场占有地位,会尽力维持发行货币的币值相对稳定。您是否认同此假说?您选择持有或使用货币时,主要考量的因素有哪些?

问题三:根据您的理解,数字代币和区块链的关系是怎样的?您了解到或者想象到的基于区块链技术的应用场景有哪些?您认为哪些行业或产业会因为区块链技术的出现而发生变化或者受到冲击?

问题四:您是否了解“双链式架构”概念?明白其优缺点?

问题五:您是否认可区块链技术并不必然“去中心化”?

问题六:您倾向于区块链会成为监管的难点,还是会成为监管利器呢?

第二章 智能合约的到来

一、合同的代码化与法律的代码化

(一)“代码即法律”

“代码即法律”(Code is Law)这一概念并不是随着智能合约的出现而首次产生的,而是最先出现于20世纪八九十年代互联网飞速发展时期。

在互联网建立之初,人们将网络空间看作是一个由新科技所创造的不受拘束的空间。现代互联网理论的先驱约翰·佩里·巴洛(John Perry Barlow)在《网络空间独立宣言》提道:“网络空间不在你们的疆界之内……我们将在网络空间创造一种思维的文明,这种文明将比你们这些政府此前所创造的更为人道和公平”,他认为网络空间并不在现实物理世界的政府的规管控制之下,它是一个不含物理强制的非物质化世界。

然而,这种想法很快便遭到一些学者的反对。美国哈佛大学法学院的劳伦特·莱斯格(Lawrence Lessig)教授在其所著的《代码:塑造网络空间中的法律》一书中就提出,互联网的本质并不是一种与生俱来的自由,“它的本质就是它的代码,它的代码正在变不能控制为可控制”[1]。也就是说,网络空间的自由只是一种假象,看似自由的背后本质上是代码作为规管者的控制。

基于代码所编写合同协议和技术规则不仅能够帮助人们决定在网络空间内什么能做、什么不能做,而且还能直接执行相应的规则。逐渐地,适用代码比适用法律更常见、更高效。代码就是网络空间的“法律”。

不可忽略的是,莱斯格教授所谈到的“代码即法律”主要是为了回应在早期网

[1] [美]劳伦特·莱斯格:《代码:塑造网络空间的法律》,李旭等译,中信出版社2004年版,第7页。

络世界里的那种绝对自由的观点。网络空间并不是技术者的天堂,而是受到了代码的规制。这里的"代码即法律"其实是代码在网络空间所具有的规范网络行为的能力,与物理空间内法律的行为规范属性所进行的类比。在这个意义上的代码其实更像是发挥了现实生活中的"架构"的作用——网络空间并不是自由主义者的乌托邦,而是由代码作为一项基本的技术规则来规制、约束一切行为。

在智能合约的社区里面,"代码即法律"的观点并不流行。大部分研究团队都公开反对这思想。例如,国际掉期与衍生工具协会(International Swaps and Derivatives Association,ISDA,详见第七章),他们就不赞成这一概念,并且以可计算的合同(智能合约)来表示代码即法律的观点偏了,他们认为"合同可以是代码"才是正道。

(二)合同订立的代码书写

传统合约以口头、书面等形式存在,近些年随着电子商务的迅速发展,大量的电子形式协议也出现在人们的日常生活中,最常见的例子应该是通过手机 App 进行交易的各种点击协议。然而,基于电子商务情况下达成的点击协议在交易时,仍需一些书面文书材料予以佐证,如发票、收据、交货凭证等。另外,一旦这些电子商务情形下达成的协议所涉商品或服务出现纠纷,所需提供凭证更加多样和复杂。

与此相反,智能合约只能以电子代码的形式存在并通过电脑系统执行,不可能以其他任何形式存在(如口头或书面的形式)。智能合约受其主旨特性的影响:可能以某些数字资产(如比特币、以太坊等加密货币)或离线资产的数字化形式表现出来,这使得智能合约不同于电子点击协议。

除此之外,智能合约条款的执行需与电子代码事件、数据代码相关联,否则,"智能"合约将不能自动执行。智能合约的自动执行功能也预先定义了智能合约存在的电子代码性。此外,智能合约的"智能"性质要求使用基于加密技术的电子代码签名。如俄罗斯法律规定,电子代码签名由政府主管部门认可的专业中心提供,并基于加密技术的存在,将电子代码签名分为"高级非合格签名"和"高级合格签名"。因电子代码签名具有法律效力,智能合约各方受以电子代码签名的合约约束。

(三)代码内容有合同属性

智能合约的核心是计算机电子代码,智能合约的语言是通过计算机代码进行表达出来的。而计算机语言实质上是被严格定义了的语义和语法,因此计算机代码作为一种非常正式的语言,是不允许也没有办法用机器来解释的。然而在传统合约中,术语的解释由人的大脑根据主观标准和类似的思维方式来进行判断和分析。智能合约一旦设定好,是不受外部影响的,对于其语言的解释也是狭义独立的,因为计算机代码本身就是它所代表的“交易”执行的最终裁决者。

传统的合约是一种需要见证和法律约束的契约,而在以太坊中,合约的信息、验证和交易记录都成为区块链上的区块,只需运行合约,即能根据合约来执行。如图2-1所示,两个人各用100美元打赌明天的天气,以太坊允许开发一款向双方收取价值100美元的以太币的软件,第二天通过开源天气API来查询天气结果,将价值200美元的以太币都转交给胜者。

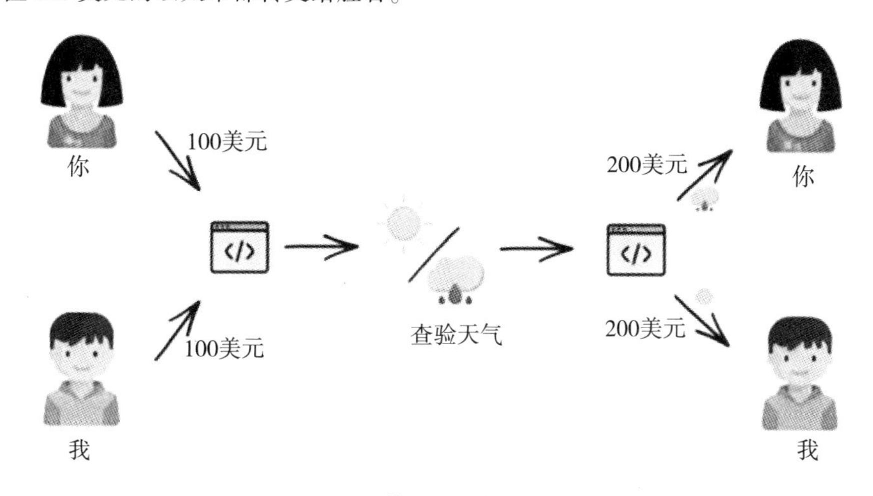

图2-1　基于智能合约的赌约[1]

正是由于电子代码内容具有确定性,也导致了一些潜在风险问题的存在。因为智能合约体系结构技术的复杂性,所以需要具备高级编程技能的专业人员才能创建智能合约。由于编写代码的人与打算在商业活动中使用代码的人并非同一人,因此他们之间很容易对未来制定的智能合约条款产生误解。

另外,计算机程序代码本身也存在各种各样的缺陷,因此智能合约难免受到这些缺陷的影响。尽管在使用法律术语和合约起草时可以尽量减少错误的发生,但人们仍然容易发生编码不准确的情形,如大概、也许等不明确的词语,需要通过进一步探索新规则来解决这样的编码解释问题。

(四)合同在代码上的自动执行

在很多状况下人类是利己主义者或者说是自私的,而且并不完全可靠,违约的

---

〔1〕 资料来源:大数据文摘。

事件无论是在商事活动中还是在国家间的政务交往中都屡见不鲜。相比之下,代码是客观公正的。它不能随意地"改变主意",不能拒绝履行已经作出的承诺。基于区块链开发出来的智能合约,保证了合同义务可以被严格地履行,因为任何一方都不能影响或干扰设定后的智能合约的运行。比如,按揭买车或者房屋租赁中,若买受人不支付贷款或承租人不支付租金,系统就会自动阻止打开汽车或进入公寓。

传统合约与智能合约的比较参见表 2-1,智能合约与传统合约最大的不同之处在于合同自动执行,针对合约主体在触发合约条款后自动执行协议,而仲裁平台在智能合约中不再对执行结果进行判定而是承担执行之责。

表 2-1　传统合约与智能合约的比较

	合同主体	合同条款	仲裁平台	仲裁对象
传统合约	甲方、乙方(自然人/法人)	合约规定甲乙双方的权益和义务(兼容现行法律)	判决权益和义务的归属	合约中定义的权益和义务
智能合约	甲方、乙方(拥有数字身份)	由代码构建的甲乙双方的权益和义务(不兼容现行法律)	代码自动判断并执行合约的所有条款,判决过程不需要第三方机构代理;但是权威单位都在链上	合约中约定的数字资产

照此来看,智能合约设定后代码不可变更,导致其自动执行过程中也将不需要相关法律机构的存在。但是在现有的计划中,如果需要有法律效力的智能合约,权威单位还是在链上,这些单位可能包括仲裁庭、法院、公安、银行。这些单位在链上,代表他们可以在同一时间收到同样的信息。现在来看,"没有权威单位在链上"还不实际。现有的一些区块链应用,如分布式金融(Decentralized Finance,DeFi),选择了没有权威单位在链上的路线,而且逃避监管,这很难在法律上有效力。全球许多国家都在设计严格监管政策来管理这样的"法外"金融体系,美国哈佛大学的肯尼斯·罗格夫(Kenneth Rogoff)教授还使用"地下经济"(underground economy)来形容这种经济体系。

另外,现在国外也在考虑,这些智能合约需要经过司法单位审核后才能使用。而司法单位会有两项评估:法律评估和科技评估,科技评估会交给第三方评估单位使用科学工具(如泰山沙盒)做系统性的验证。这两项评估后,司法单位还可能邀请公众评估,例如,智能合约代码可以开源,任何科技单位都可以公开评估和实验;智能合约上相关法律条款可以让任何律师事务所评估。在众智评估一段时间且没有发现任何问题后，智能合约才能被部署使用。在运行的时候，如果一个智能合约被发现有问题，该智能合约就会被下架，等待修复。

二、智能合约简史

（一）智能合约早就出现

1. 尼克·萨博与“智能合约”

智能合约是尼克·萨博（Nick Szabo，见图 2－2）在 1994 年发表的《智能合约》（Smart Contract）一文中提出来的，他将智能合约定义为一种执行合同条款的计算机化交易协议。智能合约设计的总体目标是满足通用合约条件（如付款条件、留置权、机密性，甚至是强制执行），最大限度地减少恶意和偶然的例外情况，并尽可能地减少对可信中介的需求。相关的经济目标包括降低欺诈损失、仲裁和执行成本以及其他交易成本。

尼克·萨博在其 1994 年的文章中提道：“智能合约是执行合同条款的计算机化事务协议。智能合约设计的总体目标是满足常见的合同条件（如付款条款、留置权、保密，甚至强制执行），最大限度地减少恶意和意外异常，并最大限度地减少对可信中介机构的需求。相关的经济目标包括降低欺诈损失、仲裁和执行成本以及其他交易成本。”[1]

图 2－2　尼克·萨博

---

[1] 原文如下：“A smart contract is a computerized transaction protocol that executes the terms of a contract. The general objectives of smart contract design are to satisfy common contractual conditions (such as payment terms, liens, confidentiality, and even enforcement), minimize exceptions both malicious and accidental, and minimize the need for trusted intermediaries. Related economic goals include lowering fraud loss, arbitration and enforcement costs, and other transaction costs.”

他又说："当今存在的一些技术可以被视为粗糙的智能合约，如销售点终端和卡、电子数据交换以及公共网络带宽的扩展分配。"

后来他又补充了一些材料，1996 年发表文章《智能合约：数字市场的建设积木》(Smart Contracts: Building Blocks for Digital Market)〔1〕，1998 年发表文章《公网上的关系形式化和安全化》(Formalizing and Securing Relationships on Public Network)〔2〕，两篇文章的中心思想都一致，而后一篇文章比前一篇文章中的材料更具体。

本书把他的重要观点记录如下：

(1)世界会充满智能合约：尼克·萨博认为世界现在已经有许多智能合约的例子，例如，自动售货机就是一个简单的智能合约。每当人们放进硬币买东西的时候，就是一个合同以及该合同的自动执行。合同当事人没有人签名，双方也没有起草过任何合同，而且没有其他人在场作证，即使有其他人在场，他们也不是公证人、法官，或是公安人员，他们只是在场而已。这个合同就是一方付钱，一方供货。这样的智能合约会越来越多。尼克·萨博也认为自动售货机的这种智能合约还有许多地方可以进步。他进一步提出智能合约先行者还包括销售点(Point of Sales，POS)终端和卡、电子数据交换(Electronic Data Interchange，EDI)以及用于银行间转账和清算付款的 SWIFT、ACH 和 FedWire 网络。这些其实都是商业交易，但它们应该都是"广义的合同"，不是法律上的合同，因为交易的时候双方当事人没有签约。〔3〕

(2)智能合约和价值交换有关：以自动售货机为例，顾客在自动售货机买东西的时候，一手交钱，一手交货。

(3)合约不一定以纸质合同出现：尼克·萨博以自动售货机为例，买方和卖方并没有签任何合同，但完成了交易。智能合约可以以动态的、主动执行的形式启动。像自动售货机一样，当有入账且有货物选择，被选上的货物就自动出来，没有经过任何人工处理。而智能合约的定义可以扩展，包括电子邮件。当一个特殊的电子邮件到达的时候，一个智能合约可以启动。一个智能合约会有至少两个当事人，也可能更多，而且在执行的时候，不是每个当事人都需要在场，如自动售货机的例子。在

〔1〕 Nick Szabo, "Smart Contracts: Building Blocks for Digital Markets", http://www.fon.hum.uva.nl/rob/Courses/InformationInSpeech/CDROM/Literature/LOTwinterschool2006/szabo.best.vwh.net/smart_contracts_2.html, Jul. 17, 2020.

〔2〕 Nick Szabo, "Formalizing and Securing Relationships on Public Network", https://firstmonday.org/ojs/index.php/fm/article/view/548/469#*, July 17, 2020.

〔3〕 在本书第五章，英国法律协会认为 EDI 不符合英国法律，不能成为有法律效力的合同。

电子邮件的例子中,双方当事人都不需要在场,合同就自动执行了。

(4)广义的智能合约可能不保护隐私:在买卖的时候,客户的隐私信息传递到相关单位,这些单位可以使用这些数据或是贩卖这些数据。而且卖方不会通知客户他们的信息已经被转移的其他单位。2018 年 5 月 25 日,欧盟出台了《通用数据保护条例》(General Data Protection Regulation)。

(5)智能合约防范攻击:由于智能合约以计算机自动执行,如果有人故意破坏,他们有可能没有足够的时间来攻击,在他们可以攻击的时候,合同已经执行完成了。当然攻击人还是可以有其他办法来攻击,例如,阻止可以启动智能合约的事件,这样智能合约就不能被启动。但是同纸质合同相比,因为有时间和执行系统的限制,攻击人攻击智能合约的可能性较小。

(6)智能合约自动执行:当一个人在商场买卖的时候,一个合约立刻签订,交钱和交货,合约是标准化的模板。

(7)智能合约采取主动方式而不是反应方式:纸质合同需要外在的行动或是事件后才能产生反应,而且有延迟的效应;智能合约可以采取行动来执行合同上的条款,而且效应可以是及时的。这样智能合约可以主动式采取行动,而不是完全性被动。

(8)智能合约降低商业交易欺诈和执法成本:由于智能合约自动执行,欺诈事件比较难,因此也比较少。

(9)智能合约应用于合成资产(synthetic assets):如证券和衍生品(期权和期货)。

(10)智能合约应用于跨境交易:跨国公司由于分布在多个国家,要遵循这些国家的法律,法律上的障碍是这些公司需要克服的,也需要其付出巨大的成本。智能合约可以突破这个难题。与传统纸质合同相比,智能合约增加了实用性,可以减少司法管辖负累。同时智能合约增加了可观察性或可核查性,可以减少对模糊的当地法律的适用,以及对传统(基于纸质合同的)执法的依赖。

(11)智能合约和人工智能没有关系:尼克・萨博还特别指出,智能合约里的"智能"是因为其比纸质合同要智能得多。智能合约可以主动的、自动的执行,而纸质合同只能被动式执行。

他还举了一个智能合约的例子——"数字现金协议"(Digital Cash Protocol)。数字现金协议和现金有同样的特性:不可伪造性、机密性和可分割性。而这些都是后来区块链的特性。不可伪造性代表一个价值不能"双花";机密性代表买卖双方可以不知道彼此身份;可分割性代表数字现金和现金一样可以拆分。这些后来都在比特币系统里出现了。另外他还提到一些相关科技,包括拜占庭将军共识协议、对称和非对称加密、数字签名、盲签名、剪切和选择(Cut & Choose)、位承诺(Bit Commitment)[1]、多方安全计算(Multiparty Secure Computation)[2]、秘密共享(Secret sharing)、茫然传送规约(Oblivious Transfer)[3]。

2. 伊恩·格里格与"李嘉图合约"

差不多同时间,李嘉图合约(Ricardian Contract)在1996年由伊恩·格里格(Ian Grigg)提出。李嘉图合约与智能合约都基于同一概念,就是代码可以是有法律效力的合同。格里格是金融密码学的早期先驱之一,他在学校攻读工商管理硕士时,开发了李嘉图合约。

格里格在为一家名为Digi Cash的公司工作时了解到了资产数字化。Digi Cash当时正在开发一个创造电子支付的系统,但该公司在1998年申请破产,当时数字现金的概念未能起飞。格里格认为,Digi Cash的视野过于狭隘,因为它们只关注现金,而非其他类型的金融工具。格里格认为整个金融世界都可以从这种技术中受益,并开始与他的朋友加里·霍兰德(Gary Howlland)合作。在1998年,他发表名为《七层金融密码学》(Financial Cryptography in 7 Layers)的论文并且提到了李嘉图合约。这篇论文的重要观点是现有金融系统可以用七层软件架构来表述。这篇论文注重传统软件架构,与后来基于区块链的智能合约发展路线不同,本书不再展开介绍。(备注:过去多次重大发展都是以底层改革开始,这次区块链和智能合约也是以底层计算基础设施改革开始的。七层架构有创新的想法,但仍是基于同样的底层平台。)

为了找到资产发行数字化的答案,格里格决定尝试在互联网上发行债券。他仔细研究了债券的定义,并意识到它和所有金融工具一样,是一份合同。如果他能够找到一种将合同数字化的方法,就能够完全数字化任何金融资产或工具。格里格走在了时代的前面,但他没有实现这个项目所需的技术解决方案。

李嘉图合约重要的贡献是提出了智能合约的模板,而这一模板是基于现在法律界使用的合同模板。这与原来智能合约的工作有了重大差异。后来国外许多重

---

[1] 这是一个互不信任的两方从事通信的网络协议。

[2] 解决的是在无可信第三方的情况下,如何安全地计算一个约定函数的问题,例如电子选举。

[3] 一个加密通信协议,信息发送方可以有多个信息,但是信息发出后,不知道信息接受方得到什么信息。

要智能合约的发展，如雅阁项目（Accord Project），都是根据李嘉图合约的路线。现在合规的智能合约发展也是以合同模板出发。

原来的智能合约和李嘉图合约都没有使用区块链，当时区块链技术还未诞生。一直要等到17年后的2013年才出现新的思想，将智能合约运行在区块链上，这是以太坊的贡献。

（二）智能合约携手区块链

第一代区块链出现于2008年中本聪提出的“比特币白皮书”中，但在第一代区块链中，系统仅仅关注了如何保证交易的不可篡改以及解决了共识问题。同时第一代区块链技术并没有结合智能合约。

1. 以太坊对智能合约的“叛逆”

以太坊的出现标志着第二代区块链的诞生。以太坊是维塔利克 · 布特林（Vitalik Buterin，见图2－3）在2013年发布的白皮书中提出，其中使用默克尔—帕特里夏树（Merkel Patricia tree）作为区块链的基本组成部分。以太坊在比特币的基础上做了很大的改进，平台的开发更具有灵活性。首先以太坊支持用户在平台上开发分布式应用；其次在以太坊中有账户的概念，相较于比特币系统用户使用更方便，体验更好也更符合传统的交易系统设计思想；最后也是最重要的是，以太坊上实现了“智能合约”功能，虽然以太坊上的“智能合约”已经偏离了智能合约原本的定义，但是这是一个伟大的突破：将区块链技术作为智能合约的技术支撑。

图2－3　以太坊的创始人维塔利克 · 布特林（也被称为V神）

虽然以太坊为智能合约建立大功，可以说如果没有以太坊，原来的智能合约和李嘉图合约都将只是历史上的一个概念，没有发展。但是以太坊其实并没有遵守智能合约原先的定义,不再是努力成立合规有法律效力的合同,而是朝着代码的方向发展。代码和原先智能合约的定义存在差距,但是这种“叛逆”却产生了奇效,并且将智能合约真正推向了新的高度。

2. 以太坊“新瓶装旧酒”

以太坊以事件发生即启动代码自动运行,这其实是40年前就有的技术。下文简单介绍四种技术,读者就会明白这是一个老技术:

(1)数据库触发器。

数据库触发器(databae trigger)是在数据库中发生特定操作时运行的特殊存储过程,大多数触发器被定义为在对表的数据进行更改时运行(见图2-4)。触发器这种数据操作后因为数据改变而自动执行的机制与以太坊智能合约机制非常像:

- 特定数据改变,自动启动触发器代码执行(不需要应用程序代码执行);
- 触发器代码是已经部署在系统上的,但是一直等待特定数据改变才执行;
- 数据改变需要符合特定条件才能自动启动触发器代码;
- 触发器代码功能有限,只执行简单功能;
- 触发器执行的范围有限,如能够接触的数据库范围有限制;
- 触发器有助于确保数据库设计器完成某些操作,如维护审核文件,而不管是哪个程序或用户对数据进行了更改。

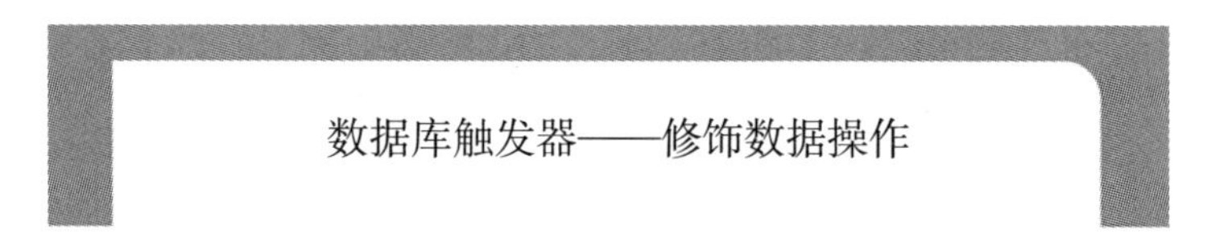

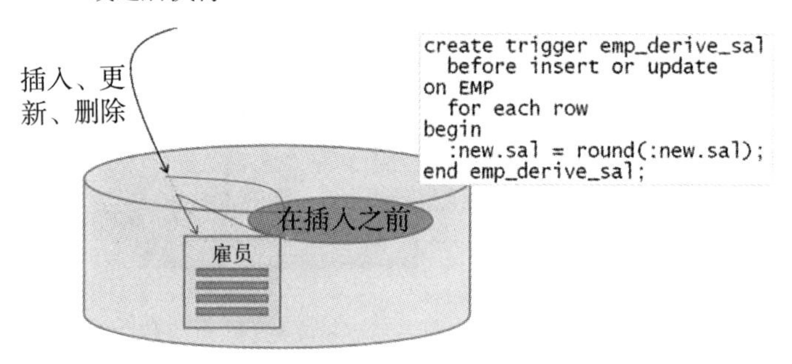

图2-4 数据库触发器原理

如果把“触发器”对应智能合约，“数据库”对应区块链，就会发现上述描述和以太坊智能合约非常相似。

(2)基于规则的专家系统。

这是20世纪八九十年代计算机界的热门课题。专家系统在世界范围广为流传，许多国家都在研究。基于规则的专家系统(rule-based expert system)机制就是在条件满足的时候自动执行。

(3)软件设计模式观察者。

软件设计模式(design pattern)是1994年软件工程的重大发展，其中的一个想法就是观察者(Observer)，即当事件发生的时候或是条件满足的时候，代码自动执行。而且是分布式的执行，不需要中心许可，自动执行。观察者模式的结构图参见图2-5。

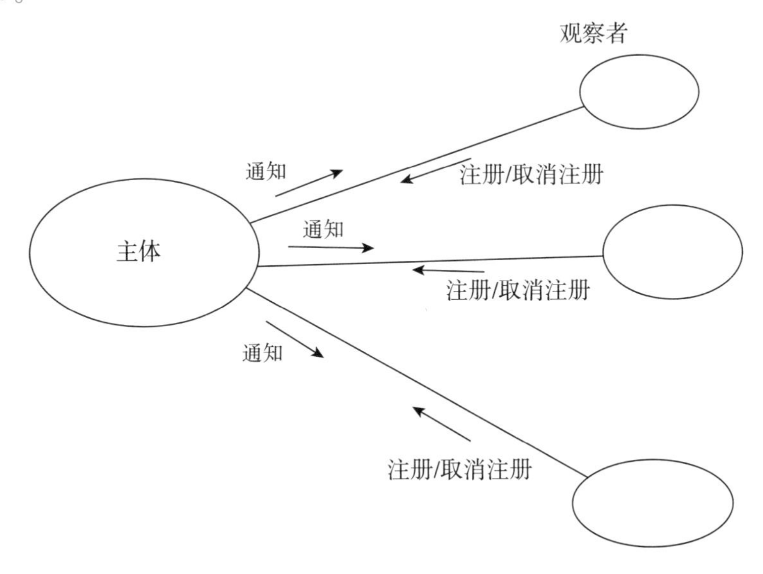

图2-5　观察者模式结构

(4)服务计算的策略计算。

服务计算(service-oriented computing)流行于2000年左右，当时许多科技公司都大力推进这个计算模式，其中一个计算方法就是策略计算(policy-based computing)。策略计算的机制，就是条件满足的时候代码自动执行，而且是分布式自动执行，不需要经过中心批准。这和智能合约机制几乎一致。图2-6即为一个策略计算案例。

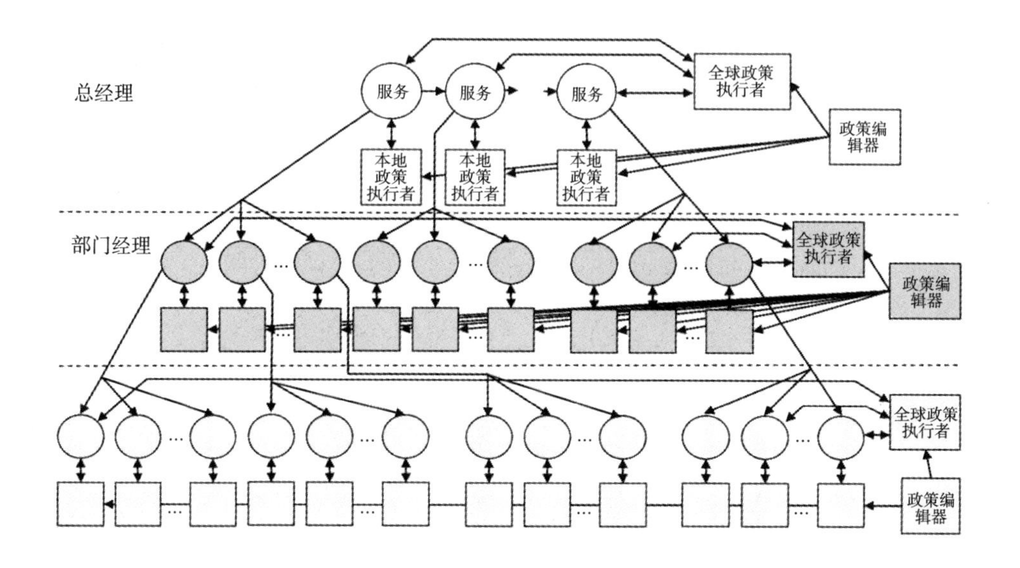

图 2-6　策略计算案例

3. 以太坊智能合约也有安全问题

许多人都知道软件风险大，可是却不知道自动执行的软件代码风险更大。原因如下：

(1)代码自动执行，在操作人不知情的环境下，代码已经结束执行。如果涉及数字资产交易，风险非常大。

(2)多个智能合约都已经部署，而且彼此可能产生矛盾，当一个事件发生时，可能有多个代码可以执行，彼此竞争或是冲突，造成执行错误。

(3)基于规则的专家系统后来发现，规则多的时候非常难以管理。这些规则还可能产生冲突、矛盾、竞争，而且在全自动环境下自动执行矛盾，自动竞争，自动冲突。

解决方案：

(1)功能限制：功能小，而且不可以和其他功能重叠。

(2)范围限制：可以接触的范围小，每个范围和数据有固定的代码，不可以交叉使用。

(3)定时运行限制：例如只有在特定时间才运行这些"自动执行"的代码，而且运行前先做安全检查，避免冲突或是不一致性。

(4)有容错和回滚机制：如果系统出现错误，系统可以发现错误，回滚或是改正错误。可能包括事后自动或是人为检查和修改。

(5)有制度监管机制:例如服务计算的政策计算就是一种制度监管机制,专门监管其他计算。

以数据库的触发器为例,必须和一些表绑定,不同表有不同触发器,不可以交叉使用。而且改变也只能改变相关的表内的一些数据,其他表或是部分不能修改,这些都是范围限制。只能从事很简单工作,这是功能限制。例如,银行应用,所有交易都在晚上清算结算,这是定时运行限制。

同时,随着以太坊平台的不断扩大,智能合约的安全问题日益凸显。The DAO 事件的发生打破了人们对以太坊安全性的认识,黑客利用智能合约运行中的漏洞盗取了大量的资金,使人们意识到确保智能合约代码的安全是十分重要的。一时间,各种用于验证代码安全性的方法都被人们用于搭建检测智能合约安全性的工具,例如,一款名叫 Slither 的智能合约静态分析工具,这是一个开源的针对 Solidity 语言的静态分析框架,可以快速定位智能合约中的漏洞。从某种意义上说,The DAO 事件让智能合约的安全性得到了重视,但是对于研究人员来说,智能合约的研究本身就有显著进步。

(三)The DAO 事件暴雷"炸"出智能合约热潮

自从 2016 年的 The DAO 事件后,由于融资金额超过 1 亿美元,而且得到主流媒体的曝光,智能合约迅速升温,很多的机构开始投入其中,使区块链基础上的智能合约理论有了新的进展,并且形成了许多新的研究成果。

1. 理想化的智能合约

尽管智能合约获得了大量的关注,但是这项技术现在还很难应用到实际中,特别是合规市场上,因为这方面的研究才刚刚开始。以下是一些"理想化"的智能合约应用。因其与 The DAO 都有类似概念而被定位为理想化的智能合约。另外,越后面的智能合约越难应用,而且从第 4 项开始已经不是单独智能合约的应用,而是一群或是一组智能合约的应用。

(1)"多方签名"。

多重签名的概念在密码学领域越来越流行。虽然它们在传统上只是用于数字钱包,但多重签名可以扩展到包括智能合约的范围。多个当事人允许用户借钱给其他用户,以便从第三方购买商品或服务。在这种情况下,智能合约对相关方具有法律上的约束力。

(2)"智能权限"。

智能权限(Smart Rights)解决方案是智能合约令人兴奋的应用。对于处理数字内容的用户来说,这与他们的产品的使用和销售有直接关系,而且这种机制改变了人们对数字资产所有权的看法。例如,一群创造者一同建立一个产品,如视频或连续剧,当观众观看这些视频的时候,观看的证据会留在区块链上,而视频的收益就被项目参与人以智能合约的方式自动分账,而平台也会自动收到分账。由于收入被记在区块链上,所有参与人,包括平台公司都会立刻知道收益情况,一个好项目就可以有许多人愿意参与或是投资。对于观众,他们也可以清楚地知道视频和消费的记录,保证商家没有欺诈行为。所以这会是"四赢"的应用:观众赢、平台赢、项目方赢、投资人赢。

(3)"交换数字资产"。

到目前为止,智能合约的普遍应用是作为各方交换价值的机制。虽然智能合约并非交换价值的必需品,但它提供了记录所有交易的方法以及交易完成前有关各方之间现有协议的证明。

(4)"分布式自治组织"。

因为 The DAO 事件,分布式自治组织(Distributed Autonomous Organizations, DAO)令人失望,这种乌托邦式的自动系统恐怕不会很快实现。但是如果不是全自动的自治组织,而是有限制的自治组织,还是可行的,而且也符合现有情况。如果 The DAO 完全成功,参与 The DAO 项目的人,也不会把所有活动都交给 The DAO 系统,而只会给予该系统部分权利。但是这系统需要在监管的环境下进行,例如,系统要求支付一些单位一笔资金,但是监管单位发现相关单位有参与洗钱的情况,监管单位就可以停止这项交易。

(5)"分布式自治社会"。

分布式自治社会(Distributed Autonomous Societies),顾名思义,这种智能合约包括创建称为自治社会的用户群,在一个复杂系统里面有多个智能合约,而且是有组织性的。这些社会可以同意其他类似的团体在它们之间进行贸易。生成的事务由自动执行的智能合约控制。

(6)"分布式自治政府"。

如果说建立一个分布式自治社会是困难的,那么建立一个自治政府则是极具挑战性的任务。然而,智能合约能够让用户建立自己的自动执行的政府服务,即分布式自治政府(Distributed Autonomous Governments),政府服务可以个性化,而且政府只要提供同样的产品,而由其他厂家来提供额外增值服务,这样政府服务就可以多样化。

英国中央银行在2020年3月就提出这样的模型计划，由中央银行提供基本服务（由智能合约提供），由商家提供增值服务，让英国民众可以使用数字英镑。

2. 智能合约的两大支柱

智能合约由两个名词组成：智能和合约。其中的合约不是法律，也不是法规，智能合约如今在任何国家还都不是法律意义上的合同，最多只能是合同的一部分。目前几个先进的国家包括英国和中国，都在考虑将区块链和智能合约放进法律系统，但还是未来式，不是现在式。

很多人一开始就认为智能合约的基础是形式化。2016年The DAO事件的发生让更多的人认识到智能合约的代码有问题，需要用形式化的方法来验证，但是智能合约还有其他重要的问题需要解决。

智能合约有两大支柱：第一个支柱是法律。人们所憧憬和要设计的智能合约，应当是被法律认可的。智能合约的性质、法律地位，以及设计、运行结果、在不同场景的使用等未来都必须有相关法律认可，保证其合法性。第二个支柱是区块链。如果智能合约不和区块链合作，数据来源和存储立刻就会有问题。还有人假设现在有一个全球性的区块链接口，智能合约就在这样的标准接口上实现应用，这种假设同样也很危险，因为现在还没有这样的全球性的区块链和智能合约监管体制。另外，智能合约既然会是合同，便需要遵守当地法规，所以智能合约和区块链一样，有国籍概念。跨国智能合约可以实现，但是智能合约要遵守参与国家的法规。

由于以太坊中的“智能合约”已经偏离了其本来的定义（以太坊智能合约运行原理参见图2-7），且没有法律予以约束，因此应将部署在以太坊系统上的“智能合约”认定为“链上代码”，并将当前的智能合约定义为可执行的法律合同，实现其在法律领域的应用，将法律文本代码化，通过智能合约，部分法律条文可自动执行。

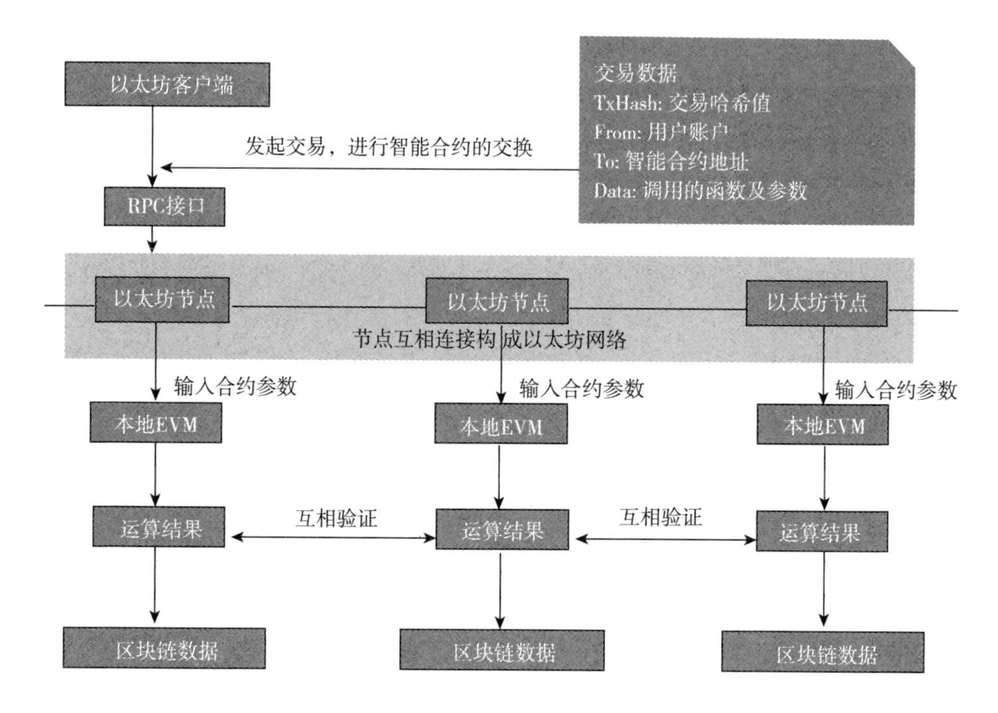

图2-7 以太坊智能合约运行原理

3. 智能合约的底层原则

由于智能合约系统运行在区块链上,与区块链系统形成了深度绑定。

首先,智能合约执行数据来源于区块链。如果智能合约数据来自预言机(Oracle),数据先进入区块链,再从区块链中读出,能合约的输入便可以完全追踪,而且不可更改。如果外部数据直接读进智能合约平台,有可能不同数据都可以进入智能合约服务器,造成很难共识,而且智能合约平台很可能不维持数据,输入的数据可能会遗失。

其次,智能合约的执行要在区块链上完成,得出的结果需要经过区块链的共识机制。

最后,智能合约的执行结果要存在区块链上,以保证智能合约结果完全存在区块链上,不可更改。

除此之外,智能合约模板的设计还需要遵循下面六个原则:

第一,基于现有合规流程:在现行法律下,尽可能跟踪真实过程。有可能以后会有新的法律法规,但具体时间未知,因此还应遵循现有法规和流程,避免违法。

第二,托管机制:在数字代币的情形下并不需要托管机制,但那是灰色路线、地下经济。在合规市场,区块链和智能合约不能担任交易中的托管方。

第三，数据馈送服务：为智能合约提供链外数据，并保证该服务在智能合约中执行，数据来自预言机。

第四，共识机制：智能合约执行过程中，重要节点需要通过共识并记录在链上。

第五，违约机制：需要有责任原则，在出现违约的情况时，智能合约可以采取适当行动。

第六，回滚机制：如果这个交易不能完成，就需要执行回滚机制让系统回答交易前的状况。

（四）美国商品期货交易委员会为智能合约划重点

在2018年年底，美国商品期货交易委员会（U. S. Commodity Futures Trading Commission，CFTC）的金融科技创新中心LabCFTC发布了《智能合约入门指南》。这份内容并不太多的报告，却在行业内产生很大的影响，主要体现在如下几个方面：

（1）综合了2018年以前的大部分研究报告，细读这份报告等于了解2018年之前的研究。

（2）以美国监管单位立场出发。如果他们认为这项技术本质上就是违法的或是恶意的，必定不会采用。正好相反，他们认为这项技术大有可为。

（3）报告中提到智能合约的许多风险，包括运行、技术、网络、欺诈等，这些都是需要解决的问题。

（4）报告也认为以太坊的智能合约不是具有法律效力的合同，以后要走具有法律效力的合同路线。

（5）虽然现在智能合约系统尚存在许多风险而且技术不成熟，但是CFTC还是认为智能合约技术可以在金融交易上使用，尤其是在衍生品交易上使用。而CFTC就是美国商品期货交易的监管单位，期货就是一种衍生品。这是CFTC向社会传达的一个重大信息，CFTC鼓励大家积极研究智能合约在衍生品交易上的应用，同时也列举了使用智能合约的好处。虽然有可能需要许多年后智能合约才会被大量使用，但是已经可以看到其充满希望的未来。

在这种背景下，ISDA积极开发与智能合约相关的技术和法规，发展速度很快。

下面以大纲形式对《智能合约入门指南》的内容作简要介绍。

1. CFTC对智能合约的定义

智能合约作为一个新的概念，存在很多的定义，在对智能合约下定义的过程中，CFTC援引了尼克·萨博、维塔利克·布特林、凯文·韦尔巴赫（Kevin Werbach)等代表性人物对其的定义,总结认为,从根本上说,智能合约就是代码,而这代码可包含具有约束力的合同要素(如要约、接受和考虑),也可以简单地执行合同的某些条款。而且智能合约会在指定时间、指定事件发生时或在指定时间没有发生指定事件时,如资产交付、特定天气条件或速率变化来执行操作。

同时,CFTC 认为智能合约思想存在矛盾性。一方面,智能合约不一定“智能”,智能合约处理的信息如果不是正确的,不可能得出正确的结果,也不会是智能的结果;另一方面,智能合约不一定是“合同”,智能合约里的合同可能不具有法律效力。它可能只是礼品或其他非合同转让,或者只是更广泛的合同的一部分。如果智能合约违反法律,则该合同不具有约束力或可执行性。

CFTC 在界定智能合约与区块链关系的过程中强调了三点:首先,智能合约可以存储在分布式账本(区块链)上,这是一种实时更新的电子记录,维护在分布式的服务器或节点上;其次,通过分权式(decentralization)机制,智能合约将证据部署到区块链网络上的所有节点,从而有效防止当事人未授权或同意的修改;最后,区块链是一个不断增长的永久记录数据库——“块”,这些数据库使用加密方式进行链接和保护。

此外,CFTC 透露了智能合约的另外三个基础:第一,数字签名验证数字资产,智能合约使用数字签名,由每一方持有的专用加密密钥来验证参与并同意商定的条款。第二,智能合约使用预言机提供数据,依据相互商定的网络身份验证的参考数据提供程序(可能是第三方);这是确定行动和(或)合同结果的信息来源,如商品价格、天气数据、利率或事件。第三,自我执行(self execution),智能合约将采取行动,例如分散付款,而无须交易对手采取进一步行动。

综合来看,CFTC 着重强调三个概念,即:(1)智能合约需要预言机;(2)智能合约结果存在区块链上(这是智能合约三原则之一);(3)区块链数据一致更新。

2. CFTC 对智能合约应用的界定

CFTC 对智能合约的潜在好处给予了充分的肯定,尤其是智能合约在整个经济交易生命周期(如形成、执行、结算)中可产生的潜在利益。为此,在金融交易市场,智能合约可以应用的场景如下:

(1)衍生品交易:简化交易后流程、实时估值和追加保证金。

(2)证券交易:简化资本表维护(如自动分红、股票分割)。

(3)贸易清算和结算:提高结算效率和速度,减少对条款的误解。

(4)供应链/贸易融资:跟踪产品流动,简化支付,促进贷款和流动性。

(5)数据报告和记录保存:更高的标准化和准确性(如互换数据报告、实时风险分析的监管节点);自动保留和销毁。

(6)保险:基于特定事件的自动化索赔处理;物联网(IoT)启用的车辆/家庭/农场可以自动执行索赔。

除了金融交易市场外,CFTC 还列举了智能合约在其他领域可能的应用,如:

(1)公共财产记录:保留不动产所有权和权益的"黄金副本"。

(2)忠诚和奖励:可以推动旅行或其他奖励系统。

(3)电子医疗记录:提高数据的安全性和可访问性,使患者能够控制自己的记录,同时提高法规遵从性(如 HIPAA 法案)。

(4)临床试验:使用带时间戳的不可变同意书保护患者,安全地自动化序列,并在确保患者隐私的同时增加匿名数据的共享。

另外,CFTC 提出的智能合约应用大都是标准化的应用,这表示智能合约最主要的应用是现在常用的算法。如果可以实现,会对金融系统带来重大影响,监管单位如果能控制好这些常用的智能合约,系统会更加安全,更加容易监管。这也是英国中央银行 2020 年 3 月的报告体现的重要内容。

标准化的存在,使注册的实体在使用智能合约过程中能极大地提升效率,从而带来较大的竞争优势,如:

(1)简化受 CFTC 监管的产品的交易(如期权、期货和掉期),提高交易前到交易后(如价格发现、执行、清算和结算)的效率;

(2)减少重复确认;

(3)降低贸易、资本和保证金风险;

(4)自动履行合同;

(5)加强对内部书面政策和流程以及法律义务和监管要求的遵守;

(6)改进监管报告。

CFTC 带来的重要信息是监管机制是智能合约最大的应用。上面提到的算法或是应用,都和交易所的监管机制有关。

就基于智能合约的监管机制而言,基于标准化的智能合约的交易算法,是交易所监管单位最好的监管机制,而且是实时监管,也是标准化的监管。监管机制可以用智能合约执行,在适合的时间,智能合约自动执行,例如,不能向不符合条件的合同参与者(ECP)出售,在规定期限过去之前不能出售,或者必须报告某些数据。

在新的监管报告模型内,智能合约以预先确定的间隔自动报告数据,并且智能合约和监管节点中内置压力测试(例如,对智能合约执行场景以确定网络上的支出)。

3. 智能合约和 CFTC 的市场

目前,许多关于智能合约的讨论都以衍生品为例,因为它们很容易被数字化和编码。其实,根据智能合约的结构、运作以及相关事实和情况,智能合约可以是商品远期合同、期货合约、期货合约期权以及掉期交易。

在考虑智能合约是否可能是受 CFTC 管辖的产品时,应咨询主管法律机构。其中,ISDA 就是研究这项技术的机构之一,其不只是研究智能合约,而是研究所有相关衍生品交易。

技术的创新在早期阶段往往是把"双刃剑",智能合约也是如此,要客观地肯定智能合约带来的积极作用,如增强市场活力和效率、验证客户和交易对手身份、促进贸易执行和合同履行、确保账簿和记录的准确性、完成即时监管报告等;但是智能合约对于现有秩序的消极破坏也不能被忽视,如非法规避规则和保护、降低透明度和问责制、损害市场诚信、引入风险——包括操作、技术和网络安全的风险、受到其他单位或是机制(包括其他智能合约)的欺诈和操纵等。

这里 CFTC 提到了一个一些人可能还不清楚的重要概念,就是智能合约作为代码,是可以被欺诈和操纵的,因为代码可以被欺诈和操纵,智能合约可以故意降低透明度,可以故意规避监管等作业。这就是为什么在 2020 年 3 月英国中央银行发布的报告中提及的三个智能合约部署方式,都由英国中央银行直接控制。很明显的,为了减少风险,英国中央银行选择自己使用智能合约来得到百姓的信任。

4. 潜在的及适用的法律框架

智能合约有可能成为有约束力的法律合约吗?有可能,但也取决于事实和情况。法律框架是否适用于智能合约?是的,智能合约可能会受到各种法律框架的约束,这取决于它们的应用或产品特征。

现行法律和法规对于智能合约同样适用,无论合同采取何种形式,即无论合同完全由代码表示,还是只有一部分是代码,都需要被适用的法律和法规所约束。CFTC 关于智能合约的法律框架参见表 2-2。

表 2-2 CFTC 关于智能合约法律框架的部分说明

范围	具体内容
智能合约适用的法律法规	▪《商品交易法》(Commodity Exchange Act,CEA)和《商品期货交易委员会条例》(Commodity Futures Trading Commission Ordinance,CFTCO); ▪ 联邦和州证券法律法规; ▪ 联邦、州和地方税收法律法规; ▪《统一商法典》(Uniform Commercial Code,UCC)、《统一电子交易法案》(Uniform Electronic Transactions Act,UETA)以及《全球及全国商务电子签名法案》(Electronic Signatures in Global and National Commerce Act,E-Sign Act)中的电子签名; ▪《银行保密法》(Bank Secrecy Act); ▪《美国爱国者法案》(USA PATRIOT Act); ▪ 其他反洗钱(AML)法律法规; ▪ 州和联邦货币传输法
禁止行为的例子	▪ 实施或影响欺诈或操纵; ▪ 在未适当注册的设施上进行交易或处理; ▪ 违反 CEA 或 CFTC 的规定,包括:具有破坏性的交易行为(如欺骗)、未能保持记录或有违规行为、未能受到适当的监督或未能满足财务诚信要求; ▪ 在 CFTC 交易的公司或是个人,但是没有在 CFTC 注册,也没有得到 CFTC 例外或豁免权; ▪ 违反《银行保密法》或《美国爱国者法案》
智能合约的操作风险	▪ 智能合约系统可能没有合适或足够的备份/故障容错机制,以防出现问题; ▪ 智能合约可能依赖其他系统来履行合约条款,而这些其他系统可能存在安全漏洞,以至于智能合约无法正常运行; ▪ 智能合约平台可能缺少关键的保护系统机制和保护客户机制; ▪ 如果智能合约链接到公链,公链分叉的时候可能会造成运营问题; ▪ 在操作失败的情况下,追索权可能是有限的,甚至根本不存在——可能因此导致虚拟资产完全损失; ▪ 管理不善,智能合约需要根据适当的治理和责任机制来改进系统
智能合约的技术风险	▪ 意想不到的软件漏洞; ▪ 人类是最容易使智能合约出错的根源(而不是智能合约本身); ▪ 科技出问题——互联网服务可能会中断,用户界面可能不兼容,计算机服务器可能停机; ▪ 扩展或带宽问题; ▪ 公链分歧/分叉问题——这样的事件会在只能有一个智能合约的情况下,创建出多个智能合约,或者会破坏智能合约的功能; ▪ 能否承受未知未来的挑战——不可预见的或未预料到的事件,对智能合约造成冲击或挤压智能合约系统; ▪ 外部预言机故障、中断或其他问题造成智能合约系统出问题

续表

范围	具体内容
智能合约的网上风险	▪ 根据智能合约系统和相关钱包系统/托管人的结构和安全性,一些系统可能容易受到黑客攻击,导致数字资产被盗或丢失。如果一个恶意行动者将数字资产转移给自己或他人,系统可以有的反应可能有限,而且非常可能永远没有办法追回相关数字资产; ▪ 攻击者可能会破坏预言机,例如,经双方同意、攻击者和预言机合作提供不真实的相关数据,导致智能合约错误地转移数字资产
智能合约可能的欺诈与操纵事件	▪ 智能合约可能包含恶意代码; ▪ 智能合约可能会被内部人员操纵,他们可能会将"后门"或"死亡开关"放置于代码中,或者更深入地了解智能合约将如何对特定事件或输入作出如何反应; ▪ 预言机可能接受或分发意外信息,导致合同方不能得到合同上的条款; ▪ 预言机可能会受到操纵或本身具有欺骗性,从而导致意想不到的、欺骗性的结果
智能合约的治理	▪ 智能合约的良好治理标准可能有助于解决它们所带来的挑战和风险; ▪ 治理标准和框架还处于开发的早期阶段; ▪ 根据智能合约的属性和市场参与者的使用方式,这类标准可以推定其法律性质; ▪ 这些标准可以指定智能合约设计者和运行者的责任,并建立解决争端的机制; ▪ 治理标准还可以包含智能合约的条款或条件,以便强制执行

5. CFTC 为行业入门指引了方向

在 2018 年年底,当时币圈正在经历巨大的"熊市",而美国却在建立以法治来管理区块链和智能合约的法规和机制。这就是这份报告的中心思想。看起来简单,事实上 CFTC 花了非常大的功夫才得出这些观点。

这份报告对智能合约的现况和限制非常清楚,不过度追捧(如一些币圈的看法),但也不是瞧不起式的贬低。更重要的是,其对智能合约的态度是正面的,认为智能合约在条件符合的前提下,可以有法律效力,而且会有许多金融市场应用。他们还认为智能合约可助力监管,同时也提出了智能合约的监管框架,来监管智能合约的运行。

CFTC 专员布赖恩·昆腾兹(Brian Quintenz)还认为,智能合约属于 CFTC 管辖范围内,如果有智能合约违反 CFTC 规定,CFTC 可以起诉该智能合约代码的开发人员。

CFTC 和笔者观点一致,智能合约如果没有处理好,风险会更大,就好像飞机比汽车速度快,但是危险性也更大。如果管理好,飞机的风险就可以比汽车小(现在飞机的风险就比汽车风险小,但是在早期,飞机要比汽车的风险大)。智能合约就像飞机,管理必须更严格,在事前监管,交易中监管,交易后监管,这才是正道。

三、认识现代智能合约

(一)现代智能合约的学科分类

智能合约如果以应用来分,可分为三大类:交易、监管及其他(见图2-8)。交易中包括数字法币(支付)交易、数字股票交易、数字资产交易、衍生品交易、贷款交易、保险交易等都是金融交易种类。监管也是智能合约的重要应用,包括各种交易的监管以及非交易(如注册)的监管(如验证时的监管、注册时的监管)。这些监管确保信息正确,没有作弊,而且隐私信息没有外泄。这一大类的应用是CFTC提出的,而英国中央银行带头提出架构来支持数字英镑的支付,智能合约在英国中央银行的系统从事交易和监管。其他应用则是非金融非监管。

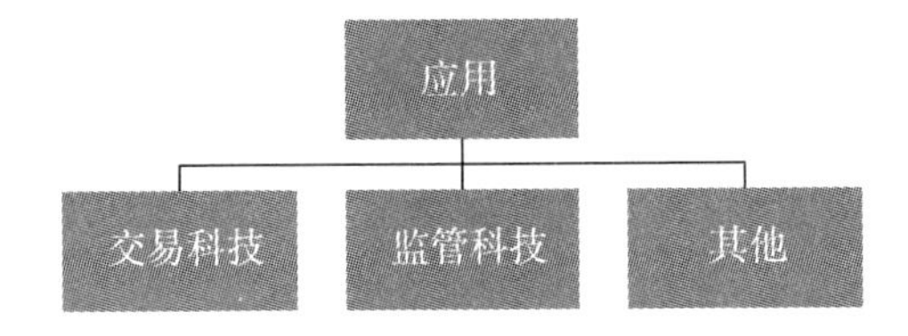

图2-8　智能合约三大类应用

交易科技包括支付(包括交易一致性)、结算、清算、信用风险、流动性风险,如流动性节约机制(Liquidity Saving Mechanism,LSM)、付款交割(Delivery vs Payment,DVP)、衍生品交易、技术等。监管科技包括实时交易记录、监管网络、大数据、人工智能等科技。

智能合约在法律上的应用,对立法、司法、执法和法学理论都会产生影响(见图2-9)。以后立法的时候就可能会使用新法言法语,本体化的法律名词,法规标准

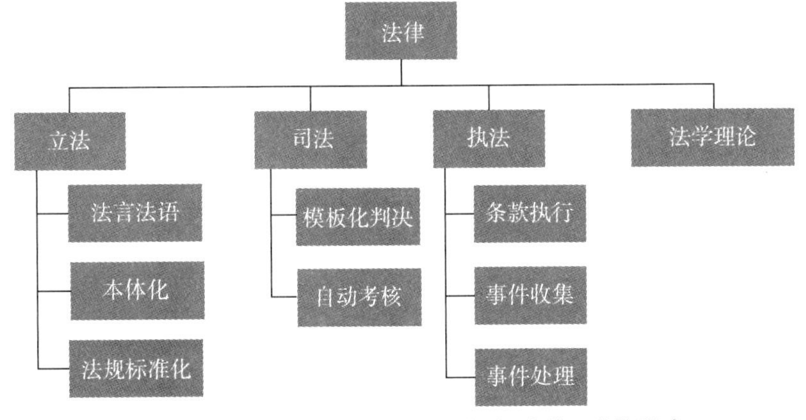

图2-9　智能合约对立法、司法、执法、法学理论的影响

化、模板化、形式化;在司法上,模板化判决、自动考核和验证;在执法上,合同条款执行自动化,事件收集和处理也可以自动化(这是预言机的工作)。在法律理论上,智能合约和法律的结合会给法学理论提出很多新问题,如智能合约的性质、地位以及是否产生新的法律关系等,在理论上都是需要论证和回答的。

在计算机学科中,与智能合约最相关的三大学科是软件工程、数据库、分布式计算。由于智能合约运行在区块链上,智能合约可以看作是软件,而区块链可以看作数据库,所以智能合约可以说是软件工程与数据库的结合。在软件工程方面,相关的知识包括建模、领域工程、形式化方法、编程语言、测试;在数据库方面,包括数据结构、分布式计算和存储、事务处理。在分布式计算方面,包括一致性算法、并行计算、扩展性架构和应用、数字身份证、容错机制。在加密协议方面,涉及多种知识,如安全多方计算、零知识证明、隐私保护等。与智能合约相关的计算机学科,如图2-10所示。

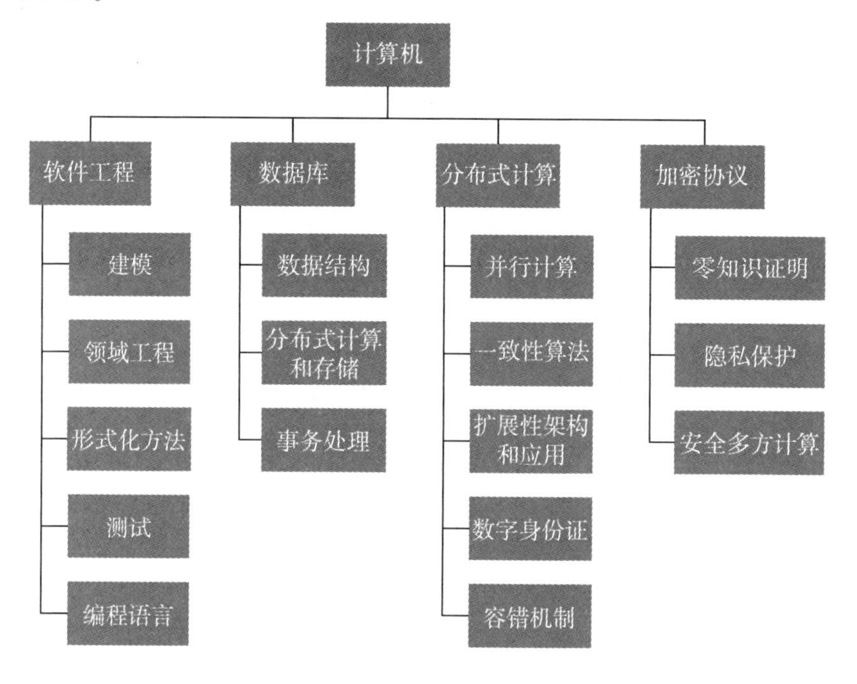

图2-10 与智能合约相关的计算机学科

例如,雅阁项目(本书第九章)就使用了建模、形式化方法、编程语言技术,他们的一个创新就是使用形式化语言来描述合同执行程序;英国中央银行智能合约架构使用了并行计算、扩展性架构和应用、事务处理、一致性算法。

两个领域交叉后,会产生新交叉学科。例如,交易科技是传统课题,但是因为区块链和智能合约的来临,一套新交易科技出现。“一币一链一往来账户”就是一个新型交易技术[1],和传统支付差距很大。合同科技是一门新科技,李嘉图合约应该是第一个合同技术,后来的雅阁项目也是一个例子,本书第三部分将主要讨论相关课题。预言机是因为智能合约才开始的课题,也将在本书第三部分讨论。区块链和智能合约息息相关,而2020年3月英国中央银行提出的新智能合约架构必定会影响区块链的设计。由于法律和计算机交叉产生的新学科题目,如图2-11所示。

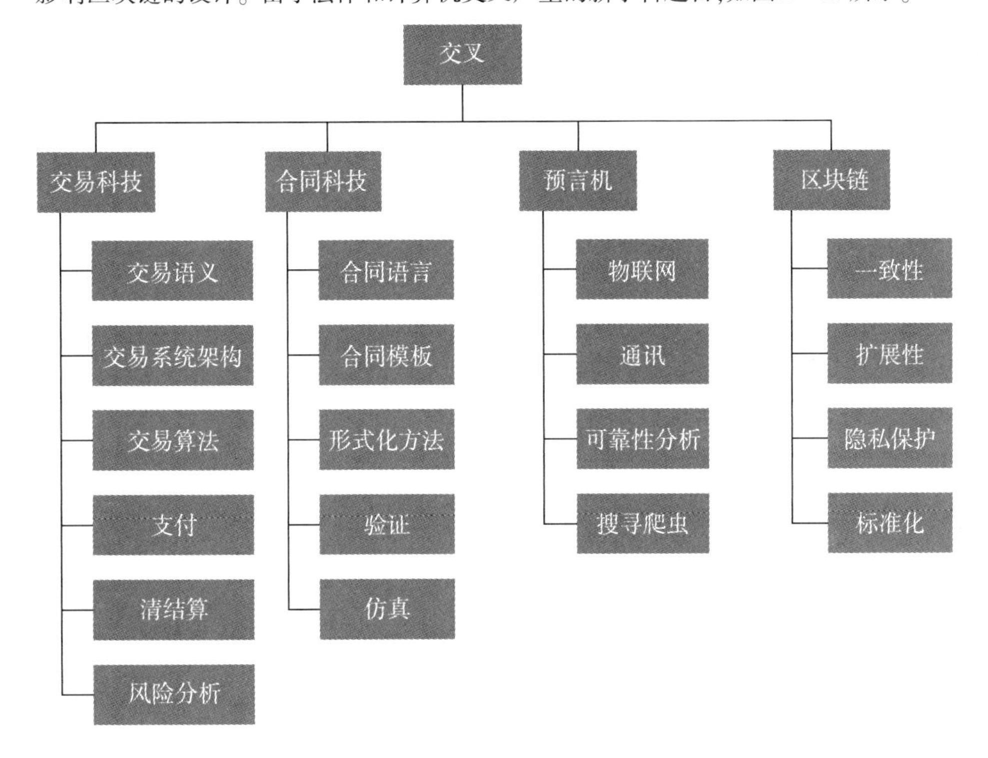

图2-11　由于法律和计算机交叉,产生新学科题目

(二)智能合约的五个智能原则

智能合约中的智能不是人工智能中的智能。人工智能中的智能可以识别人脸、人的签名,能够判断人得了什么病、如何治疗,或是下棋时该走哪一步。智能合约的“智能”要符合五个智能原则,具体如下:

1. 正确的启动条件和时间

智能合约在动态中启动,有时间的概念。智能合约启动不能早,不能在事情发

[1] 这是英国公司Fnality开发出来的技术。

生前就启动,例如,约定 IBM 的股票到 50 美元时才进行买卖,那么达到 50 美元前便不能启动,如果启动就是违法的。同样智能合约启动也不能晚,还以上述约定的 IBM 股票为例,如果达到 50 美元时没有卖,到了 52 美元才卖,就违背了当时约定的指令。因此智能合约的启动不能早也不能晚,要在正确的时间启动。另外智能合约对执行所占用的时间有要求,有些合约要在很短时间内完成,如购买股票,有的要在很长时间完成,如房屋买卖,需要几个月时间完成。智能合约执行的时间不能短也不能长。总结下来,第一个智能合约的错误场景就是时间的早、晚、长、短,这些都可能造成错误的智能合约。

2. 使用正确的智能合约

合约的启动由当时环境决定。当 IBM 股票到达 50 美元,需要购买时,如果不是启动了购买而是启动卖出,就是错误。本来是即时买,但执行的是慢速建仓模型,也是错误。所以选择正确的智能合约也是一种智能的表现。今后,在区块链上会有很多种合约,可能上百成千,到底选哪个智能合约才是正确的?选择时,有的合约被形式化方法验证过,或者通过其他评分标准打分过,或者被智能的方法推荐过,都可以作为选择的依据。另外,智能合约的选择与区块链有关。例如,超级账本的合约和以太坊合约就大不相同,意义大不相同,执行机制也大不相同。因此,选择正确的智能合约非常重要。

3. 使用正确的数据

人们用的数据可能不正确,比如有些从区块链外面来的数据未经预言机验证,有些没有放在区块链上或者未经共识的数据就被使用。使用未经验证的数据,就算得到结果,可能也是正确的执行结果。如果得到不正确的结果,以后上法庭整个智能合约系统或是机制都会受到严重挑战。智能合约应当可以查验所使用的数据,但是智能合约系统如何知道该数据是正确的?需要一个智能机制来评估数据的可靠性。

4. 正确的智能合约结果

智能合约执行的结果如果是数值,就要求不能大、不能小;执行的结果如果是时间,就要求不能早、不能晚。正确的结果需要共识来决定。

5. 存在于正确的地方

如果智能合约执行的时间很长,需要产生智能的中间数据。中间数据只能够被之后执行的智能合约使用。也就是说,只能用作中间数据,而不是最终数据。什么是中间数据?例如,需要在 3 个月之内购买股票 2000 股,约定只要低于 50 美元就购买,第一天跌到49美元,但只持续了一分钟,在此期间购买了200股,合约执行未完成,购买的200股就是中间数据。

以上就是保证智能合约正确性的五类原则,这就是现在智能合约的“智能”。这五类问题解决后,才能加其他“智能”机制(如人工智能机制),但是这些新机制不能更改原来的机制,所以系统可能会相当复杂。

这五类智能原则需要结合法律和区块链两个支柱,对五类智能进行验证和检测,也就是说要将智能合约和法律结合起来,要在区块链上考虑智能合约的执行行为。现有的智能合约平台都没有完整的考虑以上五个智能原则,或者没有考虑法律和区块链这两个支柱。

为了保证智能合约中五类原则的正确性,需要对智能合约和相关机制进行验证和检测。验证的方法可以采用合约模型验证、代码验证和测试、运行时验证等。

四、智能合约的误区

区块链在历史上一直有两条发展路线,一个是币圈,另一个是合规市场,而在中国只能发展合规市场。因为这两条路线思路、哲学、政府治理理念、技术、基础设施、商业模型都不同,以至于连新闻报道、教育、舆论都不同。

但是智能合约在合规市场还有两个发展路线,如表2-3所示。在不合规市场,所有“智能合约”都只是链上代码,而且是逃避监管的链上代码。而在合规市场,也有许多系统只是链上代码,如超级账本;而雅阁项目是为智能法律合约开发的开源框架,经过雅阁项目流程的代码就有可能以后成为智能合约,但也是“有可能以后”。至于那些没有经过这一流程的,永远没有可能成为有法律效力的智能合约。这就像法言法语一样,法言法语也是自然语言,但是因为有法律上的考量和处理,才有法律效力;小说和散文也是用自然语言书写,但是因为没有法律考量,不能成为有法律效力的合同。代码也是同样道理,两个代码可以几乎一样,但是一个是经过法律流程评估的智能合约代码,另外一个只是代码,两个代码再像,其差距还是像天和地的差距一样大。

表2-3　智能合约分类

	智能合约技术	备注
不合规市场	没有法律依据,或是逃避监管	传统智能合约,例如以太坊智能合约
合规市场	没有法律依据	链上代码(代码运行在区块链上)
	有法律依据	智能合约(基于可计算合同)

智能合约概念的提出比区块链还早,但智能合约是因为区块链才得到了大众的重视。而区块链现在是鱼龙混杂,一些类似链也被当作区块链来讨论,如CORDA、EOS、原来的超级账本(是一个中心化的类似链)、IOTA等。这些都以区块链系统身份出现,但却不是区块链。如CORDA、IOTA等,每个节点有不同信息,不同节点参与不同投票。如果运行智能合约,运行在不同节点的智能合约必定得到不同的答案,因为不同节点有不同数据。这样的系统适合做智能合约应用吗?如果真要做,还需要表示使用哪个节点在哪个块的数据,这样的话,智能合约的管理会复杂。这不像传统区块链,任何节点的信息都一样,智能合约可以运行在任何节点,或是所有节点,得到的结果应该一致。智能合约和区块链关系分类,如表2-4所示。

表2-4 智能合约和区块链关系分类

选择	运行系统	特性
不考虑成为有法律效力的合同	运行在非区块链系统上	代码(没有法律效力)
	运行在区块链系统上	链上代码(没有法律效力)
考虑成为有法律效力的合同	运行在非区块链系统上	代码(监管难,很难有法律效力)
	运行在区块链系统上	智能合约(合同即代码,可以有法律效力)

表2-5列出了一些典型的智能合约误区。这些误区在中国影响非常深,时间也久。笔者常常在讨论的时候,遇到有人将下述误区认为是正确的概念。这里要特别说明的是,"去中心化"是中国的"特产",国外并未使用这一名词,国外使用的名词是decentralization,翻译成"分权式"。分权式不是表示中心不存在,中心还是存在,而且在许多区块链应用有中心更方便。例如,总经理和经理都有权力,而且经理的权力是总经理将部分权力下放,分出来给经理的,因此30万元以下的采购方案经理就可以批示,不需要总经理的批示,但是30万元以上的采购必须经过总经理批示。现在国外有法律智能合约的布局都有中心参与或是带领,例如,权威单位(如中央银行、银行、公证处,或是司法单位)上链,他们同时间收到所有信息,并且从事监管。

表2-5 一些典型的智能合约误区

	误区	正解
1	智能合约是预备来对抗审计(逃避监管)的	智能合约不是为逃避监管设计,而且可以成为监管工具
2	智能合约是"去中心化"的,不需要权威单位参与	现在法律界出来的智能合约系统都是和权威单位绑定,如政府、司法单位,或是金融机构,如公证处、银行。不但没有"分布式",反而这些系统和这些单位深度绑定

续表

	误区	正解
3	逃避监管的链加上逃避监管的智能合约可以建立一个法外的金融世界,取代现在的银行和金融机构	区块链和智能合约都不是法外之地,一切都是需要被监管,特别是应用在金融和法律界
4	智能合约不需要法律考量,只要在链上运行,就是合法的合约	智能合约需要法律考量,现在大部分智能合约都是以可计算合同开始
5	智能合约不需要考虑运行的区块链系统	智能合约如果不考虑区块链,就会像空中楼阁,很难落地。因为智能合约一个很重要的功能是执行,是动态发生的,而现在这个功能是由区块链系统提供,或是智能合约系统和区块链系统合作完成的
6	如果智能合约运行在区块链上,任何区块链系统都可以使用	因为数据会来自区块链,不同链设计会有巨大差异。由于有法律效力的智能合约可能会有官司风险,链的质量非常重要,使用伪链会有巨大风险。如果使用在金融系统,还会有金融风险,使用发币链或是伪链的风险非常大
7	智能合约只要考虑代码安全	智能合约需要多方面考量,包括代码安全、执行时安全(这是执行系统必须提供的服务品质),而且试验正确可靠的数据(这是预言机和区块链必须提供的品质)
8	智能合约可以使用任何数据	现在一些智能合约系统可以使用任何数据,但是这是不安全、不可靠的。智能合约应只使用被验证过的数据,例如使用(被验证过)预言机提供的数据
9	智能合约运行必须使用数字代币	智能合约运行不需要数字代币,但是可以有激励机制,激励机制可以不需要代币
10	只要是从现有合同开发的智能合约就有法律效力	(1)从现在有法律效力的合同出发,不一定可以完成智能合约,因为原来的合同可能有错误,这样的原始合同可以经过法律程序在仲裁庭或是法庭辩论,可是对应的智能合约可能在几秒间运行结束,因此质量必须更高;(2)智能合约还需要经过其他法律程序(如相关人员的数字身份认证)才能成为有法律效力的合约,现在有国家正在进行智能合约立法
11	只要数据来自预言机就算可靠(如先经过区块链或是直接来自预言机),智能合约就可以安全使用	不同的预言机有不同的数据验证机制,不好的预言机会产生不可靠的数据。预言机的验证和评估是一个重要课题

续表

	误区	正解
12	使用国外的智能合约软件可以有保障,因为国外 IT 产品比较好	国外的智能合约是根据国外法律制定的,在中国不一定适用,因为智能合约是有国籍的
13	智能合约交易结算是实时的,因此交易不能回滚	在现在逃避监管的区块链系统上,许多交易结算是实时的,因此不能回滚,但是这些"智能合约"不是智能合约,而是链上代码。基于法律的智能合约系统可以设计回滚机制,但是现在的一些智能合约系统还没有设计出这样的机制
14	智能合约不会成为有法律效力的合同	现在,包括瑞士和英国提出的法律框架,数字资产和传统资产都有同样的权力和义务,而且智能合约可以被当作合规的合同,与现有纸质合同享有同等地位。这些都在立法中

本章补充思考

问题一:您认为智能合约的出现是否突破了现有法律的框架?权利与义务的二元对应关系是否因为智能合约的出现而有所改变?

问题二:您是如何理解"代码即法律"这句话的?程序员编写代码的行为,应当被界定为法律的创设、法律的执行,还是法律的翻译呢?

问题三:有观点认为,智能合约的高效、创设自由的特性,有利于拓展法律主体间意思自治的空间,活化经济活动,有利于实现法律主体的法治自由。也有观点认为,智能合约的高度专业化会造成知识壁垒并形成优势垄断阶层,进而剥夺其他主体的合法自由。您更认同哪一种观点?

问题四:您认为"智能合约"与"合约的执行智能化"的差异在哪里?您是否认为智能合约意味着需要排除一切人的因素?

第三章 智能合约带来社会治理的新思路

一、新技术推动新监管方法

监管通常被看作一个费力不讨好的工作，属于政府支出的范畴，被监管者常常认为监管是加诸他们的重担，增加了创新的难度。但笔者认为，在这个领域应采取积极态度，拥抱监管而非逃避监管，以正面的态度看待监管和监管技术。因为市场并不总是最优的，常常存在失灵的情况，更何况还有很多窥觑他人钱财的故意作恶者，适时恰当的监管介入有益于保护消费者，维护市场的稳定性。事实上，充分了解和接受这一点，将是实现中国梦重要的推动力。

（一）监管科技兴起

区块链技术的发展，带来了一张围绕价值流通的链网，但是要想更加安全、有序地推动价值的高效流通，其实还离不开推动监管网络（以下简称监网）的发展，这概念是笔者在2016年给北京市的一个提议。监网和链网平行，且并行运行，监网上还会有大数据平台，推动新的监管科技（Regulatory Technology，RegTech）潮流，产生新的教育科研计划。两个大型网络——链网和监网意味着大量新的基础设施将会出现，大力促进经济发展，这就是中国科技领先的一大梦想。三种网络形态的对比，如表3-1所示。

表3-1　互联网、链网和监网的对比

	互联网	价值网（链网）	监管网（监网）
控制者	国外	本国	本国
目的	信息交换	价值交换	风险控制
加解密/安全性	弱	强	强
协议	TCP/IP	新协议	新协议

续表

	互联网	价值网(链网)	监管网(监网)
应用	信息传播、商业应用	交易、清算、支付、链上仲裁、链上法庭	防范、分析、识别、预警、告警、处置金融等方面风险
基础设施	现成	还未成立	还未成立
服务器	现在服务器	新区块链服务器	新区块链服务器

1. 金融危机与 RegTech 的出现

RegTech 受到重视是在 2008 年经济危机之后,当时许多人认为,如果监管到位,全球经济危机就不会发生。可是到了 2015 年,却出现了一个新现象,银行收入在持续下降。以前,只有当银行被打劫或发生经济危机时,银行收入才会下降,但这次并没有发生这些情况,银行收入却仍然减少,而且还一直持续到了今天。这次的问题实际上是科技特别是金融科技造成的。人们发现,科技比炮弹还要有威力,厚厚的银行保护壁垒没有被炮弹打破,反而被科技攻破。科技比炮弹更为厉害,这已成为共识。在此情形下,RegTech 应运而生。

科技攻破了银行的壁垒,人们发现监管不能再用以前的行政流程,只有科技才能胜任。因此 RegTech 成为主流,即采用科技,而不仅靠行政和立法来进行监管。

2015 年,英国金融行为监管局(Financial Conduct Authority,FCA)发现,许多公司花费大量成本来设计用以逃避监管的系统。例如,比特币曾在英国流行并用以逃避监管,而英国监管单位都不知该如何应对。笔者在 2016 年 9 月拜访英国中央银行时,英国中央银行甚至表示,随着新科技如移动支付的出现,英国的大部分经济活动已不在其监管范围内。这对英国来说问题非常严重,必须尽快予以解决。其时英国中央银行表明发展数字法币势在必行,并对此提供了许多理由,但一个真正重要的原因就是要把监管权拿回来。英国认为中央银行发行数字法币后,英国老百姓在支付活动中会大量使用数字法币,这样监管权便会回到英国中央银行。

为解决这些问题,英国 FCA 在 2015 年提出监管沙盒、产业沙盒和保护伞沙盒三种方案。其中监管沙盒属于行政流程的解决方案,产业沙盒属于科技解决方案。FCA 提出这些方案,监管沙盒被 20 多个国家或地区使用,但中国在 2017 年做出了产业沙盒。之后,英国 FCA 又提出一些新监管概念和思想,包括许多基于科技的监管方案。

2. RegTech 出现的价值

2016 年,英国首席科学顾问报告中[1]提到 RegTech 要兴起。RegTech 是指用新技术促进监管要求落地,一方面是监管者使用技术来实施监管,称为监控科技(Supervisory Technology,SupTech);另一方面是被监管者使用技术来满足监管要求,称为合规科技(Compliance Technology,ComTech)。可以认为 RegTech = SupTech(监管端) + ComTech(被监管端)。SupTech 可在金融领域实现更有效率的风险监管和合规要求,主要有两方面应用:一是数据收集,主要用于监管报告、数据管理,比如通过银行的 IT 系统直接调出数据,自动化数据认证和合并;二是数据分析,主要用于市场监管,分析被监管方是否有违规行为;ComTech 用于电子化自动报告交易和相关数据。

客观来看,发展 RegTech 是必然的,会形成一个大的生态圈,并且能带来多方的价值。

首先,从被监管者的角度来看,合规成本增长。金融机构若要满足监管的要求,每年要花费大量成本,包括第三方成本或内部资金投入;若不能满足监管要求,还要有能力支付罚款。尤其是 2008 年金融危机以后,监管部门对金融机构的数据和披露要求大幅提高,不仅量大而且要求准确及时,造成金融机构这方面的支出负担越来越重。

其次,从监管者的角度来看,监管负担加重,从图 3 - 1 可以清楚看出, 监管负担每年增加,例如最近提出的开放银行(Open Banking)和《通用数据保护条例》(General Data Protection Regulation,GDPR)带给金融机构许多新工作量, 但是资源却没有相对应地增加。监管者要获取被监管者的信息,实施监管,需投入较高成本,且对获取信息的内容和获取的效率都有要求,需要监管者努力加强监控能力和效力,这么一来,监管负担越来越重,如果不使用科技,根本解决不了未来监管的需求,靠传统行政流程来完成,事倍功半。减少监管费用是 RegTech 的一个最重要的推动力。

---

[1] UK Government Chief Scientific Adviser, "Distributed Ledger Technology: Beyond Block Chain", https://www.gov.uk/government/uploads/system/uploads/attachment_data/file/492972/gs-16-1-distributed-ledger-technology.pdf, July 19. 2020.

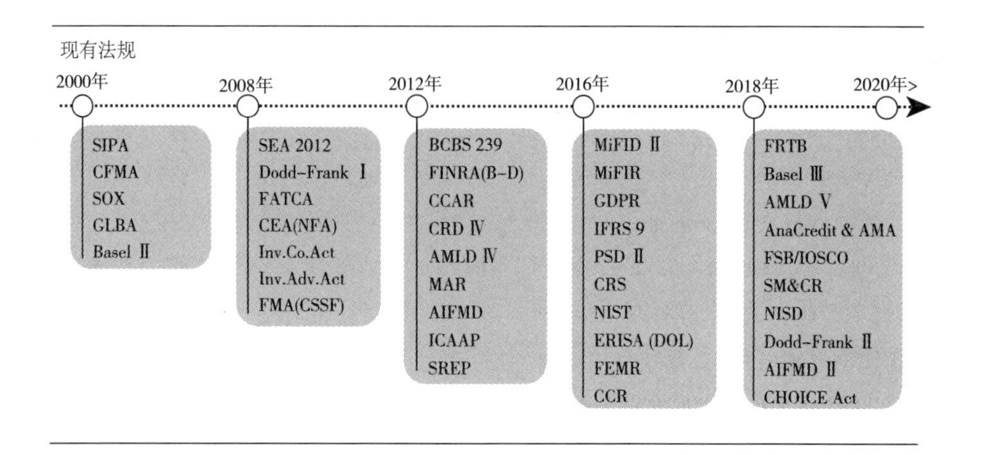

图 3-1 监管工作量每年增加

最后，从技术发展的角度来看，传统技术无法跟上现代监管要求，数据科学和技术的发展，为提高监管能力提供了可能性。依据图 3-2 显示，国外不同国家或地

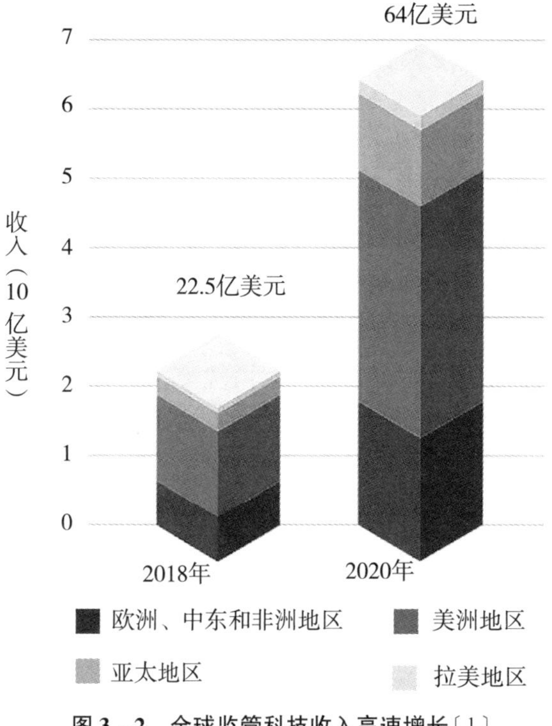

图 3-2 全球监管科技收入高速增长[1]

[1] 资料来源：Frost & Sullivan。

区监管科技2020年的费用是2018年的2.87倍。这一增长率非常惊人，平均一年增长70%。如果10年内都保持这种增长率，2028年的监管费用将会是2018年的200倍。

（二）区块链推动RegTech进入2.0时代

2016年英国首席科学顾问发布报告时，RegTech的概念刚被提出，可以说是RegTech 1.0，而到了2018年，RegTech成为热点，并进入RegTech 2.0时代。RegTech 2.0和RegTech 1.0最主要的差别在于监管结果是否具有可重复性、可扩展性和可审计性。

RegTech 2.0时代最明显的一个标志是使用区块链，如将区块链应用到金融市场报告（Reporting）和记录（Recordkeeping）领域。因为区块链可以标准化信息收集和监管要求，并进行合规匹配，使监管者可以及时履行程序化的监管职能。这样，未来金融领域的监管报告和记录将大为不同，数据的开放性和市场参与者的融合性会使未来监管更加透明，也要求各方更高效的合作，这不仅对金融科技公司等被监管方有利，也对监管者及其所监管的金融市场有利。2018年5月，独立数据驱动研究机构MEDICI Research发布报告（见图3-3）[1]，提出从RegTech到更好的金融科技，给大众带来更好的生活，让公司能够赚钱。监管不再只是政府的支出，也可是政府和民间的投资项目，在国外，一个新生的RegTech产业正在形成并高速成长中，每年可替国家省下大笔监管费用，避免违规事件发生。

图3-3　MEDICI 2018年发布的报告封面

---

[1] MEDICI，"RegTech：A Triple Bottom Line Opportunity"，https://memberships.gomedici.com/research-categories/regtech-a-triple-bottom-line-opportunity，July 19，2020.

1. 区块链带来 RegTech 创新

可以说,金融科技和 RegTech 是矛与盾的关系,金融科技是矛,RegTech 就是盾,两者相互促进,共同成长。像区块链这样的金融科技是颠覆性的,RegTech 也必须是革命性的,需要一个全新的监管框架。

与现在相比,未来区块链技术将大为不同,根据新的技术发展趋势,笔者就 RegTech 发展提出以下三个创新点:

一是监管网络。从单链转向多链,形成跨国和跨地区的链网,即区块链互联网(互链网)。从一链通天下转向链满天下,每个领域都有自己的链。在监管领域,监管网络和链网并行,关键在于数据来源,采用判断机的模式。

二是大数据版区块链。从小数据转向大数据,这是重要的监管思路转变,从用户导向转为数据导向。要使监管者实现数据触达,包括重设数据上报标准,加强各国监管者间的协调、金融企业合作与数据共享,建设新时代的金融基础设施。

三是产业沙盒。采用产业沙盒来测试组装链、云上链。区块链不能只测试,还要(在线)监测,不同区块链应用(清结算、支付、保险、交易)需要不同的监管技术,从组装的区块链应用迈向组装的监管技术。基于此笔者提出了产业沙盒。产业沙盒是行业内许多公司聚在一起形成的一种虚拟测试环境。产业可以决定使用哪些测试来对一种新技术进行检验。让许多公司在产业内都能够在同一环境下作测试,由于使用的测试环境相同,参与测试的公司可以得出比较客观的结果。产业沙盒可为科技金融、教育科研、基金投资等公司机构,以及客户、创业孵化等方面提供服务。

2. 新监管框架的构建

基于上述三点创新,笔者提出一种新的监管框架:监管网络收集数据,大数据版的区块链架构在监管网络之上分析信息,最后都集中在产业沙盒上,沙盒适用于各种场景,让监管方、被监管方和研究人员可以在其上做大量实验后再进行部署。再加上智能合约支持的可执行的监管,这样可在智能合约自动执行的监管平台上开展监管,去除人为偏袒和信息不对称性。在这种新监管环境下,暗箱操作等就很难发生。

此外,区块链可以带来一种新概念:互相监管、互相验证。监管者也需要被监管,一直以来,监管给人的印象是处罚型的或者是高权力的,可是在区块链的世界里,虽然监管方权力较大,但也不能滥用权力欺压被监管方,区块链对被监管方可以提供保护。并且有多个监管单位,它们互相监管,监管者和被监管对象一样,都没有权力更改数据，这是一种全新的扁平的网络，双方均可以看到自己的数据，知晓被处罚或被拒绝的原因，虽然监管者仍有比较高的权力。

3. 中国全面监管网的设想

目前，大数据版的区块链、产业沙盒和监管网络，其他国家均还没有。这三者缺一不可，没有大数据版区块链，收集数据会是难题；没有产业沙盒，很难做到事先系统性的实验；没有监管网络，无法做到全面监管。

为了更好地维持未来社会的高效运行，中国有必要搭建一个可覆盖全国的大型监管网络，比印度的 India Stack 还要强大。可以保护个人、金融机构和国家，既能保护老百姓，也能保护监管相关人员，防止内部更改。通常提到监管，是指金融监管，对于金融监管，无论是股票、债券还是衍生产品等，都可以纳入监管网络的范畴，而且不仅限于金融监管，也包括医疗、食品、教育等各方面的监管，监管也不一定针对犯罪或犯错，也包括隐私的监管，比如哪条链或哪些公司故意泄露信息，都可监管到。

这是一种全新的构想，监管不仅是禁止性的或处罚性的，也可以是拥抱型的或是鼓励型的，可以做到隐私性的保护，甚至可以成为一个高速成长的高科技产业。区块链技术既可以带来穿透式监管，也可做到非常好的隐私性保护。近年来中国在少数方面的国际形象不佳，如国内某常用的网络购物平台被国外认为是著名的“假货”集散地，许多所谓的高科技其实是“挂羊头卖肉”，如某科技公司被曝出实际是做房地产的，“人工智能第一股”沦为笑谈。但如果中国有皮包链、服装链、交易链，消费者从电商处购买商品如皮包，可以在皮包链上查明真假及来源，如发现是假货，能马上由智能合约自动退货并进行报告。这样，卖假货的商店很快就会消失。

俗话说，“无规矩不成方圆”，有监管不但不是坏事，反而是一件利国利民的大好事。有所限制才能实现更大限度的自由。这也是一举多赢：

(1)政府赢，因为既能达到监管目的又可发展新技术、新产业(RegTech 产业)；

(2)投资人赢，因为监管不再只是政府的支出，而可成为政府和民间的一个投资，通过 RegTech 产业可以获得巨大的利益；

(3)大众赢，因为有新监管科技保护财富和衣食住行等，还可参与全民监管；

(4)科技公司赢，因为不再需要躲在暗箱里发展黑技术，特别是开发躲避监管的技术；

(5)研究机构赢，因为可以在沙盒上创新而没有法律风险，带领中国科技进步；

(6)国家赢，整个经济效率将大幅提升，因为金融流程可以大大简化，许多流程都自动完成,降低成本,提升效率。

这意味着建立一套强大有效的监管体系,使监管者、被监管者有"法"可依(有可遵循的规矩,知道什么可以做,什么不可以做),并知道如何做,各方基于共识开展有效合作,行业提供服务计算,同一接口,同一服务,形成一个生机勃勃的生态系统,推动整个行业的蓬勃发展,最终实现国家强盛、人民富强的中国梦。

二、智能合约推动法治改革

智能合约推动法治改革主要体现在四个方面:(1)自动执行提升司法效率;(2)执行正当保障司法公正;(3)推进社会诚信体系建设;(4)构建社会治理新途径。关于前两个方面,笔者将在本书第四章"智能合约在法律执行中的价值内涵"部分详细说明,此处主要针对后两个方面作介绍。

(一)推进社会诚信体系建设

通过智能合约构建由法院牵头的失信被执行人信息共享机制,针对失信被执行人在行业准入、政府补贴、任职资格、市场交易、交通出行、出入境、高消费等方面予以全面限制。尤其是现有惩戒范围还未涉及的网络空间,吸引新兴的互联网购物、互联网生活、互联网社交、网络游戏、互联网娱乐等平台自注册接入,建立互联网联合惩戒体系,使失信被执行人在互联网上购物、开店、注册微博、微信等网上行为也均受到限制,增加其失信成本,促使其主动履约[1]。

通过智能合约构建征信信息共享,推进法院与公安、民政、人力资源社会保障、交通运输、文化和旅游、财政、金融监管、税务、市场监管、互联网平台等机构共享信用信息,法院提前对当事人能否及时履行生效判决进行征信评估,执行工作人员及时对被执行人财产处分行为进行网络查控,助力执行。

(二)构建社会治理新途径

互联网的普及极大地推动了政治、经济、社会、文化、生态、军事等领域的发展变化。但是,互联网领域发展不平衡、规则不健全、秩序不合理,互联网上的欺诈、恐怖主义、跨国犯罪依然存在,网络与信息安全威胁国家安全与社会稳定,网络治理的形势十分严峻。互联网治理的使命是打造网络空间命运共同体,消除数字鸿沟,促进网络平等,维护网络安全,重构网络秩序,共同构建和平、安全、开放、合作的网络

---

[1] 黄震:《重新定义未来——区块链如何定义金融、商业、文化与我们的生活方式!》,北京联合出版公司2018年版,第57页。

空间，建立多边、民主、透明的互联网治理体系。

现行法律的本质是一种合约。它是由（生活于某一社群的）人和他们的领导者所缔结的，一种关于彼此该如何行动的共识。个体之间也存在一些合约，这些合约可以理解为一种私法，相应地，这种私法仅对合约的参与者生效。

区块链是实现互联网治理全员共识的基础设施。通过工作量证明、股权证明、授权代表证明等共识算法，区块链上的所有参与节点能达成对交易或行为的共识，建立起数字社会的新秩序。

区块链是实现互联网治理全程监督的基础设施。区块链记录了全过程、全交易的数据，并且所有数据被所有节点共同拥有，网络空间的信息更加透明，行为更加可追溯，从而实现网络检查、网络监督和网络治理。通过智能合约，区块链能够自动化监控网络交易，实现更加自动化、智能化的互联网治理。除了交易主体外，一些监管部门可以作为用户节点加入区块链，实时监控其他用户节点的交易信息，防范风险事件的发生。整个互联网治理的监管将会成本大幅下降、效率大幅提升。

从未来的角度看，今天现行的法律系统看起来就像茹毛饮血般原始。人类拥有连篇累牍的即使在法院看来也依然充满歧义的法律条文。同时，人们订立的合约充满了虚假的个人承诺和渺茫的兑付希望。因此，随着智能合约的出现，一种新的法律形式即将诞生。

三、智能合约要求新法律人才

在区块链出现之前，信任从来就不是通过技术建立的，而是通过法律、道德规范、信用体系以及权力机构和协约等形势维系。但这一切都是脆弱的，无论是大陆法系或是英美法系，其实在法律的认定、判决、执行等各个环节都存在很多的人为因素，这也在一定程度上增加了社会内部的摩擦，从而造成社会成本的增加。

区块链是人类历史上第一次通过技术的手段来建立信任体系，也就是说，信任可以不依赖于各种复杂的人文和暴力手段来维持，所以也成为去人为信任的模式实现，这是人类文明史上的一大进步。

区块链与智能合约的出现，让人们第一次意识到“合同也可以是代码”，代码几乎是一种由人设计，在执行的过程中却不会被人的主观所改变的形式，这对于未来社会的契约与法律法规的执行将会是颠覆性的。

而要想拥抱这种新的模式，也要客观地意识到几百年的法律形式将会面临彻底改变，并且需要新的专业技能才能驾驭，这对于未来相关人才的能力提出了新的要求。

（一）工作转型，职业变革

科技的不断前进给法学界带来的一个忧虑是，法学相关职业——法学家、法官、检察官、律师等是不是会被取代。

在2013年的一篇文献中，研究者把702项职业划分为低度技能、中度技能、重度技能三类范畴。其中，法律助理与货车驾驶员，都属于即将消失的工作，失业率高达0.94。[1] 2017年6月起摩根士丹利公司开始使用合同智能（Contrac Tintelligence）软件，每年可以省下36万个小时的律师服务，还能降低合同的出错率。[2] 这就意味着，会被取代的是较为机械性、重复性的法律工作，比如格式合同的撰写与编辑、法律检索、合同管理、案件预测等，大多可以通过人工智能、大数据、区块链来完成。而做这些工作的基本是律师助理，他们成了潜在的失业群体，当大部分法律工作可以被机器替代完成，律师的数量也可能会减少。

但是，无论科技如何进步，法学家、律师、法官、检察官等法律从业者不会完全被取代或者消失。首先，机器毕竟不具有社会智能（social intelligence），机器可以做的是将法律从业者从烦琐的事务中解放出来，不再耗时于格式化的服务。[3] 从而法律人可以专注于个案在法律适用上的特殊性，尤其是涉及价值判断与逻辑说理的结合时，机器很难替代人做到，这恰恰也是法官、律师、法学家等人的价值所在。其次，利用人工智能、大数据等对案件进行判断，或者说对法律进行分析等只是一个手段，不是一个学术目标，因此无法替代法学研究，法学家也不会失去其应有的价值。最后，法律的目的在于维持社会秩序，并通过社会秩序的构建与维护，实现社会公正。这需要法律人的不懈努力，需要人类的同理心、思想和情感，科技无法直接实现该目标，但是法律人却可以利用科技为手段来促进这一目标的实现。

因此说，科技的发展不会完全取代所有的法律从业者，但是却会给法律人提出更高的要求。这反过来也会促进法律教育的精英化。未来的法学院毕业生应该是懂得科技并且会熟练运用科技（人工智能、大数据、区块链等）的人群，虽然不一定都懂编程或者开发软件。就如同社会上有很多人会开车，会坐车，但不需要每个人

---

[1] Carl Benedikt Frey & Michael A. Osborne,"The future of employment: Howsus ceptible are job stocom puterisation?", *Technol. Forecast. Soc. Change* 114, 2017, pp. 254 – 280.

[2] JPMorgan, "Software Doesin Seconds What Took Lawyers 360, 000 Hours", https://www.bloomberg.com/news/articles/2017-02-28/jpmorgan-marshals-an-army-of-developers-to-automate-high-finance, Sep. 29, 2018.

[3] 税兵：《超越民法的民法解释学》，北京大学出版社2018年版，第51页。

都去制造和设计汽车。所以说，开发人工智能、区块链、大数据的是一类人，使用和解释这些技术的可以是另外的一类人。对于这些高科技，对其的使用和解释也是一门学问。当然这一过程可能要几十年，甚至更久，但改变终将到来。

（二）知识更新，刻不容缓

随着以互联网和通信技术为代表的信息科技的迅猛发展，人们的工作和生活越来越离不开各种网络应用。

从信息检索、舆情监控到法律文书自动制作，从业务流程管理到律师个人知识管理，从电子存证、电子取证、在线纠纷调解，到网络仲裁、网络诉讼、审判辅助，信息技术全面进入法律行业的各个环节，不断提升法律人的工作效率。

近年来，区块链及智能合约等技术，更是以其分布式、可追溯、安全性、共识机制等特点，与重视证据、强调"程序正义"的法律业务天然匹配，加速融合。

目前，国内已建立了杭州、北京、广州三个互联网法院，从咨询、立案、庭审、质证、调解到执行，基本全部在计算机互联网及手机互联网上实现。律师及当事人足不出户就可以与法官沟通、办案。

三大互联网法院的建设过程中，已凸显掌握复合专业人士才的重要性。可以说，目前法律专业已经与区块链、大数据、人工智能、云计算等信息技术领域密不可分。诸如机器学习的理论和方法、深度学习框架、自然语言处理技术、语音处理与识别技术、视觉智能处理技术、信息安全、密码学、统计学、数据库技术、软件工程等信息技术专业，都是法律人需要涉猎甚至精通的。

新兴法律科技服务产品在加速改变法律行业，区块链和智能合约时代还会推动法律合同的代码化及自动执行，这些都迫切需要法律人了解信息技术，谁先掌握上述信息技术，并熟练运用法律科技服务产品，谁就将把握先机，独立潮头。

（三）人才培养，未雨绸缪

据人才招聘网站领英（LinkedIn）等相关网站发布的报告显示，在过去几年，尤其2018年，很多国家对区块链人才的需求呈"井喷式"增长。企业招聘区块链人才的职务出现了2000%、最高时达3500%的增长。尽管人才需求旺盛，但能满足要求的区块链人才却非常少。国研智库报告显示，中国真正具备区块链开发和相关知识技能的人才非常稀缺，约占总需求量的7%。美国区块链人才同样短缺，从区块链开发者的工资上便可以体现出来。

据研究员工薪酬信息的美国职业网站Paysa的数据显示：美国区块链开发者的平均年薪为95545美元，最高收入者的平均年薪约为14万美元，区块链开发人员的收入跻身所有专业领域中薪酬最高的行列。美国媒体甚至用“史诗级的短缺”来形容区块链人才荒。

2017年7月15日,世界首个“机器人律师”在美国50个州正式上岗。2017年8月18日,世界首个互联网法院在杭州成立。以上都标志着信息技术正在迅速改变人类的经济社会形态、政治法律结构。

法律合同能够自动执行吗?机器人拥有人格权吗?电子证据可靠吗?自动驾驶汽车发生交通事故,究竟应当由谁来承担责任?大量的新问题,需要有专业的复合型人才去研究、探索。

预见未来的最好方式是创造未来。根据全国高校人工智能与大数据创新联盟对最近两年高校人工智能本科专业增设情况进行的梳理,迄今为止,全国一共有215所高校成功申报了人工智能本科专业。

2017年12月6日,西南政法大学联手科大讯飞股份有限公司等揭牌成立了中国第一个人工智能法学院、人工智能法律研究院。此前,中国人民大学法学院已成立未来法治研究院,定位是科技与法律相融合的研究平台和人才孵化平台。

科技改变生活,法律保障生活,两者密不可分。相信不久的未来,会有各类区块链法学院、智能合约法学院诞生,为中国的区块链及智能合约事业,源源不断地提供适用型人才。

(四)职业前景,一片光明

智能合约使很多高频化、场景化、标准化的合同,得以通过计算机代码的形式自动执行。而运用法律知识对上述合同进行智能合约编码,并验证智能合约代码的准确性,使其符合现有法律框架,需要大量专业人士从事相关工作。

从目前来看,智能合约在金融、证券、保险、政务、供应链、教育、版权等诸多领域,都有广泛的应用场景和巨大的市场需求。对法律、技术、业务三者精通的复合型人才需求,将有爆发性的增长。

也许人工智能等技术,可以替代人工去做法规检索、格式文书撰写、咨询问答等标准化、烦琐性的工作,但通过对法律法规的了解,将商业合同中的关键条款挑出并加以定义,进而转换成机器语言达到自动执行,这项工作只有知识渊博、举一反三的法律人才可胜任。

四、智能合约改变公司管理模式

(一)公司模式重心转移

智能合约可能成为一种市场工具,帮助社会削减平台成本,让中间机构成为过去。区块链在分布式的情况下可能构建了一个基于数学的全球信用体系，其技术现在已被用来挑战各行各业中成本高、耗时长的中间商业务。随着区块链技术的发展和应用的普及，中间商将会遭到极大的冲击，未来的市场很可能是一个建立在互联网分布式信用体系之上的智能合约市场。

同时，智能合约在一定程度上有望改变市场中人们交易的方式，这一技术能促使公司现有业务模式重心的转移，有望加速公司的发展。部分人认为去除了中间商的市场，是一个自由、开放且透明的市场[1]，许多公司的传统业务模式可能将面临颠覆式挑战。此外，智能合约技术还有望打破现有的利润体系，将更多利润分配给那些真正能为社会创造价值的公司。

另一个改变是，在智能合约的环境下，公司传统的品牌形象建立、融资、审计等一系列漫长过程都将加快，区块链能帮助市场更快地淘汰落后企业和筛选优秀企业，公司发展将步入一个新时代。

（二）组织形态发生改变

智能合约技术有望将法律与经济融为一体，改变原有社会的监管模式。由于区块链技术能达成互联网中的网络校验、网络信任共识，我们有理由相信，未来基于区块链基础之上的社会对监管的机制更有信心。

由于信息更加透明、数据更加可追踪、交易更加安全，整个社会用于监管的成本会大为减少，法律与经济将会自动融为一体，“有形的手”与“无形的手”将不再仅仅是相辅相成，而是逐渐趋同的态势。

在未来的社会体系内，有可能蓬勃发展的组织形态是需要广泛智能合约保障的区块链组织。它一方面不需要依赖情感上的相信，另一方面能够对组织任务做全面的编程。它的组织可信度主要来源于任务编程。

另外，还有一种理想的DAO组织，代表着区块链技术在改造组织可信度上的乌托邦，一个可以不断接近但不会完全实现的系统思想。除了需要解决区块链技术难点之外，其在管理上的难点还包括要求全部利益相关者全员参与，要求有内生的类似虚拟货币的激励机制，要求组织可信度的两个方面（无疑和相信）都能平行配置，完美互补。

---

[1] 这种去除中间商的观点，不是每个人都同意。他们认为中间商以不同角色在不同背景下出现。

五、智能合约促进社会进化

在未来社会,人工智能解放生产力、区块链改变生产关系、大数据提供生产资料、云成为生产工具、物联网提供生产环境、软件定义成为生产方式,共同搭建起高速、智能、泛在、融合、安全的新一代信息基础设施。其中,区块链技术是构建高效可信数据共享、按需协同智能计算的核心,有望成为构建未来信息基础设施的核心技术、支撑未来信息空间的"IP"协议,促进"碳"基和"硅"基世界的深度融合,实现从"信息交换"的信息高速公路到未来"价值交换"的信息社会的转变(见图3-4)。

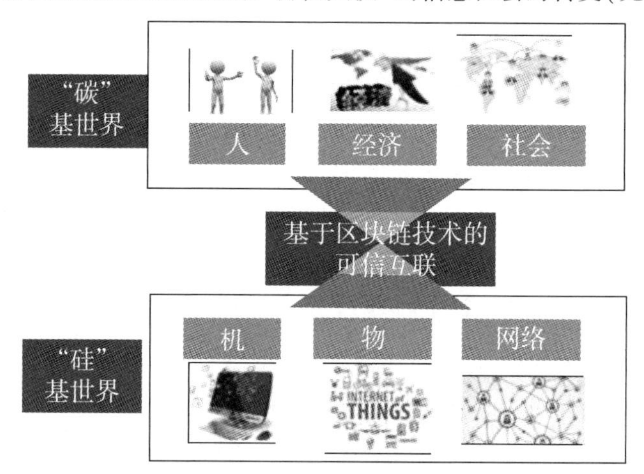

图3-4　区块链技术——构建未来信息基础设施的关键[1]

(一)从信任机器到产业浪潮

在人类的文明史之中,信任机制的建立奠定了不同文明形式的基础。早期的部落社会依靠的是血缘纽带,国家制度通过信仰纽带来建立,再到如今的互联网村,底层依靠的是强大的信息纽带。每一个阶段的信任机制带来了生产力的极大飞跃,并且在无形中改造了人类的文明形式。

近20年来,计算机网络技术和互联网技术改变了社会的一切。如今,人们在未经第三方同意或帮助的情况下,就能与世界各地的任何人随时交流联系,如发送电子邮件附件或在网络上创建、消费内容。

在区块链出现之前,商业领域的信任关系通常要依赖于正直、诚信的个人、中介机构或其他组织才能创建起来。人们通常对自己的交易对手了解不足,更不用说考察

[1] 资料来源:清华大学信研院网络大数据技术研究中心整理。

他们是否诚实可靠了。正因如此,在网上交易中,人们逐渐地对第三方形成了依赖性,让第三方负责给陌生人提供担保,并由其负责维护与网上交易相关的交易记录、执行商业逻辑和交易逻辑。这些强大的中介机构——银行、政府、贝宝(PayPal)、维萨、优步(Uber)、苹果、谷歌及其他数字化巨头占据了其中大部分的价值。

尽管互联网的信任机制打破了人类交流的时间与空间限制,并且在陌生人之间创建了新的交流形式,但是长期以来,财富的流通通常不得不依赖可信的第三方,例如支付宝、银行或信用卡公司,这些可信的第三方通常留有账户户主的分类账余额或账户内容记录,倘若缺少这些记录,数字货币可能会被"重复消费",造成财富的流失,但是中心化的第三方也存在极大的风险。

区块链,通过计算机网络、网络协议和共识机制,更大范围地实现了并不相互信任的人们不经过第三方中立中央机构直接进行合作。《经济学人》将区块链称为"信任机器"——一种创造信任的机器。

如今,区块链正在高速将这种信任机制不断带到更多的领域,并且形成大范围的产业浪潮。世界经济论坛2015年的报告《深度转变:技术引爆点以及社会影响》中将区块链技术认定为向更加数字化、互联化世界转变过程中的六大趋势之一。

(二)从法外无序的区块链到合规、有序、安全信任机器

固然比特币可以使人对互联网商业产生信任,但是还存在巨大问题。首先,在比特币后面的区块链只是提供服务给比特币,没有提供类似服务给其他商品或数字货币,因此比特币网络不能被认定为金融机构,因为金融机构不能只提供单一服务;其次,更严重的问题,比特币发币,侵犯了国家铸币权;最后,比特币开发者自己也犯法了,于是使用P2P网络协议来躲避监管。比特币成为洗钱的工具,地下经济的通用代币。于是,在社会上,比特币就和黑市、违规、洗钱、欺诈关联在了一起,成为法外之地。

当政府突然明白比特币是在逃避监管,开始要关闭该系统的时候,才发现比特币使用全网记账,而且把账户信息写在区块链上。进一步发现,这样的系统已经无法以技术手段来关闭,其与传统系统不同,传统系统只要搬走服务器,系统就关机了。比特币是全网记账,只要有一个国家不搬走比特币服务器,就无法关闭该系统。这造成很大的问题。

英国中央银行经过不断研究,发现比特币系统强大是因为区块链系统功能强大,因此为什么这样强大的科技只有"灰道"可用,而合规单位不使用?由此开启区块链的革命。

这场革命就是将区块链从原来的一个法外应用,成为政府治理、监管、金融的工具。建立合规的区块链网络,支持合规市场交易、监管和治理。

(三)从信息交换到价值传输

如果从20世纪60年代的阿帕网算起,互联网的发展仅经过了半个世纪,但是互联网第一次联通了世界,改变了信息的传递方式。新闻传播的渠道不再是纸张和油墨,电子邮件取代了书信,查找资料的方式由翻阅书本变为网络搜索,甚至到如今的移动互联网时代,移动支付、出行、娱乐、购物,等等,均与互联网密切相关,互联网科技革命几乎无处不在。

区块链作为一项基于互联网的颠覆性技术,是对互联网的迭代升级和功能完善,它更改的是互联网的存在形式。但它的意义却又不止于此。

放眼历史,人类生活需要交流,商品市场需要交易,其基础就是信息,几个世纪以来,贸易一直是人类社会最大的"财富创造者"。由于以前信息流通不便利,无法满足市场需求,交易摩擦成为财富创造的最大障碍,多年来,企业和中介机构的产生在一定程度上解决了低效率问题,但仍存在很多高昂的交易成本。

其实,区块中所记录的信息还可以是人类任何行为的表征。这便决定了区块链还具有重构组织结构、降低交易成本等诸多的变革潜力。

根据IBM区块链发展报告数据显示,全球九成的政府正在规划区块链投资,并在2018年陆续进入实质性阶段。此外,区块链的应用已延伸到电子信息存证、版权管理和交易、产品溯源、数字资产交易、物联网、智能制造、供应链管理等领域,并且形成了一批"产业区块链"项目,在改变产业玩法、降低产业成本、提升产业效率、改善产业环境等方面发挥着越来越多重要的作用。

(四)从"身份社会"进化到了"契约社会"

人类文明已经从"身份社会"进化到了"契约社会",然而人性的弱点常常让纸质契约的约束力大打折扣。智能合约的出现让物理世界与虚拟世界完美结合,以电脑程序成为合约的执行者,将违约和不诚信变为零可能。

基于区块链的经济组织不是靠人,也不是靠公司来运行,而是靠一套数学算法来运行,将诞生一种崭新的商业文明——分布式商业。比特币就是一个分布式商业的实验,所有的产权是开源的,没有股东,没有董事会,没有管理层,没有员工,演变成了一个自主治理的自组织。自组织是分布式商业时代的主流组织形式。但比特币走错了一步路,就是使用P2P网络协议来逃避监管。而且比特币就是在实践"代码即法律",以代码来控制整个比特币经济体系。因此也有许多学者认为比特币系统是世界上最中心化的组织，比特币开发者等于是超越国家主权的法律制定者，因为其系统不受任何国家管辖。一群代码开发者维持着该系统，不受任何政府监管，他们才是世界最中心化的组织，但是以反对中心化的口号来销售系统。现在世界各国管辖比特币都是经过交易所及银行，以间接的方式来监管比特币经济活动。例如，需要交易的人必须注册才能在交易所交易，而资金来源和去处最终需要经过银行，以管控这些活动。

但是以后的区块链系统会是“可监管的区块链”系统（不使用P2P网络协议），是接受国家监管，主动符合国家法规。这是笔者团队在2018年提出的新概念。

2009年诺贝尔经济学奖获得者埃莉诺·奥斯特罗姆（Elinor Ostrom）研究发现，在很多公共经济事务治理，尤其是涉及跨主权、跨经济主体的全球性公共经济事务，比如全球变暖、水污染、反恐等问题上，自组织有很多市场竞争和政府管制不能带来的好处。未来，在政府“有形之手”和市场“无形之手”之外，将出现第三只手，即“自组织”。区块链必将利用算法和数据规则赋予“第三只手”更大的能力，在跨主权、跨经济主体的全球性公共经济事务中发挥独特的价值。可监管的区块链虽然是跨国的，但在每个国家使用，都符合当地国家的法规。

本章补充思考

问题一：在您看来我国司法执行中亟待解决的主要症结在哪里？区块链是否有利于改善该症结的疏通？

问题二：区块链技术会进一步强化轨迹留痕记录，您认为是否会造成对个体隐私的侵犯？轨迹留痕的评价体系，是有利于增加彼此的信任，还是会造成对个体自由的妨害？

问题三：目前主流的征信系统多采取概括评分，您认为在区块链技术下是否应提供具体条目查询？如果提供，对查询主体是否需要进行界定？

问题四：有观点认为技术进步必然伴随失业潮，也有观点认为技术进步会催生大量新兴工作与创业机会。具体到对于法律职业人的影响，您更认同哪种观点？

问题五：目前，资不抵债的主体存在破产制度加以救济（我国尚未认可自然人破产）。因为区块链不可篡改的特性，征信评价将随主体的存在一直延续。您认为是否应当赋予对征信评价进行修订的权利？如果赋予，是否会对征信的真实准确性构成破坏？如果不赋予，不可抗力、受胁迫、受欺诈等原因如何融入评价体系？自然人不成熟的冲动错误，是否需要变成跟随一生的档案？

第二部分

完善法律基础，保障智能合约执行

这部分主要介绍智能合约相关的法律思想。传统的契约合同、法律法规的执行经过了漫长的时间完善，已经得到了全社会的共识，并且被人们普遍接受。然而，智能合约的出现颠覆了人们的“常识”，因此引发了社会各界的关注讨论。

第四章主要介绍智能合约的法理基础，包括实体法原理与程序法原理。也介绍了智能合约在法律执行中突出的价值内涵和新的法律风险。以及智能合约的法律规制，包括合同法框架下的法律适用和行政规制。

第五章主要介绍英国法律界在智能合约和区块链上的工作。最重要的讨论是2019年由英国法律协会完成的报告，该报告认为智能合约可以符合英国法律，因为以前英国的合同是“书写文字”的合同，而以后英国的合同可以是“书写代码”的合同。这一解释许可英国法律将智能合约成为有法律效力的合同。他们也建议智能合约上的数字资产代表实际资产，当智能合约完成计算的时候，实际资产也完成交易。由于篇幅关系，本书只摘录了该报告的部分内容。

第六章主要介绍科技和法律结合的历史、现状以及未来，每一阶段的结合都带来了对法学的巨大改变，当然挑战是任何时候都存在的，并且这些挑战也变相形成了现代智能合约的法律规制。

第七章主要介绍ISDA对智能合约在金融交易的应用，他们主要的工作是定义智能合约在合规交易市场（如衍生品交易）的作业。例如，什么是智能合约违约事件，以及可能的违约场景。这是目前世界上少数对智能合约在金融交易机制上的工作的研究，这方面的工作以前只出现在几个中央银行（如英国中央银行、加拿大中央银行、新加坡中央银行）报告和英国Fnality公司的白皮书上，现在在ISDA白皮书上大量出现。该协会已经大规模在法理和计算机科技上下功夫，制定新的国际金融交易标准。可惜的是本书也只摘录了他们很小部分的成果，如果将他们的报告都写出来，将超过本书的内容。其他部分希望有机会以其他方式介绍。

第四章

智能合约的法理变革——以中国为例

一、智能合约的法理基础

智能合约以计算机代码的形式被编入区块链中，一旦提前设计的事件发生，便自动触发智能合约的执行，自动履行智能财产，而不再以法律强制力为背书。[1] 智能合约最简单的句式是"If…then…"语句。例如，甲将售卖其商品A的信息发布到区块链上。乙看到后计划购买该商品，便将一笔货币转入区块链上的虚拟托管账户。双方编写好代码后，设定的条件一旦被验证，软件自动将所约定的标的商品转交于乙，而托管账户也会根据乙的指令信息将货币释放至甲。[2]

（一）实体法原理

区块链智能合约在执行中的应用最终可以用申请执行人与被执行人之间的民事法律关系的智能执行为归结。

在民事执行程序中，至少存在三条债权关系链：申请执行人与被执行人之间的关系链、法院与协助执行机关之间的关系链、协助执行机关与被执行人之间的关系链。申请执行人与被执行人之间，在进入民事执行程序之前是债权人与债务人的债权关系。此时的债权关系处于自治阶段，不涉及法律强制力的干预。然而，一旦发生纠纷或权利义务不明的情况，债权人便可请求国家的公力救济。进入起诉和审判阶段后，以诉权的发动为标志，债权人和债务人的身份转换为原告和被告，审判权介入发生纠纷的债权关系中，对双方的债权债务进行边界确定。随后，审判机关经过事实、法律关系分析之后，作成执行根据，以国家对于判决的强制执行力为背书，此时债权关系处于强制状态。执行根据一旦生效，被告如果自愿履行执行根

---

[1] 许可：《决策十字阵中的智能合约》，载《东方法学》2019年第3期。

[2] 王延川：《智能合约的构造与风险防治》，载《法学杂志》2019年第2期。

据的内容,使债权关系恢复至正常状态,则不涉及民事执行程序的开启。但是如果被告仍不主动履行,以原告申请执行为起点,启动民事执行程序,此时原告与被告的身份转换为申请执行人与被执行人。为了保证司法裁判的强制执行力,执行机关经常需要协助执行机关的协助才能完成执行行为。因此,进入执行阶段后,如果智能合约应用其中,那么,以申请执行人申请执行为触发点,法院与协助执行机关之间关于自动执行的承诺便进入区块链中,此可以视为附债权一,基本内容为协助执行机关经智能合约机制查验后自动完成财产的"查冻扣",去除人为干预空间。假设协助执行机关是某银行,为了实现自动执行,该银行与被执行人之间的存款合同附带上链,此可以视为附债权二。最终,申请执行人与被执行人之间的债权债务关系也间接上链,此可以视为主债权。也就是说,智能合约的根本价值在于促使申请执行人与被执行人之间民事法律关系的非正常状态恢复至正常状态,以民事法律关系的智能执行实现法的安定。而作为这一民事法律关系的完整映射,三条债权关系链便组成了一个区块链智能合约集,以保证主债权的实现。

(二)程序法原理

民事执行权的定位在学界有司法权说、行政权说以及独立说等。[1] 但是,不论是哪一种学说,其根本都来源于国家强制力,以实现申请执行人的债权最大化为基本目标。传统的执行过程中,一旦当事人提出申请,或者审判庭将案件移送至执行机构,执行程序便得以启动。如果申请执行的生效法律文书"权利义务主体明确"且"给付内容明确",[2] 执行法官有权直接向被执行人发出执行通知,并立即采取强制执行措施。而区块链智能合约的构建对于民事执行最大的改变就是实现对于生效法律文书是否符合执行根据的形式要件之自动判断,并将审查执行人员证件、生成协助执行书等流程移至线上。一旦自动判断符合,即自动触发,既融合了行政权不经相对人同意即查询、冻结、扣划其财产的单向性,又糅杂了司法权尊重申请执行人意思自治的被动性。[3]

执行的生效法律文书,在学理上又被称为"执行根据""执行名义"。根据其含义,具有三个基本特征:以法律文书为形式;以民事实体权利义务关系为内容;记载的债权具有可行性。[4] 之所以称为"根据",是因为其实质上是法院或者其他有权

〔1〕 谭秋桂:《民事执行权定位问题探析》,载《政法论坛》2003 年第 4 期。

〔2〕《最高人民法院关于适用〈中华人民共和国民事诉讼法〉的解释》第 463 条。

〔3〕 谭秋桂:《民事执行权定位问题探析》,载《政法论坛》2003 年第 4 期。

〔4〕 黎蜀宁:《民事执行行为研究》,西南政法大学法学院 2004 年博士学位论文,第 61 页。

机关对于当事人之间民事法律关系的明晰以及实体权利义务的确定，具有绝对的强制执行力。因此，无论是执行机关经形式审查之后向被执行人发出的执行裁定，还是要求协助执行机关配合强制执行措施的协助执行通知书，本质上都应当服务并服从于执行根据，也就是执行的生效法律文书。

目前，中国的民事执行协助机制都要求协助执行机关对法院的强制执行措施积极予以协助，包括财产信息的查询以及冻结、扣划等。但是协助执行机关在协助调查、控制等执行行为时，需要核验执行工作人员的工作证件以及法院出具的执行裁定、协助执行通知书等。在实际的执行工作当中协助执行机关对于上述证件及文书并不进行实质审查，往往只需要执行工作人员携带齐全相关材料，便足以具备充分根据按照协助执行通知书的内容履行相应义务。如果利用智能合约的技术优势完成上述执行程序，那么不仅不会破坏现有的民事执行协助机制，反而其所具有的不可篡改性以及高效率特质会极大地"赋能"司法机关的公信力。

从智能合约的法律维度来看，智能合约可视作法院与协助执行机关之间的一套承诺，以法院司法裁判的强制执行力为背书，以促使申请执行人与被执行人之间民事权利的非正常状态恢复至正常状态为目的。该套承诺的主要内容应当是，协助执行机关不再要求相关执行人员证件、生效法律文书以及协助执行通知书的现场出具，而是以申请执行人申请执行为事件触发点，由智能合约机制主动核验执行根据、工作人员身份证明等信息，自动生成执行文书，自动执行财产。但是，与智能合约在私法领域下合同中的应用不同，智能合约在执行中应用的"达成交易成本"很低，因为执行根据生效的实质要件之一便是"须指明债务人应为特定给付并确定给付的具体范围"，当事人之间的民事法律关系在进入执行之前已经经过法院裁判而得到明晰，基本不可能存在执行的生效法律文书权利义务主体和给付内容不明确的情况出现，也无须通过情势变更、不可抗力等调整机制来降低成本。因此，智能合约应用于执行中在法律上是可行的，而且是值得推广的。

二、智能合约在法律执行中的价值内涵

（一）"自动执行"的工具价值

智能合约所内含的信息接收及反馈机制按照代码的技术逻辑自动识别，自动实现对被执行人财产的查询、冻结、扣划。[1] 这一自动执行的特征符合执行的基本

---

〔1〕 王延川：《智能合约的构造与风险防治》，载《法学杂志》2019 年第 2 期。

任务,即实现生效法律文书的内容,保证债权实现的最大化和高效化。当前,由于中国的协助执行机制并未完全纳入立法机制当中,协助执行机关常常以法律规定其承担其他义务为理由拒绝提供协助。[1] 而且由于中国的协助执行主体数量巨大,分布广泛,查询、冻结、扣划在实现信息共享之前所需付出的成本过于沉重,导致执行机构难以承担,执行的低效率凸显。[2] 再加上协助执行的责任体系极不完善,导致审判机关的裁判因为得不到及时有效执行而成为一纸空文。[3] 如此,不仅导致司法机关的公信力受到极大减损,而且当事人之间纠纷或者非正常状态的权利义务关系常常难以恢复,无法实现法的安定。智能合约如果被应用到执行当中去,其本身扮演的"参与者"角色体现为积极主动地发出执行的指令,实现生效法律文书的内容,并且其分布式的基本特征保证执行直接在区块链上自动执行,确保法的施行,实现法律关系的安定。因此,就执行的工具价值而言,智能合约始终围绕生效法律文书的落实,以实现实体公正为根本目的。

(二)"执行正当"的内在价值

区块链在数字化转型中的作用之一便是打破"数字孤岛",实现各部门、各单位、各企业等之间数字平台的兼容、相通[4]。平台的相互兼容不仅仅意味着执行的最大与高效,更意味着关于执行相关信息的篡改成本与难度的加大。法院生效法律文书、执行公务人员的工作证和执行公务证均被上传至区块链中,其不可篡改的特性保证了协助执行机关的核验成本极大降低,有力破解了验证难的问题。而且,智能合约的应用将极大提升执行公开的可视化程度,当事人的知情权得到极大保证,能及时督促执行工作人员依法按照程序规定进行执行行为,压缩权力寻租空间。区块链智能合约的应用也便于执行当事人、利害关系人及时追踪执行行为,提出执行异议,维护其自身合法权益。因此,区块链智能合约的自动执行特征以及其深厚的法理论证基础符合执行正当法律程序的基本要求,最终保证了债权执行的正当化。

三、智能合约面临的法律风险——以合同为例

智能合约与区块链的结合,使其具有了难以篡改、自动履行(执行)和稳定性等

---

〔1〕 金殿军:《民事执行机制研究》,复旦大学法学院2010年博士学位论文,第96页。
〔2〕 金殿军:《民事执行机制研究》,复旦大学法学院2010年博士学位论文,第106页。
〔3〕 金殿军:《民事执行机制研究》,复旦大学法学院2010年博士学位论文,第109页。
〔4〕 金殿军:《民事执行机制研究》,复旦大学法学院2010年博士学位论文,第33页。

特性,并具有交易安全、交易成本低、效率高等优势。然而依托新技术的智能合约,也存在诸多法律风险,为现行法律体系带来了诸多挑战。

（一）转化、解释存在风险

智能合约的一个现实法律问题主要体现在自然语言、法言法语、专业术语与计算机代码之间的转化和解释。同时,在传统合同中所适用的法律规定与智能合约中所建立的技术规则之间存在一定的鸿沟。前者为了针对各种无法预见的情况,不但经常使用一些抽象的、概括的、灵活的语言以实现内容高度的通用性,还经常大量使用法言法语甚至专业领域的术语,而后者为了降低安全风险,会经常使用严谨、正式、"死板"的语言将合约内容中的条件、范围等进行限定。可见,在用语方面,传统合同与智能合约之间存在很大不同,因此在转化过程中也必然会出现问题,从而带来法律风险。

首先,法律语言(法言法语)在转化为代码时,具有理论和现实难度。一是既懂法律又懂代码(编程)的人才较少;二是不同的人对于同一合同条款,存在不同理解、解读;三是目前还没有法律—代码的词典或者相关公认的标准化的数据库;四是没有标准化的转化方式,这使不同主体间的智能合约需要单独转化,每次转化时容易出现不一致的情况;五是在产生纠纷需要法院或者仲裁机构进行裁判,代码逆向转化(回)为合同条款时仍然存在上述四种问题,转化容易出现歧义或者模糊的用语(代码)难以界定,这也使法院或者仲裁机构难以作出裁判。

其次,法律语言的标准化并不意味着该语言能够直接简化(转化)为一种代码。尽管法律文本具有形式主义性质,但其仍然属于自然语言范畴,而自然语言本身就不精确,词语的意义总是取决于上下文之意。同时,法律语言有冗长的句子、从属句、不同的表达式和对抽象概念的引用等各种情况,其可能比普通的自然语言更难翻译成代码。

再次,虽然计算机技术在自然语言处理领域已经取得了持续性的进步,但其翻译的精准程度往往难以达到法律对文件的要求。虽然将合同语言转换为可执行代码,或者说将源代码编译成目标代码,已经在技术上取得了一定的进展,但仍无法充分保障输出(代码的)质量。法律条款对接近正确或者近乎正确是不能容忍的,合同条款的起草一般对语句表述的精确度要求较高,有时某一个同音不同字的使用,都能产生截然相反的法律效力,如果在转化时没有注意这些细节或者法律常识,则容易引起意想不到的后果和旷日持久的争端。

当前的智能合约主要包括两部分,一部分是经过双方当事人协商后拟定制作的,另一部分是为提升工作效率,避免重复工作而预先制作好的大量格式条款。针对后者,首先需要对其进行合法性审查,即程序员还需要审查其内容是否违反《中华人民共和国合同法》第52条及第53条的规定[1],是否存在“免除己方责任,加重对方义务,排除对方主要权利”的情形。

由于自身专业所限,程序员可能会将本应无效的合同条款转化为代码,或者合约相对方对代码缺乏必要了解,即使格式条款有提示说明,也可能无法察觉出合约是否存在对己方不利的情况,因此若合约另一方利用己方优势进行欺诈,那么对方极有可能在不知情的情况下掉入早已设置好的“陷阱里”。在此种情况下,智能合约自动履行后往往会产生争议。

最后,一旦因智能合约出现纠纷而起诉时,法官就需要“读懂”合约内容,即对这组计算机代码进行分析并得出合理解释,然后就代码的合法性、真实性、关联性进行审查并作出裁判。但是代码这种专业性要求较高的计算机语言,对法官提出了特别的要求,因此往往需要借助具有专门知识的人(专家辅助人)出庭进行专业解释,这就可能为诉讼带来更高的时间成本与经济成本。

由此可见,智能合约语言的转化、解释仍存在一定的现实客观难题,亟待学界、实务界共同解决。

(二)订立、履行中的风险

1.缔约主体民事行为能力(资格)问题

智能合约可以应用于电子商务、金融、保险、司法等诸多领域,随着信息社会的发展,在这些领域中,当事人之间使用电子合同的情况越来越多。以北京为例,多年前保险行业就已经全部使用电子保单,这种保单转化为智能合约时,对其被保险人主体的民事行为能力和权利能力(资格)的判断只有在事前审查时进行,才能分辨其是完全行为能力人抑或限制行为能力人,而在合同转化为代码时,无法再识别、分辨缔约主体的民事行为能力,则此时就埋下了一个“雷”,即智能合约也存在无效、效力待定、有效几种情形,因为智能合约的效力是由基础合同的效力所决定的。

在智能合约中,智能合约很难对缔约当事人再次进行(民事行为能力)资格测

---

[1] 《中华人民共和国合同法》第52条规定:“有下列情形之一的,合同无效:(一)一方以欺诈、胁迫的手段订立合同,损害国家利益;(二)恶意串通,损害国家、集体或者第三人利益;(三)以合法形式掩盖非法目的;(四)损害社会公共利益;(五)违反法律、行政法规的强制性规定。”第53条规定:“合同中的下列免责条款无效:(一)造成对方人身伤害的;(二)因故意或者重大过失造成对方财产损失的。”

试。虽然大部分智能合约的订立会基于网络平台进行,但网络平台对合同当事人主体资格的审核往往只是形式审查(程序性的和表面化审查),并不会进行实质审查和判断。

2. 智能合约难以判定意思表示是否真实

传统合同的成立一般需要满足以下三个要件:一是当事人具有相应的订立合同的能力,二是意思表示真实,三是不违反法律和社会公共利益。其中,意思表示真实指的是当事人表示于外部的意思与其内心真实意思一致。但智能合约直接默认双方当事人意思表示真实,因此就其当事人的意思表示到底是否为真实,将直接决定智能合约的效力,而对此的认定恰恰存在一定难度。

首先,在双方当事人订立合约时,由计算机代码构成的智能合约无法直接识别与反映出该合约内容是否为当事人的合意(意思表示一致)。换言之,该合约是否可能存在欺诈、胁迫等违法行为不得而知。

其次,智能合约无法判定转化后的代码与当事人本意是否一致,或者与在先的基础合同意思是否一致,而这将可能决定智能合约中条款(代码)的效力。

传统意义上的合同出现欺诈、重大误解等情况时,一方当事人可直接根据《中华人民共和国合同法》第 54 条[1]规定,请求撤销合同。但是智能合约的特点之一是其履行(执行)具有稳定性,当双方约定的合约条件满足时便会自动执行,无法变更,也难以撤销。

3. 智能合约难以变更、解除或提前终止

在传统合同中,为了适应外部环境、条件等方面的重大变化,在合同履行的过程中有时会变更合同内容。而智能合约一旦被编译成计算机代码就会固定不变,且在其设定的期限内自动履行。在结合、利用区块链技术的基础上,智能合约的难以篡改性大大增强,导致在合约的执行过程中无法应对重大误解、显失公平、情势变更甚至不可抗力等特殊情况。例如,因 2020 年 1 月的新型冠状病毒肺炎疫情,国家通知延长假期、工厂企业延期开工,相关部门包括司法部门、知识产权管理部门亦纷纷发出通知,延期办理相关事务,各地分别出台不同的通知对于开工时间作出

---

[1] 《中华人民共和国合同法》第 54 条规定:"下列合同,当事人一方有权请求人民法院或者仲裁机构变更或者撤销:(一)因重大误解订立的;(二)在订立合同时显失公平的。一方以欺诈、胁迫的手段或者乘人之危,使对方在违背真实意思的情况下订立的合同,受损害方有权请求人民法院或者仲裁机构变更或者撤销。当事人请求变更的,人民法院或者仲裁机构不得撤销。"

不同的规定,而很多口罩生产企业不再市场销售而由政府直接采购发至疫区。这些特殊情况将导致智能合约履行需要发生变化,而这将对智能合约存在的不可篡改性、自动履行(执行)性以及稳定性受到挑战,在智能合约出现无法实现变更、解除甚至提前终止的情况时,应当如何处理相关事宜,这是现实的法律问题。

四、智能合约的法律规制

基于区块链智能合约本身的技术特征和其与传统合同之间的区别,如何对智能合约进行规制,以使其在发挥提升交易效率的同时,发挥法律维护交易公平公正的作用,对现有的法律系统和监管者提出了挑战。

(一)合同法框架下的法律适用

区块链下的智能合约在本质上仍然是合同,因而将其纳入合同法框架进行规制成为必然选择。基于区块链智能合约与传统合同之间存在的区别,可以结合以下几方面,对《中华人民共和国民法典》合同编进行完善。

首先,确定区块链智能合约的形成规则。区块链下的智能合约集技术和法律于一身,在纳入合同法规制框架的前提下,应明确智能合约的成立和履行规则,避免由于技术上的原因影响智能合约在法律上的认定。同时,"完善合同效力制度、解除变更制度、违约制度的相关制度安排,促进合同制度与智能合约顺利衔接、协同发展"。[1] 以当事人的行为能力为例:新颁布的《中华人民共和国电子商务法》规定:"在电子商务中推定当事人具有相应的民事行为能力。但是,有相反证据足以推翻的除外"。那么智能合约中是否可以同样适用?前文已经提到智能合约和传统合同的主要区别,如果将现行合同法下的所有规定一股脑地生搬硬套到智能合约中,部分规则无法实现,智能合约本身的优势也无法得到有效发挥。另外,设定智能合约的形成规则亦包含鼓励当事人在签订合约之前对可能出现的情形进行充分的沟通并尽可能全面地将其体现在智能合约中,也就是说,将缔结和履行合同的成本更多地转移到订立合同前的磋商阶段,突出智能合约在履行阶段极具高效率的优势。

其次,对智能合约进行类型化,必要时设定例外情形。考虑到智能合约代码明确、无歧义的特点,可以结合合约约定的履行内容的复杂程度,对其进行分类。可以将其分为强智能和弱智能[2]。对于那些权利义务关系清晰、合约的履行内容明确

---

[1] 柴振国:《区块链下智能合约的合同法思考》,载《广东社会科学》2019 年第 4 期。
[2] 转引自夏庆锋:《区块链智能合同的适用主张》,载《东方法学》2019 年第 3 期。

或者需要分次支付的合约，比如货币支付清算或金融衍生品交割等类型的交易，归为强智能，一经订立，便无法撤销或修改合约内容和条款；而对于弱智能合约，在合同订立及履行阶段均可进行一定范围的修改。

再次，对于智能合约中的违约及救济。一方面，按约定履行合同是常态，而违约等情形相对较少。从经济学的角度，人们习惯选择交易成本低的交易方式，而区块链智能合约在整体上有利于交易活动，应予以肯定。换句话说，当事人选择区块链智能合约是一种风险行为和保证行为，是私法自治的结果。另一方面，代码实现的目的主要是执行，而法律实现的更多的是救济，二者并不冲突。如果当事人将损害赔偿、违约金等明确体现在合约代码中，在发生违约情形时，合约将自动执行相应的补救措施；如果未编入合约，在一方发生违约时，另一方依然可以采取现行合同法下的司法措施，自身的合法权益依然能够得到合理维护。因此，智能合约与民法中的公平效率价值并不冲突，仍然能够实现现行合同法体系下违约一方承担责任、利益受损一方得到补偿或赔偿的理念。

最后，智能合约与传统合同的结合。智能合约代码的设置和修改程序由技术人员解决；在法律层面，考虑的是如何尽可能地防范智能合约中可能出现的风险，从而最大化发挥和提高其应用价值。本着这个原则，在智能合约应用的初期阶段，可以将智能合约与传统合同进行结合。由于区块链下的智能合约既可以只由区块链代码体现，也可以是以区块链合约代码匹配自然语言文本的形式，对于例如财产分配等易于执行、不易引起过多纠纷的部分，可以使用智能合约，大大提高交易效率。而对于那些需要依靠解释或后续补充合同条款才能更好执行的部分，仍然交给传统合同去处理。

（二）对区块链智能合约的行政规制

创新的对立面往往是监管。在行政监管理念上，建议效仿英国的“产业沙盒”模式。面对新兴事物，既不能只看到其中的风险就将其“一棍子打死”，也不能完全放任不管，建议在二者之间寻求中间立场。这个中间立场恰恰类似于沙盒模式，即以某个行业或某个区域为限作为实验室并尝试新颖和经济的实验，旨在降低监管障碍和测试破坏性创新技术的成本，同时确保消费者不会受到负面影响。[1] 在前述监管理念基础上，可以具体采取以下行政规制措施。

---

〔1〕 Mark Fenwick, Wulf A. Kaal & ErikVermeulen, “Regulation Tomorrow: What Happens When Technologyis Fasterthanthe Law?”, *AmericanUniversity Business Law Review*, Vol. 6, Issue3, 2017, pp. 561 – 594.

首先,在智能合约实践的初期阶段,建立和完善参与主体的“代码身份”。这一措施同时也是对前文部分所述的匿名性影响合同效力判定问题的回应。要求智能合约的参与主体在缔结合约前,录入最基本的如年龄等信息,从而在网络节点与参与主体真实身份之间进行对应。目前,中国社会信用体系尚在完善中,又处于智能合约实践的初期阶段,所以,采取这一措施,也是对网络信息时代“以信息公正和信息诚信等新的伦理原则来维护信息共同体的整体运作,从而促进有机体的健康成长”〔1〕的体现。

其次,将政府机构作为“超级用户”引入区块链下的智能合约〔2〕。实践中,以太坊平台通过使用“硬分叉”技术得以追回被盗取的以太币,表明区块链上的交易并非完全不可逆。因此,可以充分利用区块链技术的优势,在系统中建立合规机制,并赋予政府机构“超级用户”的身份。一方面,对于不符合相关规制规则的智能合约内容,监管机构有权根据相应程序,引导主体进行修改;另一方面,在必要时,政府机构有权直接对可能带来巨大交易风险的区块链数据库内容进行修改。

最后,界定数字货币的法律性质。中国目前仍以法定货币作为唯一合法的交易媒介,对于数字货币,中国人民银行等七部委于2017年发布的《关于防范代币发行融资风险的公告》否定了代币非法融资行为,但是未明确数字货币的法律性质。于2019年10月28日举办的首届外滩金融峰会上,中国国际经济交流中心副理事长黄奇帆在题为《数字化重塑全球金融生态》的演讲中表示,“中央银行对于数字货币的研究已经有五六年,中国人民银行很可能是全球第一个推出数字货币的中央银行”〔3〕。这显示出向好的信号,对于连接现实世界的资产与数字世界,使得智能合约在更多领域得以实际应用,将扫清一些障碍。

(三)区块链智能合约的行业自律

智能合约以区块链为技术基础,决定了行业自律可以发挥其独有的价值。首先,实施代码法律化与法律代码化的结合。顾名思义,代码法律化是指使代码合法合规,法律代码化是指通过编写代码、将法律条款编入合约内容。智能合约和区块

〔1〕 肖峰:《作为社会有机体的信息文明》,载《河北学刊》2017年第5期。

〔2〕 Alexander Savelyev,“Contract Law 2.0:‘Smart’Contractsas the Beginning of the end of Classic Contract Law”,https://www.tandfonline.com/doi/full/10.1080/13600834.2017.1301036, July 19,2020.

〔3〕《黄奇帆:人民银行或成为全球率先推出数字货币的央行》,载新浪财经:https://finance.sina.com.cn/money/bank/bank_hydt/2019-10-28/doc-iicezzrr5430477.shtml,最后访问时间:2019年11月14日。

链技术本身都是中立的,因此可以使用智能合约来监管需要监管的对象,这一观点得到美国 CTFC 在 2018 年的公开支持,认为智能合约的一个重要应用就是自动化的监管机制。如果把合同运行当作矛,监管机制就是盾,而矛和盾都可以使用区块链和智能合约完成。

智能合约技术区分的只是程序上的"可能"与"不可能",可以发挥行业的技术优势,将区分"可为"与"不可为"的法律规则内化于代码,从而实现法律和代码的互补,更好地规制区块链下的智能合约。

其次,建立行业内安全审查机制。行业组织天然地处于对了解区块链技术和智能合约应用状况最接近的位置,能够更及时、更专业、更充分地知悉在一线应用中存在的问题,因而可以发挥其在风险预警和自律惩戒方面的作用。这样行业的审计机制可以用智能合约来执行,这样的智能合约可以部署在产业沙盒里面,而经过产业沙盒验证的系统,都需要通过这些监管智能合约的检验。

同时,要处理好行业自律和国家行政监管之间的关系。例如,行业可以有自己的行业自律智能合约,政府监管单位可以发布自己的监管智能合约。政府监管单位还可以作为"超级用户"在这些区块链系统上直接监管。英国中央银行还提出如果行业自律的机制如果成熟,政府监管单位就可以只出政策,而不实际参与监管的评估,这是保护伞沙盒制度。这一制度是政府监管单位出政策,而交给民间组织自律完成。

这些观点在中国也出现了。政府机构和其他权力监管机关应"尊重行业协会对市场行为的自律以及市场习惯培育活动,并与行业协会建立双向互动合作模式"[1]。行业内的风险监测、违规惩戒等安全审查机制,是行政监管的重要补充。

本章补充思考

问题一:您认为程序员编译智能合约是否属于法律的有权解释行为?智能合约的应用,会造成法律解释的精英化垄断还是世俗化泛滥?

问题二:霍姆斯法官曾说过"法律的生命不在于逻辑,而在于经验",对于法律用语,他提出"我看即知"的标准。您认为智能合约的设计应当如何容纳进法律实施中主观心证的因素?

---

[1] 曹兴权:《金融行业协会自律的政策定位与制度因应——基于金融中心建设的考量》,载《法学》2016 年第 10 期。

问题三:法律体系中既存在事实判断也存在价值判断,而价值判断标准取决于当时社会一般人的普遍认识。您认为通过区块链和大数据分析,是更有利于价值判断的形成,还是更容易出现"幸存者偏见"?

问题四:法律体系讲究"主客观相统一原则",您认为智能合约是否能充分考虑主体的主观意志?如果不能,是否存在更优的改善方案?

第五章

英国法律界在智能合约上的讨论

一、英国法律委员会和英国司法工作组对智能合约展开工作

在英国关于智能合约的讨论的主要机构之一是英国法律委员会(U. K. Law Commission)。该委员会是一个法定的独立机构。其目标之一是进行相关研究和协商,以便提出系统的建议供英国议会审议。

2017年12月,英国法律委员会研究报告认定,目前智能合约不具任何法律效力。另外,目前的智能合约机制不符合英国《数据保护法》(General Data Protection Regulation, GDPR)的规定。

2018年7月,该委员会宣布开始研究如何使英国法律认可智能合约。他们认为如果能够使区块链和智能合约在法律框架下运行,将会助力英国数字经济,使其在国际上更有竞争力。

2018年7月19日,委员会2017~2018年的年度报告发布,该年度报告有一章节专门探讨智能合约研究项目。委员会将"智能合约"定义为在区块链上运行的技术,通过该技术可以自动执行法律合同。这个研究项目的目的之一是确保英国法律足够灵活,能够在全球数字背景下适用;目的之二是发现智能合约相关的法律问题。

在该报告中,一方面,委员会认为智能合约将挑战现有的英国法律实践,如对如合同的解释。如果部分合同用智能合约以代码的形式"撰写"或执行,法院对代码的解释可能一个有争议的问题。〔1〕 虽然法院可以邀请专业软件工程师来解释代码,或是邀请工程师先将代码翻译成自然语言,但是对于解释仍可能存在异议,没有统一的解决方式。

---

〔1〕 这种问题不仅会出现在智能合约系统上,人工智能系统也有类似争议。

然而在另一方面，英国法律委员认为智能合约是一个颠覆性的科技，对合同的订立和履行有积极影响。英国法律委员会可能看到了以太坊的智能合约机制，即智能合约可在合同当事人两方或多方没有信任的情况下，也能依透明的机制签订执行合同代码。因为在以太坊上，数据公开，代码公开，包括以太坊代码和智能合约代码都公开，这样的制度使信息更加对称和透明，减少交易成本，增加交易速度[1]。

2019年5月，英国司法管辖区工作组（UK Jurisdiction Taskforce，UKJT）——英国法律协会的法律科技交付小组（Law Tech Delivery Panel）的六个工作组之一，发布了一个名为《在英国司法领域下，加密资产、分布式账本、智能合约性质的咨询文件》（Consultation on the status of cryptoassets，distributed ledger technology and smart contracts under English private law）的咨询问卷，询问大众意见。

咨询文件指出，这些技术的发展对国内和国际金融市场具有深远的影响，但这些技术的法律地位缺乏确定性，可能会阻碍这些技术本身的发展。该咨询文件征求利益相关者的意见，以期待在这些方面提供指导和确定性，并且在涉及这些资产和技术的交易中能够使用英国法律以及使英格兰和威尔士具有管辖权。

2019年12月，英国司法工作组依咨询作出《加密资产和智能合约的法律声明》（Legal Statement of Cryptoassets and Smart Contracts，以下简称《法律声明》），该《法律声明》涉及加密资产和智能合约的分类和处理的许多基本原则，包括加密资产是否为"财产"或"商品"；加密资产的所有权和转让；是否可以通过加密资产授予安全性；智能合约是否具有法律约束力和可执行性。

具体而言，该《法律声明》主要有以下结论：

（1）加密资产：

• 加密资产具有所有财产特性，例如，它们是可定义的，可由第三方识别的，并具有一定程度的永久性或稳定性。

---

[1] 他们主要关注以太坊式的智能合约机制，就是以代码为中心的机制。笔者不认为这可能是有法律效力智能合约，只会是链上代码。本书认为，从以太坊式的智能合约机制（以代码为中心）着手，难以达到法律委员会"对合同订立和履行有积极影响"的目标。原因是以代码为中心的机制存在诸多问题。问题其实不在代码上，而是在开发流程上，因为链上代码和有法律效力智能合约的代码使用同样计算机语言，也使用类似计算平台，只是关注代码不好解释。笔者认为，"模板式"的智能合约会更能达到目标。例如，李嘉图合同、雅阁项目、比格犬模型、法律规约协议（Legal Specification Protocol，LSP）项目。这些都是从合同模板出发，而不是从代码出发。由于智能合约合同模板和纸质合同模板使用同样名词，有同样定义，同样名词在这两个模板有同一解释。例如，在智能合约模板上有"效应时期"，过了时期，合同失效。智能合约上面的信息和纸质合同有同样名词和解释。

● 原则上可以确定谁拥有加密资产(通常是合法控制私钥的人)。

● 某些密码资产的新颖性或独特性(例如,其无形性,密码认证或分布式架构)不会使他们失去财产的资格。

● 因此,加密资产原则上应视为财产。

(2)智能合约:

● 智能合约能够满足英国法律中对合同要件的要求(两个或多个当事方之间存在协议,这些当事人有意图在它们之间建立法律关系,并且有对价)。

● 智能合约可以使用公认的法律原则来识别、解释和执行,就像传统的合同一样。各方的协议可以由计算机代码定义,或者代码可以仅(寻求)实现已形成的协议。

● 英国法律能够解决无论是通过智能合约还是其他方式通过匿名方式订立合同的情况。

● 智能合约和私钥的使用原则上可以满足特定合同的“书面”或“签署”的要求。

● 戈夫里·沃斯(Goffery Vos)爵士认为,该《法律声明》虽然不具有法律约束力,但是对加密资产、分布式账本技术和智能合约所涉及的法律问题,作出了深思熟虑的回应。用戈夫里·沃斯的话来说,该《法律声明》意图是提供确定性,为将来负责任地使用加密资产和智能合约奠定基础。

《法律声明》认为私钥的控制权等同于对加密资产的有效所有权。然而,它指出,只有通过监管单位批准的特定系统才具有这样的法律效力,不是所有的区块链系统都可以自动符合。这些系统(如托管公司)必须建立有效的制度来保护客户的私钥。这对许多从事托管服务的公司来说是利好的消息。一些托管公司已经获得监管单位授权,可以向机构客户提供托管服务,包括美国富达投资集团(Fidelity)和比特币公司(Coinbase)。另外,有了法律保障的托管机制,通过区块链和智能合约完成数字资产的移转,可以简化链外协议或者合同条款。

《法律声明》中的结论对智能合约也是利好,其表明智能合约可以具有法律效力,一定意义上在法律框架下认可了智能合约。其次,“书面”和“签署”这些合同的形式要件可以通过代码来实现,为智能合约的可行性提供了基础。再者,尽管智能合约可以“自动执行”部分合同条款,但是系统功能和性能始终存在受代码外部事件(例如,系统故障)影响的风险,或者代码以外或意外的方式运行,在这种情况下,必须要人为介入来解决问题。《法律声明》认为可用英国法的法律原则来解决,为智能合约的不确定性提供了部分解决方案。

UKJT 进一步指出,除特定情形外,英国通常不要求合同采用“特定形式”,并且将允许满足合同法要求的合同具有可执行性。英国法下,合同要素是:(1)达成协议的事实;(2)双方有法律约束力的意图;(3) 有交易对价。《法律声明》认为智能合约能够满足所有这些要求。

整个金融科技界无疑将认真考虑 UKJT 提交的《法律声明》。该声明对数字资产和智能合约所涉及的复杂问题作出了大胆而清晰地陈述。强调了加密资产和智能合约“有能力”满足法律要求,并将其分类为财产(商品)和具有法律约束力的合同。该《法律声明》所得的结论既有充分的理由作支撑,也为不同的解释留有开放空间,比如,没有定义单一类型的“加密资产”。当然,这可能意味着对加密资产发行人而言,始终存在发行的法律风险。

《法律声明》发布透露着未来存在的两种可能:一种可能是围绕加密资产交易、智能合约的应用会被标准化;另一种可能是立法确认加密资产和智能合约的法律地位。当然,这将由英国法律委员会最终确认。

二、英国法律界关心的问题

1. 如何将合同解释的一般原则应用于智能合约

合同解释,是指当对合同条款的意思理解发生歧义时,法院或者仲裁机构按照一定的方法和规则对其作出的确定性判断。合同解释目的是通过阐明合同条款的含义,以探寻当事人的真意,从而明确当事人的权利义务关系,正确认定案件事实。因此,合同解释过程也是一个探寻当事人真实意思的过程。合同解释的一般原则有:以合同文义为出发点,客观主义结合主观主义原则,体系解释原则,历史解释原则,符合合同目的原则,参照习惯或惯例原则等。

当涉及智能合约时,合同会以代码的形式出现,那么如何解释代码成了一个问题,前面提到,英国法律委员会认为,法院可能可以邀请专业软件工程师来解释代码,或是邀请工程师先将代码翻译成自然语言。但是,该解释方法仍可能对合同原义存在异议。

这样看来,仅有代码的智能合约就不易进行解释,原因是传统合同解释都是基于自然语言,而现在只有代码,法律人很可能看不懂代码, 因此难以解释,即使代码本身对机器而言是清晰和明确的。

但是,英国法律协会认为,即使在通常的情形下,智能合约的代码是清晰、明确

的,对代码的解释,仍存在很多问题,例如,

• 一个程序可能使用的是定义模糊的编程语言,[1]以至于其没有一个可确定的“含义”。

• 不同的编译器可能会以不同的方式对待特定的程序构造,从而引发一些不同的行为解释。[2]

• 代码不同的运行顺序可能会影响其行为,从而可能影响其“含义”。[3]

和英国法律协会讨论的结论不一样,笔者认为智能合约可能出现严重问题的地方,不是出于代码语言模糊的问题或是编译器的问题。而是合同需求不完整、预言机收集数据错误和代码漏洞,这三点比代码语言模糊和编译问题更为严重。

对于代码的解释,在一般的情形下,可以通过参考代码的各个部分得到合同真正的含义。但是,在一些情况下,仅对代码进行检查不足以确定合约的真实意图,就像自然语言合约一样,法官也需要从外部获得信息来对其进行解释。[4]

对应智能合约,法官的工作就是确定智能合约代码的清楚意图,而且确认合约的当事人都同意这些意图。如果智能合约只是合同的一部分,法官需要判断自然语言部分和确定代码部分的意图。如果合同只有代码, 并且该代码是明确的,那么法官可能只需要作出决定,即当事人打算接受该代码约束即可。在代码包含歧义的地方,或合约由代码和自然语言组成的地方(法院可能需要了解两者的融合),可能需要外部证据。在只有代码的情况下,代码的“含义”与解释无关,因为代码在大部分情形下都是清楚的。但是,如果对代码是否正确执行协议存在争议,则需要对代码和相关系统进行调查。

2. 什么情况下会超越智能合约代码的结果

由于智能合约签约的双方可能都不明白智能合约代码,例如,由第三方提供的

---

[1] 这种情形现在极少发生,因为计算机语言已经发展多年,大部分此类问题已经不存在了,现在几乎没有定义模糊的计算机语言。

[2] 此类问题也几乎不可能发生,因为合同语言大多是常用计算机语言,不同编译器得到不同的结果罕见。因为这种问题可能引发集体诉讼,因为每个编译器都有大量用户,如果一个应用出问题,所有用户都可能会抱怨。而且,智能合约平台不多,多数都会指定编译器,因此,此类问题并不常见。

[3] 这个问题有可能出现。由于智能合约代码启动的时间由数据改变控制。如果不同节点得到不同数据,执行的时候有可能得到不同结果。

[4] 例如,寻求专家来解释,智能合约平台会有指定专家, 但是专家们也会有不同看法。

智能合约。[1] 在这些情形下,法官需要有权力判定智能合约执行的结果是否符合当事人的签约的意图。法官需要被赋予权力能够超越正在运行的计算机程序的结果来确定当事人之间的协议内容,确定当事人 双方的真实意图。

实践中很难设想仅参考运行中的计算机代码而完全没有自然语言或源代码的协议。这是因为在这种情况下,至少有一方当事人会视其同意的条款为盲目合约。与此相反的是,各方更有可能在代码本身之外的交互和通信中找到受运行代码行为约束的协议,法官将据此确定合约的内容。在任何情况下,法官都希望自己检查代码本身。首先,可能有人争辩,代码内一些指令需要更正,因为它未能正确反映当事人同意的内容。如果双方都错误地认为代码会做什么,或者甚至(在某些情况下)只有一方犯错,这种情况就可能发生。其次,与任何其他合约一样,法院将对胁迫、欺诈、失实陈述等案件进行干预。与法官解释传统合同一样,不能因为该合约是智能合约,法官就不能使用已经存在很久的而且经常使用的法律和程序来判案。

3. 匿名条件下,智能合约执行的结果是否具有法律效力

英国法律协会认为, 即使在匿名的条件下,智能合约执行之后产生的结果具有法律效力。在实践中,很多合同是在不完全了解对方身份的情况下成立并履行的,如拍卖,卖方与买方合同的成立,不以卖方了解买方的身份信息为前提。

尽管如此,很明显,与难以了解身份的当事人订立合同存在很大的法律风险,尤其是在违约的情况下,起诉谁是一个问题。

4. 是否可以使用私钥满足法定签名要求

这个问题的答案当然取决于具体的法规,英国法律协会认为法定签名的要求很有可能能够通过私钥得到解决。因为法定签名只是要求确定当事人身份,而使用公私钥密码术确认就是一种特殊电子签名的技术。

在使用私钥对文档进行签名的情况下,可能是签名本身仅包含使用签名身份验证软件的签名信息,以确认签名的有效性。关键问题不是签名是什么样子,而是当事人是否明确文件的全部条款。

5. 如何满足法定的"书面"要求

在英国法律中仅有特定类型的合同要求必须采用"书面"形式。仅当合约全部以书面形式订立时,合约才能"以书面形式订立",当然,如果合约中只有一部分是书面形式,则当然可以"以书面形式证明"。

---

[1] 本书第十五章讨论智能合约由英国中央银行提供,而客户和商家使用的场景,本书第十六章讨论到由第三方提供的金融应用的智能合约。

很明显,单凭文件为电子形式这一事实并不意味着其不能满足法定的"书面"要求;同样,即使是关于将近400年的法规而言,唯一的问题是,相对于自然语言,计算机代码是否存在某些问题,这将得出不同的结论。

1978年的英国《解释法》定义了成文法中常用的一些词语。该法的附表1对"文字"的定义为:"书写"包括打字、印刷、光刻、摄影和以可见形式表示或再现单词的其他模式,并且相应地解释了涉及"书写"的表达。

智能合约中包含计算机代码的部分是否可以说是"书面的",将取决于具体的法规和情况。英国法律协会认为,在一定程度上,相关代码:(1)表示或再现单词;(2)在屏幕或打印输出上可见,很可能满足法定的"书面"要求。没有专家级翻译,一般英国老百姓不会理解代码。但这一事实不会妨碍代码可以满足"书写"的要求。这相当于没有专家翻译的外国语言,英国老百姓也无法理解。一个合同能不能被一般老百姓理解,不能决定该合同语言合不合适英国法律上"书写"的需求。

在英国法律协会看来,书写的需求只要有源代码就可以满足。如果没有源代码,而只有目标代码,如果目标代码是以可读格式来表示,目标代码也可以满足要求。[1] 但是,英国法律协会认为,在很多情况下,相关合同的条款不仅有代码。正确的分析是,合同各方是否同意接收代码所执行而产生的结果,而不是看代码的内容。

这里英国法律协会认为智能合约代码能不能被当事人看懂是另一个问题,一般老百姓很可能看不懂代码,但是如果当事人同意接受代码执行产生的结果,该智能合约就有法律效力。而这个智能合约还可能是目标代码,就是非常难读的代码,其实是给机器读的代码,而不是给人读的代码。但是因为该目标代码可以拿出来供相关当事人查阅,这就是有法律效力的智能合约。

英格兰和威尔士法律委员会于2018年得出结论,电子数据交换(Electronic Data Interchange,EDI)发送的信息(在上下文中,数字信息的交换,如自动零售库存重新订购系统发送的信息,旨在由电子信息交换系统采取行动,无须人工干预的接收方系统软件)将无法满足法定的"书面"要求,因为EDI消息本身不打算让任何人阅读,因此,EDI消息不是以一种可以阅读的形式。2019年,法律委员会指出:"如果将这种推理用于要求以'书面'形式签订的合约,则对智能合约有影响。"英国法律协会认为,这只会影响智能合约的格式不易阅读且要求合约必须以"书面"形式

[1] 目标代码是以0和1表示,非常难读,可是有反翻译器,可以将目标代码翻译成可以阅读的语言。

书写的情况。

前述推理与英国法律协会的推理略有不同,但是英国法律协会同意这样的结论,即无法阅读的智能合约不是“书面合约”。

三、对英国法律界讨论的补充

英国法律协会大力支持代码成为有法律效力的合同。他们的观点比笔者更为先进。而他们的讨论主要关注在链上代码系统,而笔者认为这些系统不具有法律效力。

(一)智能合约标记语言

现在任何计算机语言都可以用自然语言表示,这样的技术在日本已经实行多年(可能有30多年)。在日本一个流行的计算机语言是Cobol,日本工程师读代码的时候,是同时间读Cobol和日文两种语言。虽然由代码转成的日文读起来不像“自然的”日文,但所有的字都还是日文,而且这日文版代码是自动生成的,不需要人工处理。因此,英国法律科技交付小组的分类(有部分自然语言和完全计算机语言的智能合约分类)以后会失去意义,需要提出其他分类方法。

(二)智能合约语言和模板标准

智能合约模板和标记语言可以由律师行业协会制定,有多个律师行业,可以提出多个标准出来,而让市场竞争选择智能合约的标准。正如现在的市场竞争中个人电脑可以分Windows和Mac两大系统类型,手机可以分IOS和Android两大系统类型。每个国家的合同标准不同,但还是大同小异,因此,可以建立国际智能合约标准。这是区块链的一个定律,区块链的出现必定有集团、帝国、联合国的概念出现。这里可能是智能合约的行业标准、区域标准、国家标准、国际标准。

(三)书写“合同模板”比书写“代码”更重要

传统链上代码只有代码,开发“合约”等于开发代码。但是本书所提到有法律效力的智能合约,都是以模板和模型出发。计算机技术已经发展至少60年,从模型转成代码也有30年的历史。以前智能合约运行在逃避监管系统方面,以代码为主,但是合规的智能合约会以合规为出发点,先建立一个合规的智能合约模型,验证后使用自动代码生成技术得到代码。所以“书写合同”以后会变成“从合同模板到合同模型的建模”。

(四)有担保托管机制,还是需要许多严格机制

英国法律协会对智能合约充满热情,特别是对有担保托管机制的智能合约适

用,就不需要其他合同认为其充满潜力。但是,数字资产交易会比传统资产交易更快,而且是全天候交易,这是数字英镑的设计。在这样高速环境下,流程管理必定要更严格。就如,飞机速度比汽车快得多,因此,飞行流程比开车流程严格得多。这表明数字资产的担保托管流程比传统资产担保托管严格得多。

在资产注册的时候,相关单位都必须收到信息,例如,公证处、律师事务所、保险公司、银行、当事人。如果是房地产、股票、遗嘱,还需要其他相关单位上链,在交易的时候这些单位也需要参与。

因为预言机发出信息后,智能合约可能自动执行,预言机发出的信息是否正确会是关键。如果是高价值的数字资产,可能需要多个独立预言机,每个预言机需要多次验证后才能发出信息。

笔者多次提出链和链不同,有真链也有伪链,智能合约也是一样,有运行在真链的智能合约,也有运行在伪链上的,也有运行在非链上的。以后高价值的智能合约和低价值的智能合约的协议就会不同,而后者的机制只是前者的机制一部分。

(五)智能合约的错误来源

英国讨论的智能合约的错误来源主要分成智能合约的错误及外在环境和系统的错误,如表 5 – 1 所示。

表 5 – 1 智能合约的错误来源

错误来源	部分可以选择的系统或是单位	预防或是修复方法	标准
智能合约法律表述	不同律师事务所	法务审查验证	可以制定国际、国家、行业标准;众智评估
智能合约代码模型	李嘉图、雅阁项目模板、独角兽模板	法务和软件工程师验证、仿真、形式化犯法验证	可以有国家、国家、行业标准模型(如形式化语言);众智评估
智能合约代码	Solidity、Java、Javascipt、Go、Rust	代码验证包括形式化方法验证、仿真、沙盒测试	现在语言有可能成为标准;测试标准,如覆盖率;形式化方法和流程可以标准化;测试沙盒可以有国际、国家、行业标准;众智评估
智能合约系统	以太坊、天德、超级账本	智能合约系统沙盒测试、仿真、形式化方法验证	可以制定国际、国家、行业标准,要求商业智能合约系统符合最低标准;沙盒可以有国际、国家、行业标准;众智评估

续表

错误来源	部分可以选择的系统或是单位	预防或是修复方法	标准
区块链系统	天秤座、以太坊、天德、超级账本	区块链系统沙盒测试、形式化验证、仿真	可以制定国际、国家、行业标准,要求现在智能合约系统符合最低标准;沙盒可以有国际、国家、行业标准;众智评估
预言机	Augur、Gnosis	预言机沙盒测试、形式验证、仿真	可以制定国际、国家、行业标准,要求现在智能合约系统符合最低标准;沙盒可以有国际、国家、行业标准;众智评估
计算机、手机、网络系统	IOS、Android、Window、Mac、不同路由器、Wi-Fi	测试、仿真	已经有国际通用标准
黑客攻击	任何系统都可能被攻击	防火墙、安全测试、安全管控等	攻击和安全机制同时间成长

智能合约标记语言可以选择不同智能合约模板、不同代码语言,不同智能合约系统、不同区块链系统、不同预言机系统以及可选择不同计算环境,而不只是可以选择不同托管。因为模板、智能合约系统、区块链系统、计算环境都可以影响智能合约的执行。

英国法律协会提出非常好的观点,法院会用外在证据来判断智能合约出现的问题,但是外在证据是什么样的?表5-1的形式验证数据、沙盒测试数据、仿真数据都可以是证据,而且这些大多应该是由第三方沙盒科技或是众智(或是外包)提供。众智的品质可以通过内部工具、信誉机制、其他众智单位评估来管理。不论是第三方验证测试,或是众智验证测试,都可以用自动化科学工具来评估,例如,测试覆盖率、形式化方法、产业沙盒来评估等。例如,美国国家航空航天局,在软件测试上就有修正判定条件(Modified Condition/Decision Coverage,MC/DC)覆盖率标准,也有测试工具,有没有达到标准是可以清楚地知道的。

今后所有智能合约都会有自然语言部分,特别是英国立法后,没有自然语言和模板的智能合约没有市场。本书提到的智能合约系统都有自然语言和模板。这不是一些智能合约的特殊待遇,而是每个智能合约的必要装备。

表5-2和表5-3是智能合约开发和交易流程以及参与单位。在这样环境下,智能合约出问题的地方会减少,也会使法院和仲裁庭可以有更多的外在证据,裁判更方便。

表5-2　智能合约预备期开发流程及参与单位

	流程	参与单位
原始智能合约	领域流程标准化	政府相关单位、公证处、律师事务所、银行、金融机构
	法律合规分析	政府相关单位、公证处、律师事务所、银行、金融机构
	监管审核	监管单位、律师事务所
	众智参与和验证	大众、高校
法律语言智能合约(模板,模型)	领域流程标准化	政府相关单位、公证处、律师事务所、银行、金融机构
	法律合规分析	政府相关单位、公证处、律师事务所、银行、金融机构
	监管审核	监管单位、律师事务所
	众智参与和验证	大众、高校
智能合约开发和编译	和原始智能合约模型一致	沙盒、律师事务所
	和法言法语智能合约模型一致	沙盒、律师事务所
	和区块链系统交互	沙盒、律师事务所
	账户清算确定	沙盒、律师事务所
	钱包账户确定	交易平台、交易所、沙盒
	与区块链平台交互验证	沙盒、高校
	监管审核	监管单位、律师事务所
	众智参与和验证	大众、高校、律师事务所
智能合约验证	和原始智能合约模型一致	沙盒、高校
	和法言法语智能合约模型一致	沙盒、高校
	形式化方法	沙盒、形式化工具
	仿真	沙盒、仿真
	测试	沙盒、高校
	分析(一致性分析、完整性分析、关系分析、依赖性分析)	沙盒、高校
	与区块链平台交互验证	沙盒、高校
	监管审核	监管单位、律师事务所
	众智参与和验证	大众、高校、沙盒

表 5－3　智能合约交易期交易流程及参与单位

	流程	参与单位
交易前	身份证确认	电子认证证书颁发机构、公证处、律师事务所
	资产认定	政府相关单位、公证处、律师事务所、银行、金融机构
	账户确认	银行、律师事务所、金融机构
	监管审核	监管单位、律师事务所
交易中	交易流程正常(如账户资产在流程没有改变过)	交易所、监管单位、区块链
	没有违规现象	交易所、监管单位、区块链
	区块链正确记录	区块链
交易后	交易正确验证	交易所、金融机构、监管单位
	账户结算确定	交易所、金融机构、监管单位
	账户清算确定	交易所、金融机构、监管单位
	钱包账户确定	交易平台、交易所
	回滚机制启动	任何参与单位都可以启动回滚机制,需要通知所有参与单位
	统计记录和分析	所有参与单位

(六)观察

不可否定的,英国法律协会对智能合约有重大贡献。这是第一次大规模以法律观点来研究智能合约,里面讨论的结果值得学者参考和研究。

很明显的是,虽然他们没有明说,但讨论基本是根据萨博的智能合约的概念(本书第二章)和以太坊智能合约的机制(本书第十三章)。讨论题目如匿名、EDI、代码自动执行等概念来自萨博,而“代码即是合同”来自以太坊。他们没有考虑其他大量的工作,包括和萨博的智能合约几乎同时提出李嘉图合约,以及后来的雅阁项目、LSP 项目以及 ISDA 金融交易智能合约标准的工作。这些工作已经考虑到许多法律问题。如果英国法律协会接触这些理论,相信讨论会有不同的方向。

本章补充思考

问题一:您如何理解《加密资产和智能合约的法律声明》,对于智能合约的前景,该声明是偏向悲观,还是偏向乐观?

问题二:您认为英国法律界对于智能合约的理解是否充分?目前态度是基于智能合约的特性重塑法律体系,还是试图将智能合约纳入现有体系加以调整?

第六章 智能合约与法律自动执行

一、科技与法律结合的历史

早在1970年之前，用于法律领域的科技与其他商业领域无异，比如，在1950年之前，打字机与电话是应用于法律领域的主要科技。[1] 直到1953年，才有一些新的产品出现，比如Autograph允许律师记录对话、Thermofax复印机每4秒可以复印一张，以及Friden Flexowriter推出的进阶版的自动化打字机。[2] 这些科技对法律行业的影响主要是提高效率，不存在质的颠覆，对律师职业也不构成威胁。

科技对法律产生较大的影响，是在1970年之后，商用电脑和个人电脑的出现以及普及以及网络的大规模使用。一些勇于尝试的律师们开始使用文字处理系统生成文本，有些用在线电子表格工具去计算涉案金额、损失以及分析股票交易规律等。对于法律执业者而言，互联网所带动的电子邮件，即时信息，电话语音以及视频电话等一系列产品允许其能够即时通信。即时通信所带来的即时信息收集和反馈，使得律师能更有效率地和其他律师、客户、法庭工作人员等各方的交流，很大的程度上减少了执业过程中时间与空间的限制。[3]

有强大的数据处理的电脑的使用，促使了第一个法律数据库的使用，这给法律执业带来了革命性的影响。1973年，美国米德数据中心（Mead Data Central）成立了Lexis，Lexis是第一个线上的法律数据库，帮助律师进行法律检索。Lexis提供了全

---

[1] "Legal Technology through the Ages—Why Didn't They Dread It Then?", http://law2050.com, Feb. 21, 2019.

[2] "Legal Technology through the Ages—Why Didn't They Dread It Then?", http://law2050.com, Feb. 21, 2019.

[3] "Back to the Future: A History of Legal Technology", https://prismlegal.com/back_to_the_future-a-history-of-legal-technology/, Oct. 6, 2019.

套纽约州和俄亥俄州的法典、判例、美国法律汇编以及一些联邦判例。1979 年，UBIQ 终端的出现使得 Lexis 出现在了律师的桌前，使法律检索更为便捷。1980 年，该公司又推出了 Nexis 服务，将《华盛顿邮报》、《经济学人》、《美国新闻与世界报道》、路透社新闻等新闻杂志内容都放入到这个数据库里。随后 Lexis 又提供了美国全 50 个州的判例法，至此，Lexis Nexis 引领性的法律数据库服务形成。[1] 为了回应 Lexis Nexis，1975 年，West Publishing 公司推出了 Westlaw（现由汤森路透持有），提供类似的法律检索功能。Lexis Nexis 和 Westlaw 在 20 世纪 80 年代初迅占领了法律研究市场，为法律从业者、研究者提供了各种更好、更快、更准确地进行法律研究的方式。这些数据库可以在不到五秒钟的时间内执行 90% 以上的搜索，对律师而言，可以极大地从数百本书籍中寻找适用的判例中解放出来，从而将更多时间花在每个案件上，使他们能够为客户提供更好的服务。

直到 20 世纪 90 年代，随着功能越来越强大且网络化的个人计算机的出现，法律从业者似乎都从"集体的沉睡中醒来"，并开始将技术从后台应用到前台。一方面，所有这些科技为律师提供了更多便利。但另一方面，他们的高效不仅威胁了律师的可计费时间，并且迫使法律从业者重新审视自己工作的本质，去思考哪些法律工作是不可替代的，而哪些是可以用机器去完成的。

二、科技与法律结合的现状

进入 21 世纪，科技对法律的影响，首先体现在自动化领域上。紧接着在过去的十年里，法律科技的蓬勃发展使科技与法律的结合从自动化上升到了智能化的阶段。

（一）E-discovery

自动化的第一个体现是 E-discovery。E-discovery 是指在诉讼或者调查程序中，对电子信息（electronically stored information，ESI）的甄别、收集和生成等行为。[2] ESI 包括但不限于电子邮件、文档、演示文稿、数据库、语音邮件、音频和视频文件、社交媒体和网站。[3] E-discovery 对没有技术背景的律师来说，是一个很大的挑战。

---

[1] The Lexis Nexis Timeline，http://www.lexisnexis.com/anniversary/30th_timeline_fulltxt.pdf，Oct. 6，2019.

[2] The Basics，"What Is e-Discovery?"，https://cdslegal.com/knowledge/the-basics-what-is-e-discovery/，Sept. 3，2019.

[3] The Basics，"What Is e-Discovery?"，https://cdslegal.com/knowledge/the-basics-what-is-e-discovery/，Sept. 3，2019.

挑战不仅在于律师需要审查和处理大量的 ESI,还在于律师必须具备良好的理解和管理流程的技能。与硬拷贝证据不同,电子文档更加动态,通常包含元数据,例如,时间戳、作者和收件人信息以及文件属性。没有技术背景,法律专业人士不容易理解和正确处理这些功能。此外,为了消除诉讼中后期的诽谤或篡改证据的可能,律师需要保留 ESI 的原始内容和元数据。这一额外要求对律师来说增加了诉讼中处理 ESI 的复杂性。

这些挑战促使了很多科技公司去寻找解决方案,并带动了用科技解决 E-discovery 过程所出现的问题的热潮。例如,EDRM 使用计算机辅助审阅来减少律师审阅所需的文件数量,并确定他们需要审阅的文件的优先级。Logikcull 是用于管理法律发现流程的云系统。Logikcull 作为文件管理平台,可以让使用者在安全的系统中存放文件以及搜索,删除和创建日后可能需要被 E-discovery 的文件。Onna 是一个可跨多个存储库进行实时搜索的平台,并有助于 E-discovery 和跨法律部门查找高价值物品。Z-discovery 是基于云的电子发现套件,可使律师事务所简化其运营并满足合规性要求。所有这些电子发现技术或工具都可以促进和简化法律专业人士的工作,从而减少时间和成本。它们还帮助律师实现电子取证的目标,以可辩护的方式为诉讼提供核心证据。

(二)法律文书自动生成

自动化的第二个体现,是法律文书自动生成。法律领域的早期自动化是指使用软件来草拟法律文件。对自动化的需求源于传统的实践,在传统的实践中,律师需要为每件事情起草新的文件或表格,这涉及容易出错且费时的艰苦工作。将最常用的文档和表格转换为模板和自动化的工作流程会更有效,因为相同类型的文档通常具有相似的语言和格式,例如,公司成立文档、保密协议、遗嘱、租赁协议等。

为满足文档自动化需求,LegalZoom 和 RocketLawyer 两个公司在 21 世纪初期出现。他们的早期业务主要是为个人和小型企业提供负担得起的法律文件自动生成服务。法律文件自动生成这个过程并不复杂。首先,公司需要创建各种法律文件模板,这些模板通常由职业律师事先起草。然后,用户填写个人信息的调查表。根据用户的信息输入,自动化软件会自动将此信息插入相关模板并生成最终文档。然后将文档交给用户。

法律文件自动生成不仅使需要法律服务的群体受益,而且使律师和律师事务所受益。无论是个人还是小型公司的外行人员都可以轻松获得负担得起的法律服务,因为大多数这些文书自动生成公司中都收取合理的固定费用。一个人无须委托律师即可完成简单的任务,例如,组建公司所需的文书或起草简单的租赁协议。法律文件自动化,可以减少法律文件书写过程中的人为错误。在几分钟内完成法律文书的生成,而不需要年轻律师要花多个小时或多天去撰写法律文件,极大提高了工作效率,也减少了律所的成本,也满足了客户削减成本的需求。

(三)法律科技

在过去的十年里,科技与法律的结合从自动化上升到了智能化的阶。特别是人工智能、大数据分析、云计算等信息科技在法律行业的运用,使得流程管理,文档审查,项目管理,尽职调查和法律研究中等的整体运行更加智能化。“法律科技”(LegalTech)一词的出现代表了用信息科技去解决法律问题的热潮,一大批法律科技公司出现。例如,有许多法律科技初创公司着重于简化律师与其客户之间的互动。[1] 该领域的早期领导者包括 LawPal(项目管理工具)、ViewABill(在客户中非常流行的透明账单管理)和 PlainLegal(文档自动化)。[2] 机器学习也在颠覆文档审查流程,如 Diligence Engine 和 Ebrevia 公司的文档审查工具。[3] 在法律检索领域,Lexis Nexis 和 Westlaw 历来处于双头垄断地位,但是,诸如 Casetext、Judicata、Lex Machina 和 RaveLaw 等利用人工智能进行法律检索的公司在打破这种垄断局面,并在法律研究领域崭露头角。

在所有科技与法律结合的例子中,人工智能在法律研究中的使用是革命性的。以 ROSS Intelligence(以下简称 ROSS)为例。ROSS 是一种在线法律研究工具,它在自己的 AI 框架(Legal Cortex)上构建其机器,并将其与 Watson 的认知计算技术相结合。其提供了针对自然语言搜索进行优化的平台。与遵循关键字搜索的传统法律检索平台不同,ROSS 可以理解为以文本或语音格式进行的输入。此功能源自 ROSS 的自然语言理解(NLU)技术。NLU 可以直接实现人机集成,而无须使用计算机语言的形式化语法,并允许计算机使用自己的语言与人进行通信。即使遇到

---

[1] TechCrunch, “Legal Tech Startups Have a Short History and a Bright Future”, https://techcrunch.com/2014/12/06/legal-tech-startups-have-a-short-history-and-a-bright-future/, Sept. 19, 2019.

[2] TechCrunch, “Legal Tech Startups Have a Short History and a Bright Future”, https://techcrunch.com/2014/12/06/legal-tech-startups-have-a-short-history-and-a-bright-future/, Sept. 19, 2019.

[3] TechCrunch, “Legal Tech Startups Have a Short History and a Bright Future”, https://techcrunch.com/2014/12/06/legal-tech-startups-have-a-short-history-and-a-bright-future/, Sept. 19, 2019.

常见的人为错误(例如,错误的发音导致的错别字),NLU 仍然能够理解真正的含义的能力。

除了更智能地理解一个人的意图和查询上下文的功能之外,ROSS 在查找最相关的判例法方面也比人类更准确、更有效。准确性来自 Ross 的机器学习算法。该算法可以从联邦和州两级的完整案例集中检索与查询最相关的案例,它消除了人为搜索无法穷尽所有数据库的情况。[1] 该算法进一步对这些案例进行排名,以便检索者看到的第一个判例就是要搜索的内容。它避免了"一般到特定"的传统的倒置研究方式,因此极大地提高了效率,因为在选择最相关的判例之前,检索者无须花大量时间去阅读筛选不相关的案例。

三、科技与法律结合的未来

科技与法律结合的未来,会更自动化和智能化。而区块链与智能合约,会给该结合带来新的突破。该突破体现在法律的自动执行上,麻省理工学院媒体实验室在几年前提出可执行的法律这一概念,结合移动技术、安全计算、身份认证等技术来创造一个新的数字社会。在不同的地方,不同的法规可以被执行,达到情景感知的计算。

法律自动执行的设计,有两个重要的要素:一是智能合约要以区块链作为底层支撑;二是要在法律的框架下运行。

首先,智能合约要以区块链为支撑,是为了保证数据的准确性。智能合约执行的准确性是法律自动执行的一个技术基础。需要满足数据来源、运行结果、结果存储都有保证。

对于多链或区块链互联网(链满天下)来说,因为每条链都保证了其链上数据的准确性,任何结果会通过投票保证共识,结果又会被存储于链上,所以整个区块链互联网就可以由一系列各自独立的链组成,形成了一套具有准确信息的链网络。使用正确的数据,完成正确的计算得到正确的结果,存储并且保证正确的结果来建立一个诚信社会。

其次,智能合约要在法律的框架下运行,目的减少智能合约运行结果的法律不确定性,也是为了使智能合约在法律实践中真正应用,以实现其价值。

要减少法律结果的不确定性,在设计智能合约时,就应当把智能合约放在有效

---

[1] Charlie Von Simson, "How ROSS AI Turns Legal Research on Its Head", https://blog.rossintelligence.com/post/how-ross-ai-turns-legal-research-on-its-head, Sept. 3, 2019.

的法律流程里。把智能合约作为一个工具,其本身不具有任何法律意义,嵌入在现行的法律执行过程里,使其运行结果具有法律效力而无争议。[1] 开发流程中不仅工程师参与,法律相关单位与人群也应参与,如法院、仲裁机构、公证处、律师以及法律学者等。先由法律人员梳理逻辑化流程,再由工程师设计代码和开放,最后法律人员和计算机工程师一起验证智能合约。

智能合约能在法律的框架下运行,目的也是更好地实践。例如,法官及现有的司法资源已经不能负担大量的法律纠纷,必须自动化处理。许多可标准化纠纷可以借助智能合约的诉讼争议解决平台来批量解决,特别是网络上的商品、服务买卖纠纷等。

本章补充思考

问题一:您认为,较之其他行业,法律行业与科技结合的现实程度是更高还是更低?法律行业适用科技的标准,应当更看重其成熟稳定,还是其前沿高效?

问题二:您认为,科技与法律相结合,是否会对法律职业群体造成替代性的冲击?法律职业群体应当如何应对?

---

[1] Jiang Jiaying, "The Normative Role of Smart Contracts", 15 *US-China Law Rev.* 139, 2018, p. 140.

第七章

ISDA 金融智能合约交易的法律研究和主协议

ISDA 为非营利性组织。该组织成立于 1985 年,拥有来自 60 个国家的 840 名会员,其中包括世界主要从事衍生性商品交易的金融机构、政府组织、使用 OTC 衍生性商品管理事业风险的企业以及国际性主要法律事务所等。

ISDA 决策委员会由 10 家银行交易商和 5 家主要的投资公司组成,包括美银美林、巴克莱资本、法巴银行、瑞信、德意志银行、高盛、摩根士丹利、法兴和瑞银,投资公司包括蓝山资本、Citadel、D. E. Shaw、艾略特管理公司和太平洋投资管理公司。

一、ISDA 的思想哲学

ISDA 认为智能合约可以由代码自动执行业务,使业务流程更加便利,性能更好。智能合约和区块链可以连接,但是很难和其他技术结合。不是每个合同都需要自动化,有些只需要条款和逻辑。但是合同和代码可以无缝地结合在一起。并且,ISDA 认为合同的条款的逻辑可以自动化,但是条款背后的原因和良性无法自动化。

但是,ISDA 不同意"代码是法律",因为合同的许多要素代码都不具备,例如:

(1)创造(creation):谁参与该合同?这是一个法律合同还是只是一个文件?该合同时和何地建立的?依据何处的法律?

(2)条款(term):条款是什么?这些条款可以更改吗?这些条款是不是合同双方都清楚且明白?条款是否会启动法律行为?

(3)性能(performance):这里的自动执行是否合法?在执行的时候是否可以被中断?该自动执行是否可以回滚?谁可以将该交易回滚?回滚的条件是什么?

(4)违反条款(breach):违反条款是否会引起争议或违约?有没有可能合同一方故意不执行合同的约定?违约会有什么后果?

(5)补救措施(remedies):在违约时候,条款是否提供补救措施?是根据哪些条款的特定补救措施?是可能性的补救还是强制性补救?能否获得强制性禁令?

(6)其他问题:该合同的权利在哪里?该合同是如何被认定的?合同一方是否可以转让合同给第三方?该智能合约的主体是否可以是法人?

综合来看,ISDA 理论就是"合同可以是代码"(contracts can be code),法律合同中的操作条款有助于自动化。其他非操作条款,例如,管辖法律条款也可以在机器可读代码中表达,但是该部分不会执行。其他法律条款是主观的或需要解释的:(1)智能合约的近期发展是保持自然法律语言,但某些操作要通过智能合约自动执行;(2)对于那些可以自动化的操作,例如,付款和交付,ISDA 定义一些语言让这些更加形式化、更标准化,这样计算机能够更准确地读取这些操作语言;(3)所有交易数据要放在监管机构的区块链上,这将确保每一笔交易都有一个统一而且共享的数据,而且不能被篡改;(4)智能合约需要行业标准,以确保其在相关公司和平台之间可以互操作,ISDA 正在制定这些标准。

此外,智能合约是使用计算机代码自动实现的具有法律约束力的协议;ISDA 主要注重在金融衍生品交易的智能合约,即智能衍生品合约(Smart Derivative Contract,SDC)。ISDA 提出一个智能合约开发框架,其中包括:(1)确定合同的哪些部分适合自动化;(2)改变法律术语的表述,使其符合技术要求能够自动化;(3)使用计算机语言来表述法律术语;(4)开发可实用的智能衍生品合约的模板;(5)验证这模板以确保合同条款的法律效力不变。

(一)监管、商业和技术标准

SDC 必须遵守管理衍生品市场和市场参与者活动的现有监管要求。虽然条例通常是在国际合作制定的,但每个国家执行情况各不相同,造成监管不一致。此外,目前尚未制定出智能合约的国际监管标准。

从商业角度来看,SDC 必须遵守行业通用的做法。通过市场中的共同和持续做法制定的商业标准将指导如何构建 SDC。

SDC 还必须遵守技术标准,以确保它们健全、安全、兼容和一致。SDC 必须遵守这些要求,以确保其功能、一致性和效率。

(二)考虑法律观点

SDC 寻求对计算机代码的执行产生具有法律约束力的效果。这可能带来一些困难,因为合同必须跨越法律和技术的横沟。主要挑战之一是确定哪些合同条款可以而且应该根据复杂性和其他相关因素实现自动化。这里 ISDA 有两条路径:

一种方法是发现可以自动执行的"操作"子句,这些子句需要在发生特定事件时执行操作。这是一种从前面(合同)往后面(计算机)推的路径。

另一种方法是重新建立一个(基于计算机技术的)可以执行的法律合同,使这合同可以很容易地转成代码。这是一种从后面(计算机)往前面(合同)推的一个路径。

这些都需要将法律术语转换为计算机语言,需要法律从业人员与技术专家密切合作。验证这些条款以确保条款的法律含义没有改变也是必要的。目前以第一个路线为主。

另外,因为相关法律可能会被修改,或是合同当事人的行为是 SDC1 执行上出现复杂的情况,ISDA 建议各方在合同里面有暂停自动执行的性能来解决这些问题。

这些准则的目的是解释 ISDA 文档的核心原则,并提高人们对将技术解决方案应用于衍生品交易时应保留的重要法律条款的认识。

这些准则不是讨论法律问题。这些讨论旨在提供一般指导,而非法律建议,并增进对 ISDA 文档基础的基本原理的理解。与衍生产品交易有关的法律和管辖衍生产品交易的法律文件是复杂的,可能会随着判例法和新法规的发展及时间的发展而变化,并且可能因管辖权而异。这里的讨论并不是对特定交易、技术应用或合同关系中相关问题或注意事项的解释。

二、智能衍生品交易总协议

ISDA 文档体系结构的核心是 ISDA 主协议。ISDA 主协议是用于规范双方之间进行的所有场外(over-the-counter,OTC)衍生品交易的标准合同。ISDA 有五个核心主题,如图 7-1 所示。跨不同资产类别和产品的交易通常记录在同一协议下。ISDA 主协议的目的是制定规范双方总体关系的条款。

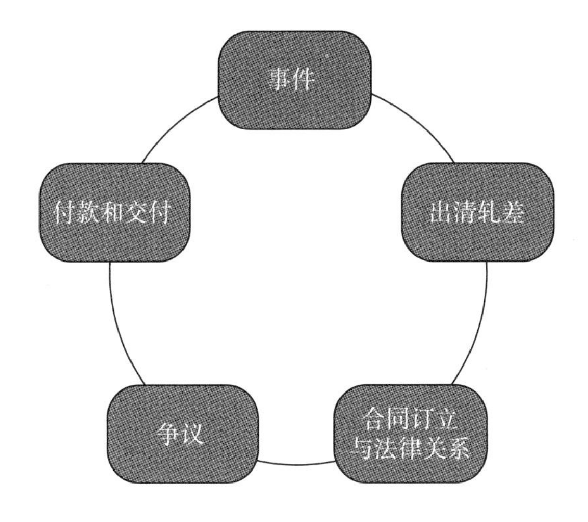

图 7－1　ISDA 的五个核心主题

（1）事件（Events）：在 ISDA 主协议中，是指在合同之外发生的情况，可能影响双方履行其交易义务的事情。

（2）付款和交付（Payments and Deliveries）：尽管交易的经济条款包含在该交易的确认证据中（确认），但 ISDA 主协议中有许多规定可能会影响或更改付款和交付的时间和期限以及其方式付款和交付。

（3）出清轧差（Close Out and Netting）：在某些情况下，双方可能有权终止根据 ISDA 主协议进行的交易，该协议概述了终止过程的运行方式。此外，ISDA 主协议还包含重要条款，以确保可以净额确定一方在所有交易中对另一方的财务风险。从降低信用风险和监管资本的角度来看，这具有重要的好处，并且是 ISDA 主协议的关键要素。

（4）争议（Disputes）：ISDA 主协议确定了当事方应如何解决与其整体贸易关系可能引起的任何争议。

（5）合同订立与法律关系（Contract Formation and Legal Relations）：除了上面概述的四个核心领域之外，ISDA 主协议还包含许多旨在建立双方之间法律上有效和稳固的合同关系的条款。这些条款包括有关如何修改合同，各方所作的任何陈述以及通知的有效交付方式的规定。

本书仅讨论事件。

三、事件

除了特定交易的经济条款外，还会发生大量外在事件，这些事件可能会影响当事人继续履行一项或多项交易下的义务的能力。这些外部事件中有许多是在 ISDA 主协议的条款之内定义的。

ISDA 主协议同时提供违约事件（events of default）和终止事件（termination events）。与违约事件和终止事件有关的规定包含在 ISDA 主协议的第 5 节中。尽管两者的最终结果是相同的，即给定一组交易的潜在终止，但是它们在概念上却是不同的。此外，用于确定何时发生违约事件或终止事件的机制和时间可能会有所不同，具体取决于特定事件的性质和情况。

在以下各节中，将更详细地说明 ISDA 主协议中与违约事件和终止事件有关的规定以及由违约事件和终止事件引起的后果。

（一）违约事件

广义上讲，违约事件可能发生在一方过错的地方。有缺陷的一方称为"违约方"，另一方称为"非违约方"。一旦发生违约事件，当事方可以选择终止 ISDA 主协议下的所有交易。

ISDA 主协议包含八个标准的违约事件。应当指出，当事方可以通过修改 ISDA 主协议的时间表来添加其他违约事件。接下来，本书只讨论三种违约的事件。

1. 未能付款或交付

适用于当事方未根据协议按期付款或交货的情况。

2. 违反或拒绝协议

适用于任何一方未能遵守协议中的条款或义务。重要的是要注意，此类违约事件不适用于任何未能付款或交付以及某些其他义务（例如，交付某些特定信息）的情况，因为此类情况在其他地方将有不同的处理方式。

如果一方拒绝或质疑 ISDA 主协议，确认书或任何交易的有效性，则也可能发生本节所述的违约事件。如果有一方已经明确表示不愿意履行其合同义务，但是这一方还没有实际上拒绝执行合同上的义务，主协议给予另一方权利终止该交易合同。

3. 信用支持违约

如果一方依据 ISDA 主协议所承担的义务得到外部信贷支持或担保，假如该支持单位或是担保机构出现特殊情况，不能再继续支持，在这种情形下，这一方可以终止合同。

（二）终止事件

与违约事件不同，终止事件旨在发生在双方均无过错的事件。因此，受事件影响的各方称为“受影响的各方”。在事件阻止或阻碍双方履行其各自义务的情况下,双方都有可能成为受影响的一方。否则,在只有一方受影响的情况下,另一方称为“不受影响的一方”。

终止事件也可能仅影响某些事务。这些被称为“受影响的交易”。例如,一方根据某种特定类型的交易继续付款可能是非法的。在这种情况下,各方可以确定仅这些类型的交易将被终止,而其他交易将被维护。

ISDA 主协议包含五个标准终止事件,但也允许各方指定其他附加终止事件。

1. 违法

如果根据适用法律,当事一方在某笔交易不能合法地进行付款或收取付款,或对该交易违反 ISDA 主协议的任何重大规定,这将导致终止事件发生。其他情形包括担保单位违法,不能再履行担保责任,终止事件也会发生。

重要的是,合同对于各类终止事件需要有预期。例如,星期日银行关门,因此邀请银行星期日支付将会是违法的。

2. 不可抗力

不可抗力所涵盖的内容不包括合同方违法行为,但仍会阻碍或阻止 ISDA 主协议中的行为。例如,恐怖主义行为或自然灾害。与违法一样,合同需求预期这些事情可能会发生。

3. 合并中的税务事件和税务事件

适用于因法律变更(在 ISDA 主协议中定义为“税收事件”)或由于一方合并而导致交易需承担额外税收负担的情况,前提是该合并不构成合并,不承担违约责任(在 ISDA 主协议中定义为“合并时发生的税收事件”)。

4. 合并后的信用事件

适用于当事方要进行合并、收购或资本重组,且由此产生的实体的信誉严重恶化的情况。

5. 合并后信用事件的示例

银行 A 和银行 B 签订了 ISDA 主协议。在签订 ISDA 主协议之日,银行 B 的信用等级为 AAA(见图 7-2)。

银行 B 随后与另一个实体合并。产生的实体新银行 B 被授予 BBB 信用等级。

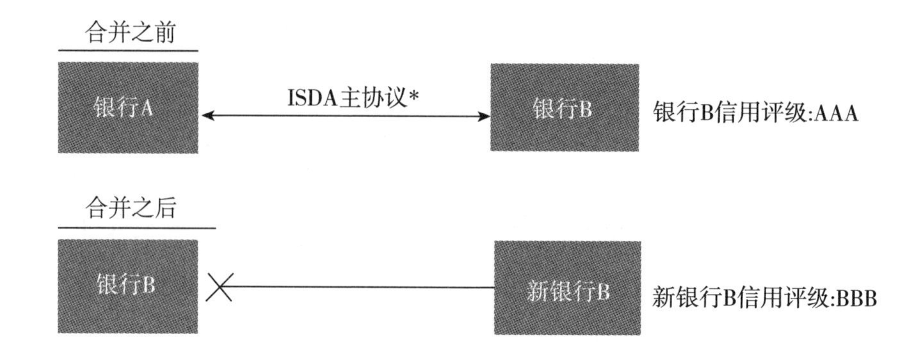

图 7-2 银行 B 与银行 A 签订 ISDA 主协议前后的信用等级

由于从信用角度来看，新银行 B 的实力明显弱于前银行 B，因此，银行 A 有权根据 ISDA 主协议要求终止交易。

6. 其他终止事件

合同双方可以指定其他终止事件以及发生这些事件的时候哪一方可以终止交易。常见的其他终止事件包括实体信用等级的降低或基金交易对手的资产净值在特定时期内降低特定值。

（三）事件发生

如果发生任何违约事件或终止事件，这不一定意味着交易一定会因此终止。

在某些有限的例外情况下，一旦发生违约或未受影响的当事方发出违约或终止事件的通知，则违约事件和终止事件仅会导致终止 ISDA 主协议（或 ISDA 主协议下的某些交易）。

但是在许多情况下，即使发生违约事件，当事人也可能不希望结束协议。例如，如果平仓最终将导致其不得不向违约方支付一笔可观的款项，那么非违约方可能不会倾向于行使其终止权。

终止合同有的时候会非常复杂，并且和时间和应用有关。在一般情况下，仅在某些附加步骤和（或）经过指定的时间段后，这些事件的发生才构成违约事件或终止事件。

1. 宽限期

某些违约事件仅在指定的宽限期（Grace Periods）过去后才发生。因此，宽限期为当事方提供了机会来纠正可能导致违约事件的问题。

确定特定事件发生后宽限期的持续时间可能并不总一件容易的事。某些宽限期使用日历天来确定其持续时间。其他时间则是根据当事方所在的相关司法管辖区的商业银行营业日确定(在 ISDA 主协议中定义为“本地营业日”)。

适用于某些违约事件的宽限期也可能包含在其他文档中。例如,在考虑是否发生信贷支持违约时,有必要查看相关信贷支持文档的条款,以确认是否有任何宽限期可能适用于履行相关义务。

某些终止事件(例如,非法性)只有在确认书或 ISDA 主协议中指定的任何适用的后备或补救措施生效后才能发生。这意味着,在被允许终止 ISDA 主协议(或该协议下的某些交易)之前,可能需要各方证明其已采取所有合理步骤来减轻或治愈事件的影响。

例如,银行 A 和银行 B 已进行交易,交易条款要求银行 B 在星期一向银行 A 付款。银行 B 无法付款。这可能构成违约事件。ISDA 主协议提供了一个本地工作日的宽限期,才可以实际发生拖欠付款的事件。

第二天(星期二),银行 A 向银行 B 发出未付款通知。星期三是银行 B 所在辖区的公共假日,商业银行不对一般业务开放。因此,在确定是否已过一个本地工作日宽限期时,将忽略星期三(见图 7-3)。

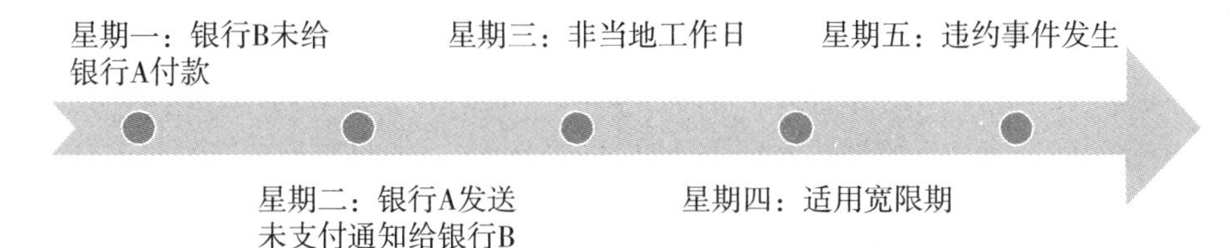

图 7-3　宽限期示例

第二天(星期四)是当地工作日,因此宽限期适用。在星期五,并且假设尚未纠正付款失败的情况,就会发生违约事件。

2. 指定实体

某些违约和终止事件(指定交易中的违约、交叉违约、合并时的破产和信用事件)可能会扩大范围,以捕获某些指定的“指定实体”。

指定的实体通常是同一业务组内的关联公司或实体,其情况可能会影响该方的信誉或继续履行 ISDA 主协议规定的义务的能力。

例如,银行 A 和银行 B 签订了 ISDA 主协议,银行 B 集团公司拥有银行 B 股本的 100%。因此,银行 A 坚持认为,出于破产目的,银行 B 集团公司在 ISDA 主协议中被指定为银行 B 的指定实体。

银行 B 集团公司随后破产。尽管事实上 B 银行可能继续履行 ISDA 主协议中规定的义务,但由于B银行指定实体的破产,现在可能会发生违约事件(见图7-4)。

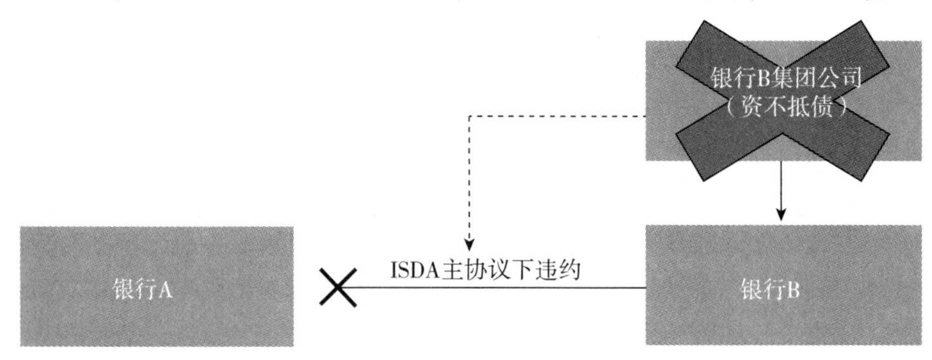

图7-4 指定实体的示例

3. 信用支持提供者

大多数违约事件和终止事件也适用,并且可以扩展到信贷支持提供商。信用支持提供者是ISDA主协议中指定为任何一方提供某种形式的信用支持(如担保)的任何一方。

4. 自动提前终止

各方可以在ISDA主协议的时间表中指定自动提前终止。如果是这样,并且在发生违约破产事件所预期的某些事件时,根据ISDA主协议进行的交易将自动终止,而无须发出通知。

(四)事件层次

有时,可能同时发生多个事件。通常,各方可以通过在通知中进行说明来选择希望终止ISDA主协议的理由。

但是,在某些情况下,如果导致违约事件的情况也构成违法或不可抗力,则可能不会发生违约事件。

(五)技术开发人员的注意事项

技术开发人员必须了解根据ISDA主协议可能发生的事件的类型、发生的方式和时间以及任何事件的发生如何影响其产品、平台,这一点很重要。

如果系统或解决方案旨在监视和确定可能导致违约事件或终止事件的发生,则应考虑基础事件的复杂性。例如,某些技术解决方案可能会使用预言机或其他外部数据源来确定是否发生了特定事件。通过使用预言机监视某些类型的外部活动或数据可能相对简单,而仅通过使用外部数据源来评估其他类型的事件可能更加困难或效率低下。例如,开发一种系统以不断监控是否已针对当地管辖权内的特定实体提起破产程序的效率不高。

这些事件发生之前必须满足的要求进一步增加了复杂性。必须考虑监视适用的宽限期,其各自的持续时间以及确定其精确参数和范围的各种外部因素。

重要的是,发生违约或终止事件并不意味着 ISDA 主协议或根据 ISDA 主协议进行的交易将自动终止。一般而言,合同方有权决定是不是要终止该协议。合同可能决定要求对方继续履行合同上的条款,或者单方面决定中止执行,这是一项重要且可能有价值的权利。

应考虑智能衍生品合同的当事人(旨在自动执行交易中的付款或交割)是否有权提前"关闭"智能衍生品合同的自动化部分,该行为是否合适,各方认为,这种情况下很可能会很快发生违约事件。

另外,链下(或是)链外行为也需要考虑。例如,智能合约是否愿意接受链外交易?如果合同双方愿意接受链外交易,这链外交易如何回答链上,因为这时候链上没有链外交易的记录。这些都是必须要考虑的问题。(注:这是违反智能合约三大原则的。因此在一般情形下,这样的交易不能回到区块链系统上。)

技术解决方案的参与还需要考虑现有的违约事件和终止事件如何与技术的运行进行交互。例如,当事方可能希望考虑是否可以将某些违约事件或终止事件扩展至涵盖平台提供商(或平台的任何参与者)的破产,或解决将某些特定业务自动化成为非法的情况。

开发者应该考虑使用新技术解决方案可能导致的新类型事件(以及这些事件的潜在后果)。例如,确保适当处理来自代码操作的任何"新"事件(例如,编码错误、病毒或网络攻击)都是很重要的。

四、讨论

ISDA 对智能合约最大的贡献在于其给经常金融交易的用词加上定义。这些定义现在在纸质合同上面也有,但是在智能合约上定义需要更严谨。因为纸质合同不需要自动执行。一旦要自动执行,定义上模糊的地方都可能导致严重后果,因此定义需要更严谨。本书只讨论 ISDA 其中一个建议。

ISDA 带来一个非常明显的信息,就是智能合约最大的工作恐怕不是在合同模板,也不是翻译合同模板到代码,而是后面的支持基础设施系统,而且许多单位需要上链。

智能合约的基础设施如图 7-5 所示,左边是参与单位,包括银行、保险公司、交易所、金融机构、公证处、监管单位，CSD（中央证券托管系统），还可能包括工商局和国税局。中间是智能合约基础设施，右边是合同当事人或是单位。在中间基础设施，本书只介绍事件，而且是部分事件。

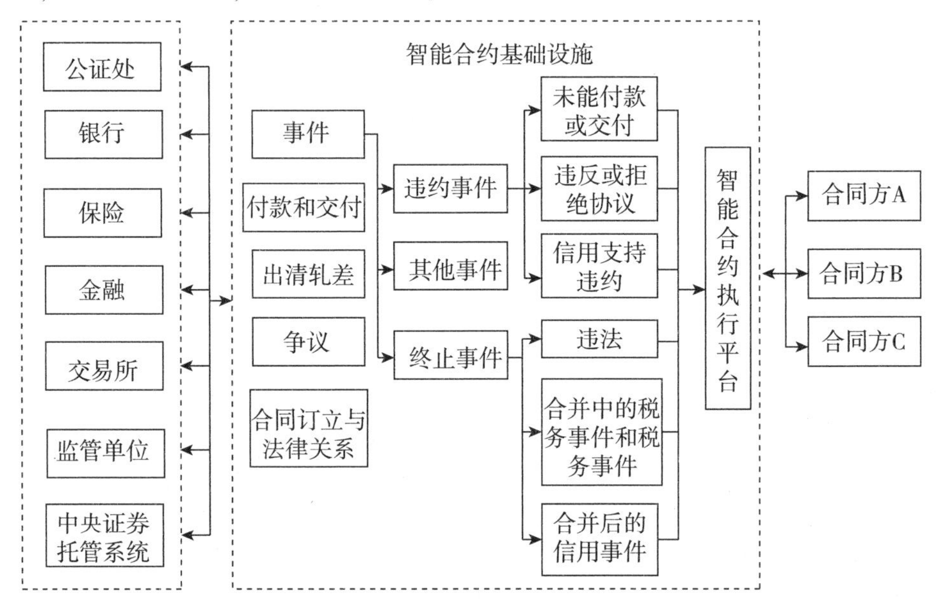

图 7-5 根据 ISDA 主协议的智能合约基础设施

这样的系统已经超越现在世界大多数机构提出的基于智能合约或是区块链的金融交易系统。传统区块链系统重视加密算法和共识机制，传统智能合约系统重视合同模板、代码开发、模型和代码验证和预言机工作，这里提出的系统重视整体金融交易基础设施。在这基础设施上，多个区块链系统和多个智能合约系统都可以在同一的基础设施上运行和交互。例如，一个金融机构出现新事件，该事件要经过基础设施传送到其他单位，包括在这些单位运行的区块链和智能合约系统。其他单位也可以是监管单位。而且，同一件事件在这些区块链系统或是智能合约系统都代表同样信息，不能被更改。

ISDA 主协议理论认为，一件事件是一个可以记录的历史证据，必须经过验证后才能成立。这是预言机的工作，而预言机也使用区块链来保证数据正确性、完整性、一致性、不可篡改性。预言机对以信息来源必须验证，如使用加密技术来验证来源的身份证，包括从银行、金融机构、CSD 来的信息。这样才能保证信息的正确性。

当一件事件发生在系统确定后，就会引起智能合约的执行，执行后必定会产生一定结果，而这些结果又需要回到银行、保险、金融机构、交易所和监管单位以及合同当事人。

整个流程都需要实时记录在相关的区块链上，这样才能保证证据的完整性。而每个事件都需要记录，事件发生时间和地点（如某个银行）、时间消息来源依据、事件相关的智能合约身份证、当事人信息。

另外，系统不会是传统事件驱动架构，例如，观察者架构或是 Kafka 系统架构。传统事件驱动架构以事件为主，参与单位可以选择加入当观察者接收信息。这里会使用区块链，信息需要的单位共享数据。

这里 ISDA 给了智能合约重要的信息：金融交易合同比一般合同复杂，因为参与单位和信息非常大量；智能合约的工作不只是建立可计算的合同模板，而是建立一个基础设施，这些设施包括区块链、预言机、信息决策系统、智能合约。这信息决策系统接受许多从外面来的信息，经过处理后，才能将信息定位于一些特殊合同的事件上。

本章补充思考

问题一：您认为，较之英国法律界，ISDA 对于智能合约的态度是更积极还是更消极？背后原因是否与其行业立场有关？

问题二：ISDA 对于智能合约的适用，对于智能合约与传统合约的矛盾，形成了积极性突破还是消极性回避？您认为，ISDA 的实践经验对于我国智能合约的应用前景具有何种指导意义？

问题三：ISDA 主要是定义基于智能合约的衍生品交易机制，但是没有提供智能合约系统和区块链系统细节，但是这是假设每个链都提供同样的服务，而且系统不会出错。您认为这会不会影响 ISDA 的工作？如果会，如何解决这些问题？

第三部分

创新智能合约基础设施，提升法律执行效率

这部分主要介绍计算机部分的智能合约。传统上,这是链上代码的主要工作。但是由于本书注重基于法律的智能合约,以至于一些传统智能合约的材料没有放进来。

第八章主要介绍李嘉图合约。李嘉图合约是传统“智能合约”,虽然他们没有使用智能合约这一名词,但是李嘉图合约的思想却是影响深远的,可以算是开启“可计算的合约”的鼻祖,对于理解现在的智能合约有着非常重要的启示。

第九章主要介绍雅阁项目。这个项目的核心人员更多的是传统的法律专家,但是它却为智能合约开发了开源的框架,这对于智能合约的大范围应用以及成本的降低都有着非常重要的意义。

第十章主要介绍 LSP 工作组的相关工作内容,他们在法言法语的设计、模型的设计以及工具的开发等方面也取得了很多重要的突破,尤其是斯坦福大学团队的 CodeX 项目,里面引用许多法律科技的项目、论文、工具,有很大的借鉴价值。

第十一章主要介绍比格犬模型。这模型的重要特性包括领域工程、全生命周期的验证(包括模型验证、代码验证,运行时的监测),由于在合同模板已经经历领域验证,特定合同的开发困难度以及以后可能出现的法律纠纷可能性都大大减少。在法院,挑战一个标准化的合同不是很容易的工作,因为一个标准化的合同以及其代码可能已经经历千百人长久多次独立的验证。

第十二章主要介绍预言机,预言机是区块链三大组成部分(另外是智能合约平台)。一些“区块链”系统只有三大组成部分的两部。笔者认为预言机还需要大量的研究工作,而且这系统自己就是完整系统。一个预言机可以独立出来和多个智能合约平台合作提供数据。而一个预言机系统内部也可以使用区块链和智能合约。

第八章

李嘉图合约开启“可计算的合约”

尽管李嘉图合约对于区块链界来说是新事物,其实这个计划已经有25年的历史,其开发的时间和智能合约非常接近(相差一年),都是在区块链世界来临以前,而且理念和智能合约非常相近,但是路线不同。李嘉图合约这个名字没有出现在如今区块链热潮的一个重要原因是以太坊没有使用这个名词。事实上,在概念的发展上,李嘉图合约的概念比智能合约好许多,但是智能合约这个“错误的”名词因为名词响亮,被流传下来。

李嘉图合约最初在1995年作为里卡多支付系统的一部分引入的。伊恩·格里格(见图8-1)是这种新型法律文件的“幕后黑手”,被认为是金融密码术的先驱之一。有趣的是,当他开发李嘉图合约时还在上学。这就是为什么人们也称为伊恩·格里格—李嘉图合约。

图8-1 伊恩·格里格

他于1998年发表了介绍李嘉图合约的详细内容的论文,标题为《七层金融密码学》。在他发表的论文中,他用以下词语定义了李嘉图合约:

“定义了两个或多个对等方之间交互作用的条款和条件的数字合约,该合约经密码签名和验证。重要的是,它既是人类可读的,也是机器可读的,并且经过数字签名。”

李嘉图合约试图成为一个法律合约(如今该概念也已成为区块链的一部分)。按照它的定义:“这是一种数字文档形式,可作为协议双方就互动的条款和条件达成的协议。”使它与众不同的是经过密码签名和验证,即使是数字文档,它也以易于阅读的文本形式提供,使人们(不仅律师)也易于理解。它是唯一的法律协议或文档,可同时供计算机程序和人类阅读。

简言之,它有两个部分或者说有两个目的。首先,它是两方或更多方之间易于理解的法律合约。不仅律师,普通大众也可以阅读并理解合约的核心条款。其次,它也是机器可读的合约。借助区块链平台,这些合约现在可以轻松地进行哈希处理,签名并可以保存在区块链上。

总而言之,李嘉图合约将法律合约与技术合并在一起,如图8-2所示。它们在网络上执行动作之前将各方约束为法律协议。

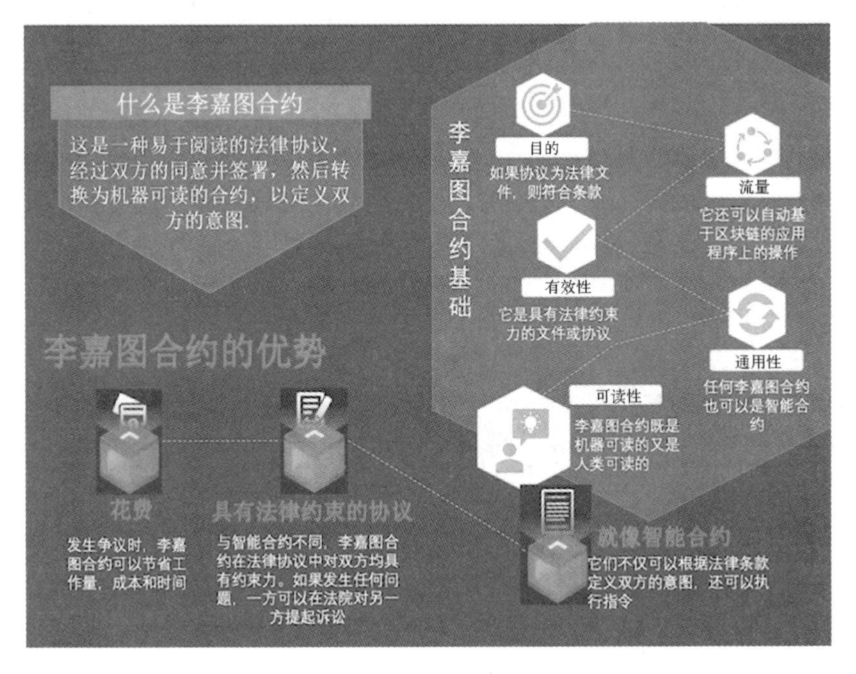

图8-2 李嘉图合约介绍

一、原始李嘉图合约与原始智能合约的异同

萨博提的原始智能合约定义和原始李嘉图合约都没有使用区块链。原因很简单,当时还没有区块链技术,他们无法使用。但是,今天讨论智能合约或是李嘉图合约的时候,大家都假设他们运行在区块链上。因此,今天讨论的智能合约和李嘉图合约和原来的定义有差距。为了分辨,如果讨论原来定义的智能合约,称为“原始智能合约”,同样地,称原来定义的李嘉图合约为“原始李嘉图合约”。如果没有特殊说明,它们就是运行在区块链系统的智能合约。

原始智能合约就是代码执行合同上的条款。第一个核心区别是,原始智能合约的问题在于其不是具有法律约束力的协议,这就是为什么如果发生问题,很难在法庭上证明针对欺诈或诈骗的案件,因为它不是具有法律约束力的协议。第二个核心区别是,对于人类而言,它可能不是可读的。它只是一个代码,但是人和机器都可以读取李嘉图合约。

李嘉图合约记录多方之间的协议,而智能合约执行协议中定义为操作的内容。李嘉图合约模板如图 8-3 所示,其中,李嘉图合约的核心特征包括:(1)有可打印形式和人类可解析形式;(2)可在清单方面等同于所有形式的程序进行解析;(3)由发行人和双方签署;(4)所有形式(显示、打印、解析)都明显等效;(5)由发行人签名;(6)单个文档中的所有相关信息,包括签名和当事人,这与上述明显等同的特征一起,形成了一个合约规则;(7)代表法律合约;(8)可以安全地进行标识,在这种情况下,安全性意味着试图破坏参考文献与合约之间联系的任何尝试都是不切实际的;(9)有财务能力的公钥基础设施(Public key infrastructure, PKI),例如 OpenPGP[1]的支持;(10)可扩展,可以解释债券、股份、忠诚度等;(11)识别合法发行人(合约签署人);(12)标识发行服务器(合约账户);(13)法律发行人或其他方无法更改;(14)支持内容验证;(15)无许可,合约可以由任何人创建和使用,而无须在受控空间中进行分配。

李嘉图合约也是可编程的,合法合约的任何内容以及可以用于执行事件或动作的指令,都可以成为李嘉图合约的一部分。

此外,该协议可能包含的重要部分包括:(1)参与方:涉及多少方?缔约双方是谁?他们的代表是谁?(2)时间要素:合约的效力是什么?它在有限的时间内适用

[1] OpenPGP 是以电子邮件加密的标准,可以参考 openpgp. org 网站。

还是永远适用?它在时间上如何定义?例如,需要在三个月内达成交易,否则合约将无效。(3)为不同的可能性增加例外:例如,当一方死亡时会发生什么?或类似的例外。(4)条件:可以根据需要添加任意条件。

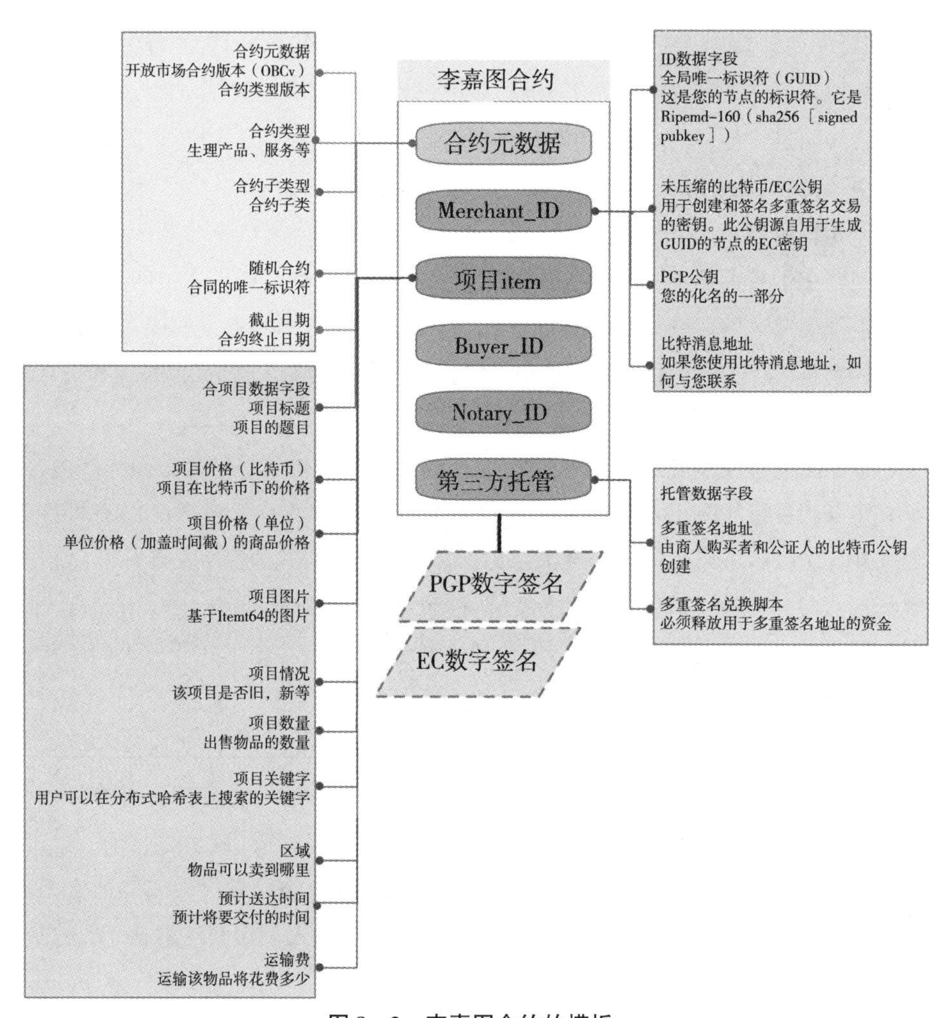

图8-3 李嘉图合约的模板

便于读者理解智能合约与李嘉图合约的区别,两者的比较,如表8-1所示。

表 8－1　智能合约与李嘉图合约的比较

	智能合约	李嘉图合约
目的	执行协议条款	将协议条款记录为法律文件
有效性	不一定是具有法律约束力的文件	是具有法律约束力的文件或协议
多功能性	不能是李嘉图合约	可以是智能合约，但是不一定使用智能合约
可读性	智能合约是机器可读的，但不一定是人类可读的	既可机读也可人读

分析

区块链本质上是分布式数据库（并非有些人认为的网络操作系统），因为区块链注重数据，其提供可靠的数据。而智能合约却是看重流程和作业，但是却放置于区块链上运行。这就出现一个重要概念，也就是本书提到的智能合约三大原则（智能合约数据来自区块链、计算结果在区块链上有共识、计算结果放在区块链上）。而这个概念的重要思想就是以区块链上的数据来规范智能合约的行为。

而原始智能合约定义，这些代码并没有运行在区块链上，因此，有可能智能合约代码完全正确，但是计算结果错误，因为数据是不正确的。

原始智能合约和以太坊的智能合约，都停留在底层代码层面上。虽然公开宣称是智能“合约”，其实没有考虑法律的合同需求。例如，连签名和公证都没有，何谈法律效力？

而原始李嘉图合约的做法，正好相反，如表 8－2 所示。原始李嘉图合约以法律观点出发，使用法律术语。使用国外法学界的模板方式来表述可以计算的合同。李嘉图合约实现了合约的加密、签名以及对合约的共识机制。李嘉图合约可以嵌入法律条款，机器可读，也可以像普通文本书件一样可读，以便律师和签约方可以方便地阅读合约，进行法律协商。

区块链的来临无疑为李嘉图合约创建了一个开发平台，且合约涉及的见证人、买卖双方、金融机构、监管部门等均需作为链上用户区实现合约。但其仅作为理论构架，并未落地实现，犹如空中楼阁。

表 8－2　智能合约及李嘉图合约发展对比

	平台	备注
原始的智能合约	没有指定	主要考虑代码层面的事
以太坊智能合约	以太坊（或是其他区块链）	主要考虑代码层面的事，但是这次在链上运行

续表

	平台	备注
改进的智能合约	有区块链系统但是结合监管单位、金融机构	全盘考虑包括法律、模型、代码、执行、平台、生态
原始的李嘉图合约	没有指定	考虑传统合同要素例如签名、公证、法律言语
改进的李嘉图合约	有区块链系统(而且还可以连接监管单位、金融机构)	可以全盘考虑包括法律、模型、代码、执行、平台、生态

李嘉图合约具有以下特色及问题:(1)提出一个合约模板并把一些合约中重要的要素囊括其中,模板简洁方便;(2)现在为止,对于李嘉图合约的法律意义,很多国家还没有认可,现在仅是一个计划;(3)落地不深,没考虑应用于区块链这一平台(分布式数据库)。

下一步的目标是提出一种新的数字合同的概念,其实现有以下四个要素:(1)区块链这一分布式数据库平台。(2)合约代码化,成为一个链上的自动化应用。(3)嵌入法律条文,检验合约的合法性。(4)上链数据要先用过预言机的处理。

基于以上四点,将来可实现数字法务、数字法庭、数字仲裁。这样的数字合同将会创造出"依法治理链"的社会环境。

二、作业流程

李嘉图合约是两方之间易于理解的法律合约,可以在法院使用本协议,因为其在法律协议中约束双方当事人。但也可能需要律师创建实际的法律协议,双方才能阅读、理解、同意并签署该文件。只有在此之后,才能进行数字化或哈希处理,以便软件可以在区块链平台上运行。

为了使法律合约有效,发行人可以创建法律框架。双方或持有人均需填写该法律框架并通过签字同意。

李嘉图合约是一种智能合约,或使用智能合约中使用的代码。其同样也是实时合约,可以在事件执行后更改。例如,在涉及双方买卖汽车的合约情况下,一个条款可能涉及与可以确认卖方是不是车辆实际所有者的行政机关联系,获得信息后,可以将其添加到李嘉图合约中,以创建合约的新版本。

李嘉图合约执行不同的事件,并根据每个事件的结果走向逻辑结论。

在引用哈希过程中,合约准备好后,将进行数字签名,并同意合约引用该合约的哈希值。例如,如果根据协议进行金融交易,则该交易将与付款方一起应用于该合约的哈希。

另外,李嘉图合约还使用隐藏签名使过程更安全。合约的签署通过私钥进行。之后,使用协议的哈希值将隐藏的签名附加到合约上。

三、李嘉图合约案例

李嘉图合约的主要示例之一是 OpenBazaar。顾名思义,这是一个开放的在线市场,大家可以在这里买卖任何东西。当前,当双方交换货物作为跟踪双方责任的主要工具时,此平台使用李嘉图合约。

只要有两方在平台上进行交换,它就会创建一个李嘉图合约。其跟踪多方同意的法律合约的合法性,并签署进一步的协议。

这使平台对用户而言非常安全。因为如果发生诈骗或违反合约的情况,一方可以拥有法律文件并在法庭上出示。

这就是为什么李嘉图合约可以在电子商务行业中得到广泛使用,因为其为用户增加了另一层安全性。

(一)命名空间

李嘉图合约由规范哈希标识。该哈希产生一个安全的分布式名称空间。在 Zooko 的 Triangle 框架中,这使李嘉图合约名称空间成为 Type3(该系统内的 SOX-nyms 也是 Type3)。

但是,每个名称都是人类无法理解的,因此,客户端软件包括将名称附加到每个合约或从合约中获取标准名称的功能。这会将客户带入 Zooko 三角形的 Type4(服务器软件没有与人交谈的功能)。WebFunds - 3G 和基于 XML 的客户端可能具有源自合约本身的固定名称系统。Lucaya 在其命名管理中添加了昵称。

(二)条款

在李嘉图世界中,有几个术语经常互换使用:

(1)项目(item):是一个 SOX 值标识符(字节数组),字面意思是用于标识值类型的 SOX 付款或 SOX 子账户中的字段。就 SOX 协议而言,这可以是任何东西。就实现而言,它必须是李嘉图合约标识符。

(2)合约(contract):是李嘉图合约。WebFunds 假定所有价值,无论价值管理者如何,均由李嘉图合约标识。因此,如果要添加一种独特的价值形式,例如,智能卡货币,就可能必须编写一些合约包装,以使 WebFunds 对其假设满意。

在一般合约中,可以讨论特定的广义合约类别包括:货币—钱;股份—所有权的一部分;债券—借款人欠持有人的固定收益流;其他—描述从会计意义上不可数的合约。

这些是通过扩展类实现的。通常,在需要合约的情况下使用货币,因为当前合约对货币的设想比其他潜在合约要多。

(3)工具(tool):是金融交易的李嘉图合约,而不是未交易的合约或交易范围之外的合约。

因此,给定的李嘉图合约可能被称为工具、合约和项目。

(三)作为签名文件

李嘉图合约使用公共密钥签名以及安全消息摘要。两者都是数字签名的工具,这是一个重要的设计,哈希在技术中提供了更多的保护功能,而公钥签名则提供了更多的描述意图。

关于公钥签名功效性的争论仍在持续中。李嘉图合约显示了如何在固定的长期可靠文件的狭窄范围内进行操作。这些技术未必可以扩展到应用 digsigs 的更广泛领域,但是笔者认为这样的目标无论如何都是徒劳的。因此,李嘉图合约通过专注于实际的本地和狭窄要求并避免了所有过分的炒作,为如何正确进行数字签名提供了一个完美的案例研究。

李嘉图合约分为以下几个部分:

(1)合约中的开放文本标识了作为签章的发行人;

(2)包含发行者的签名公共密钥;

(3)包括发行人的顶级密钥,该密钥用于签署签名密钥;

(4)合约以明文形式签署。

(四)认证与授权

李嘉图合约是使用密码技术进行授权和身份验证的内部完整解决方案,但它们并不依赖或以任何形式使用经典的 PKI 想法或证书颁发机构,其原因有多种:

(1)金融合约就其性质而言,不能受限于等级或许可结构;

(2)PKI 和(或)CA 在此特定应用程序中不会增加任何价值;

(3)传统的签名包过于昂贵,无法维护,保护和修改。x.509(一个公钥证书的格式标准)特别值得一提的是,它对于维持收缩的奖励非常昂贵。与 x.509 相比,OpenPGP 的签名形式在软件和管理方面更具灵活性和成本效益,但是自定义库甚至更便宜,并且可以以现代面向对象(Object-Oriented OO)术语进行建模,并且可以更轻松地集成到协议中。

- CryptixPGP－1996 年至 1997 年。
- x. 509,加上明文签名－1998 年至 1999 年。
- CryptixOpenPGP－1999 年至 2011 年。
- 里卡多 SKF－2012 年以后。

肯尼亚采取了实质性步骤,以重塑李嘉图合约,以对人使用更分层的签名模型。但是,使用的模型是 CAcert. org 保证和本地储蓄小组的混合体 。

(五)通用协议

通用协议(CommonAccord)是 JamesHazard 和 PrimaveradeFilippi 的一个项目,目的是“创建与法律合约集成的全球法律法规编纂模板系统 ”。正如 Primaverade-Filippi 在“加密账本交易的法律框架 ”中所写的那样,基本合法合约要素为李嘉图形式,每个要素都与智能合约要素匹配,然后将两对组合成更广泛的联系。该项目在 2016 年 The DAO 事件后提出,立刻得到世界的关注,当时世界许多学者都在关注如何使智能合约系统有法律效力,它开启了世界许多智能合约项目,除了通用协议外,还有美国 CFTC 的研究,雅阁项目等。

(六)OpenBazaar

这个称为 OpenBazaar 的比特币时代系统扩展了李嘉图合约的更为静态的概念,并创建了用于形成交易的出价和要约协议:

OpenBazaar 使用李嘉图合约在分布式的假名市场中管理贸易和仲裁。李嘉图合约使买卖双方之间的防篡改和经过身份验证的共识可以很容易地由签约方和外部第三方进行审核。

他们选择 JSON 来表达合约内容。他们创造了一系列嵌入式合约,让人联想到俄罗斯套娃。该架构是笔者在其他地方借用并注释的以及来自 drwasho 的有关李嘉图合约如何与其身份和信誉系统相关的描述:

OpenBazaar 充当签约方之间交易或交易流的分类账。带有完整且经过数字签名的合约执行记录的李嘉图合约的最终版本称为贸易收据。合约中的数据是使用参与者的 GUID 密钥签名的。

(七)法律关系

李嘉图合同的作用是捕获缔约方之间的合同关系,以帮助之后程序执行该合同。以合同形式记录发行人向持有人的要约。要约由要约人以该格式进行数字签名,通常使用诸如 OpenPGP 提供的纯文本数字签名。合同的接受通常通过签署或同意涉及该合同的哈希值的交易来形成。在高性能支付系统的背景下,安全支付将引用要支付的工具。在智能合约系统中,将通过操作合约的代码以向前移动协议状态来执行接受。

四、总结

笔者认为,评估一个理论,最重要的依据是该理论的影响力。如果以这种方式评估,伊恩·格里格在李嘉图合约的贡献远远大过萨博在智能合约上的贡献。他们的文章有同一共性,就是都没有被SCI期刊接受。他们文章的理论明显的都是早期工作,可是在当今高度竞争环境下,任何早期的工作很难被期刊接受。原因非常简单,这些文章思想太过前沿,而且里面提出的概念还没有做出来。特别是伊恩·格里格在开发李嘉图合约的时候还是在校学生,期刊编辑不会轻易接受这种早期而且还没有被证实的学生论文。有些编辑会等到世界接受这些新理论观点后,才让这些新理论的文章发表。

虽然这些文章都不是SCI期刊论文,但是他们却开启了智能合约这一领域。但是还是要感谢以太坊,若不是以太坊的布特林坚持使用"智能合约"这一名词(虽然笔者在2015年提醒他这一名词不正确),智能合约的概念恐怕还要等一段时间后才能走上世界的舞台。在2018年布特林承认后悔使用"智能合约"这名词,但是这已经太迟了,"智能合约"这名词已经进入金融界、法律界和学术界,得到人们的关注。也是在2018年这一年,美国CFTC公开承认智能合约可以有法律效力,可以使用在金融市场(特别是金融衍生品市场),而且可以成为监管利器。

萨博的智能合约概念事实上是一个观察或是看法,没有实际的设计,文章里面提出的智能合约案例(EDI),在2019年英国法律协会的报告上还被认为不可能具有法律效力,因为合约双方都没有看见EDI"合约"(代码)的内容。

但是李嘉图合约不同,伊恩·格里格提出可自动执行的合约需要从有法律效力的合同模板出发,这一概念是萨博没有的。后来智能合约的项目,包括雅阁项目(第9章)、ISDA标准(第7章)、斯坦福大学的LSP项目(第10章),实际上都是在李嘉图合约的基础上进行的。中国有世界最多的区块链专利,而许多专利都是智能合约模板。这样看来,李嘉图合约的影响是巨大的,无论国内外智能合约的工作大都是跟随他的路线在前进。

网络上一直有比较萨博智能合约和李嘉图合约概念的文章出现。这些讨论其实不是很重要。重要的是后来智能合约的发展,主要是根据李嘉图合约路线在前进,而一直使用萨博的“智能合约”这一名称。所以,在智能合约领域上,名称是萨博的贡献,而合同技术是伊恩·格里格的贡献。

伊恩·格里格后来加入R3 CEV公司,在R3 CEV公司发展Corda的智能合约系统。不幸的是,Corda这一系统不是区块链系统(这是该公司公开宣称的),而是类似区块链系统。类似区块链系统和区块链系统有差异,系统参与节点可以有不同信息,许多学者不能接受节点可以有不同信息,因此,可能会产生许多难以解决的问题。智能合约系统运行在类似区块链系统上是一个奇怪的组合。

本章补充思考

问题一:“定义了两个或多个对等方之间交互作用的条款和条件的数字合约,该合约经密码签名和验证。重要的是,它既是人类可读的,也是机器可读的,并且经过数字签名。”您是如何理解的?对于智能合约而言,您认为该定义是否涵盖了其涉及的全部外延?如果答案为否,您认为其有何种不足?如何补充这些不足?

问题二:您如何理解“人类可读”与“机器可读”的区别?

问题三:有说法认为“智能合约是从技术走向法律,李嘉图合约是从法律走向技术”,您是否认同?您认为李嘉图合约的优势和局限性在哪里?

第九章 雅阁项目为智能法律合约开发开源框架

雅阁项目在2016年由Clause公司开启，但是开源项目在2017启动。因为该项目没有绑定一个区块链系统，而且希望能和多个区块链系统交互。雅阁项目是开源项目，由多家单位和研究机构共同参与。

这一项目也是少数考虑法律效力的智能合约项目，一个重大原因是公司创始人的专业背景都是法律，包括法学老师。也由于这一原因，大部分项目讨论都集中从现在法律合同导出智能合约，例如，使用现在的合同模板，导出对应的智能合约模板，几乎是一对一对应。智能合约模板被转成代码后，然后与外界连接，就可以成为智能合约。

在美国一个简单合同也可能需要7000美元，成本太高。合同应该是价值的来源，而不应该成为负担。可计算合同可以提供当前状态信息，可以进行实时分析和查询，并可以控制和管理数字资产。

雅阁项目出发点和李嘉图合约类似，本书第一部分介绍了他们的工具。在这部分介绍他们的合约开发流程及技术。事实上，他们工具背后有强大的高科技，而这高科技就是形式化智能合约语言Ergo以及语言后面的验证系统。语言后面的形式化语言是基于Coq形式化语言，也是函数型编程语言。这样雅阁项目和本书这部分其他可计算合同项目就有了一个差距，其他项目就是有合同模板，这里有合同模板，而且合同语言是基于形式化语言。

一、雅阁项目的诞生

（一）技术极客与法律专家的结合

彼得·胡恩（Peter Hunn），毕业于英国布里斯托尔大学和剑桥大学。由基于物联网的合同初创公司 Clause 牵头的雅阁项目,于 2017 年启动,旨在制定智能合约的法律和商业标准(实质上是可以实时执行合同的计算机化合同语言),这将鼓励更广泛的行业应用。该财团包括国际合同与商业管理协会,开源区块链组织 Hyperledger和项目管理平台 Clio 的成员。

侯曼沙・达布(Houman B. Shadab)教授是在法律、商业和技术融合领域影响力的专家。他的研究重点是金融技术、智能合约、对冲基金、衍生品、商业交易和区块链。沙达布教授是商业和金融法中心主任,并担任《金融机构税务和监管杂志》主编。他经常就合规、诉讼和运营问题为公司和金融机构提供咨询,并担任多家科技初创公司的顾问委员会成员。

沙达布教授曾多次为联邦政府作证,包括在 CFTC 就比特币衍生品问题向国会就对冲基金问题作证,听证会包括乔治・索罗斯(George Soros)和对冲基金业的其他领军人物。他经常受邀在高级快速学术和执业活动中发表演讲,包括《经济学人》《斯坦福未来法律会议》《共识 2015》《SWIFT 商业论坛》和纽约州律师协会年会。

沙达布教授是发表在纽约大学立法与公共政策杂志和斯坦福法律、商业和金融杂志等期刊上的众多学术文章的作者。2015 年,他因撰写有关资产贷款的文章而荣获奥托・沃尔特杰出写作奖。

世界各地的政府当局都引用了沙达布教授的研究,包括美国证券交易委员会、特拉华州衡平法院、第 11 巡回上诉法院、美国国会监督小组和欧洲议会。

《纽约时报》《金融时报》和《华尔街日报》等众多媒体刊物都引用了沙达布教授的话,并出现在彭博电视台。他是华盛顿特区硬币中心研究员,也是纽约和加利福尼亚酒吧的成员。在进入学术界之前,沙达布教授在纽约市的 Ropes & Gray 和洛杉矶的莱瑟姆 - 沃特金斯公司执业。

(二)重要思想和合同流程

雅阁项目有三个主要思想:

(1)文本合同到可计算合同:主要目的是从静态的文本合同,以自然语言和文件为主,到动态,数字化,电子文档和证据集成的系统。电子签名仅仅是向本地数字合同迈进的开始。

(2)合同高科技:雅阁项目不只使用合同模板,而有基于形式化语言定义的合同语言,可以有形式化的证明。

(3)连接相关组织:合同和业务决策和执行操作相连接,产生合同最大价值。

系统需要和相关技术连接,例如,会计、支付、人力资源、通信、物联网,形成一个新基础设施平台。

图 9 – 1 就是它们可计算合同的例子,是个保险合同,预言机事件触发合同以及最后的合同理赔支付都可以在一个可计算合同上完成。这不同于纸质合同,当事人需要拿着合同到相关单位处理。这流程包括(从左到右):

(1)合同的讨论、制定(如条件)和创建(电子签名),参与单位保管保险公司、律师、当事人、银行、监管单位;

(2)可计算合同和预言机连接和运行,参与单位物联网、数据公司、预言机机构;

(3)预言机发觉相关事件发生,可计算合同启动,参与单位包括当事人、保险公司、预言机;

(4)相关理赔的支付交易完成,参与单位包括当事人、金融公司、支付公司、银行等。

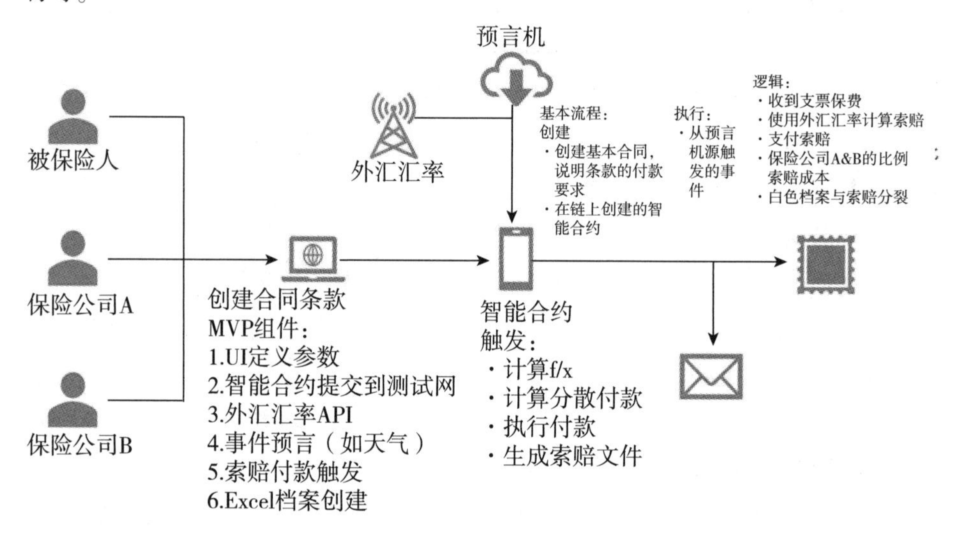

图 9 – 1 可计算保险合同示例

雅阁项目的主要研究领域有:

(1)法律逻辑和法律合同的形式化,示例包括规范逻辑(Deontic Logic);

(2)语言和编译器,示例包括领域语言(Domain-Specific Language,DSL),编译为可以计算的合同;

(3)验证智能合约,示例包括合同属性证明;

(4)法律法规文本的机器学习,示例包括在法律文本中检测智能条款。

二、雅阁项目的开发工具

合同模板 Cicero：一个用于参数化自然语言，数据模型和可计算逻辑的规范和库集。Cicero 模板可用于创建可重复使用的智能条款，允许法律条款与外界的数据进行交互，并执行自动计算。使用 Cicero 模板系统创建可重用的机器可读的自然语言协定和子句。

协奏曲建模语言 Concerto：一种轻量级且易于使用的数据模型规范，用于正式获取特定域的数据模型。

协奏曲建模语言 Concerto 工具：一组将 Concerto 模型与其他格式相互转换的工具。

合约逻辑语言 Ergo：一种非图灵功能的完整特定领域语言，用于获取法律条款的可计算逻辑以及用于 Node. js，JavaScript 和 Java 的后端编译器以及其他计划中的编译器。

（一）合同模板 Cicero

Cicero 提供了一种通用格式，用于将子句（clauses）、节（section）或整个协定结构为能够搜索、分析和执行的计算机可读对象。Cicero 模板包括：（1）定义协议变量（variables）及其格式的数据模型；（2）协议文本；（3）可选的业务逻辑，用于向文档添加可执行函数。

使用 Cicero，用户可以使用可重用的域模型和标记构建模板和协议，以定义子句、节、链接、列表、表、表达式、嵌入执行逻辑等。Cicero 还包括一个 Node. js VM，旨在轻松嵌入多种外形规格：互联网、中间件、SaaS、区块链上执行和非区块链执行。

合同语言参考例子：

> Acceptance of Delivery{{shipper}} will be deemed to have completed its delivery obligations if in {{receiver}}'s opinion, the {{deliverable}} satisfies the Acceptance Criteria|
> 如果［收货人］认为［交付方］符合验收标准，则接受交货［发货人］将被视为已完成其交付义务。

另外一个合同语言例子：

> Late Delivery and Penalty. In case of delayed delivery of Goods, {{buyer}} shall pay to {{seller}} a penalty amounting to {{penaltyPercentage}}% of the total value of the Goods for every {{penaltyDuration}} of delay. If the delay is more than {{maximumDelay}}, the Buyer is entitled to terminate this Contract.
> 延迟交付和罚款。如果货物延迟交货，［买方］应向［卖方］支付相当于［罚款百分比］的每次［罚款］每延迟［罚款］的罚款。如果延迟超过［最大延迟］，买方有权终止本合同。

模型参考例子:

```
namespace org. accordproject. minilatedeliveryandpenalty
import org. accordproject. cicero. contract. * from https://models. accordproject. org/cicero/
contract. cto
import org. accordproject. cicero. runtime. * from https://models. accordproject. org/cicero/
runtime. cto
import org. accordproject. time. * from https://models. accordproject. org/v2. 0/time. cto

/ * * Data Model for the LateDeliveryAndPenalty template. * /
asset MiniLateDeliveryClause extends AccordClause {
o AccordParty buyer // Party to the contract( buyer)
o AccordParty seller // Party to the contract( seller)
o Duration penaltyDuration // Length of time resulting in penalty
o Double penaltyPercentage // Penalty percentage
o Duration maximumDelay //Maximum delay before termination}

/ *** Defines the input data required by the template * /
transaction MiniLateDeliveryRequest extends Request {
o DateTime agreedDelivery
o DateTime deliveredAt optional
o Double goodsValue
}

/ *** Defines the output data for the template * /

transaction MiniLateDeliveryResponse extends Response {
o Double penalty
o Boolean buyerMayTerminate
}
```

逻辑参考例子:

```
namespace org. accordproject. minilatedeliveryandpenalty
import org. accordproject. time. *

contract MiniLateDelivery overMiniLateDeliveryClause {
  clause latedeliveryandpenalty ( request : MiniLateDeliveryRequest) : MiniLateDeliveryRe-
sponse {

    // Guard against calling late delivery clause too early
    let agreed = request. agreedDelivery;

    // Calculate the time difference between current date and agreed upon date
```

```
    let diff : Duration = diffDurationAs(now,agreed,'days');

    let diffRatio : Double = divideDuration(diff, durationAs(contract. penaltyDuration,
'days'));

    // Penalty formula
    let penalty = diffRatio * contract. penaltyPercentage/100.0 * request. goodsValue;

    // Return the response with the penalty and termination determination
    return MiniLateDeliveryResponse{
      penalty: penalty,
      buyerMayTerminate: diff. amount > durationAs(contract. maximumDelay, 'days').
amount
    }
  }
}
```

（二）协奏曲建模语言

协奏曲建模语言（Concerto Modeling Language，CML）定义特定领域的面向对象（object-oriented）模型使用与 JSON 或 XML 架构（注：以上均为计算机特殊语言，表达数据结构以及其他信息）、XMI（XML Meta Interchange）（注：这也是计算机的一种特殊语言，与 XML 相关）等语言，易于读取和写入的语言。

协奏曲建模语言可选使用功能强大的 VS（Visual Studio）代码加载项编辑模型，并带有语法突出显示和验证。

所有实例数据序列化（serialized）然后转成 JSON 形式，而且可以由 JSON 进行反序列（deserialized）化（并选择性验证）实例。

Concerto 元模型包含以下内容：命名空间（namespace）；进口（import）；概念（concept）；资产（assets）；参与者（participants）；交易（transactions）；枚举和枚举值（enumeration & enumeration values）；属性和元属性（properties & meta-properties）；关系（relationships）；装饰（decorators）（注：这是计算机软件技术的一个特定的架构）。

例如，“命名空间”，每个 Concerto 文件都以单个命名空间的名称开头，其中包含资产、事件、参与者和事务的基本定义。单个文件中的所有定义都属于同一命名空间。

例如，“进口”：为了使一个命名空间引用在另一个命名空间中定义的类型，必须导入这些类型。导入既可以是限定的,也可以使用通配符。

例如,“关系”是由以下成员组成的:被引用类型的命名空间;被引用类型的类型名称被引用的实例的标识符。

关系是单向的。必须解析关系才能检索被引用对象的实例。如果对象不再存在或关系中的信息无效,则解析行为可能会导致为 null。解决关系不在协奏曲的范围之内。

模型声明订单具有对 OrderLines 的引用数组。删除订单不会影响订单行。序列化订单时,只有 JSON 的订单线的 ID 存储在订单中,而不是订单线本身。CML 中的关系是由以下组成的成员:

下面这个例子中,模型上 Order(订单)引用 OrderLines(订单行)产生关系。删除订单不会影响订单行。序列化订单时,只有 JSON 的订单行的 ID 存储在订单中,而不是订单行本身。

```
asset OrderLine identified by orderLineId {
  o String orderLineId
  o String sku
}

asset Order identified by orderId {
  o String orderId
  - - > OrderLine[ ] orderlines
}
```

(三)合约逻辑语言 Ergo 的设计

Ergo 不是英文而是拉丁文(意大利语和法语都是拉丁语系),代表“所以”或是“因此”。顾名思义 Ergo 就是一个合同逻辑语言,一个重大特点是这语言后面是强大的形式化语言,编写的逻辑条款可以直接进入形式化验证。而这语言又支持合同和条款语言,所以法务人员可以很快地建立合同条款,让后经过形式化的验证证明这些条款在逻辑上是正确,然后可以翻译到不同计算机语言,如 Javascript。

但是这语言还正在开发,其目标是:(1)将合同和条款作为语言的一级元素;(2)帮助法律技术开发人员快速、安全地编写可计算的法律合同;(3)模块化,便于重用现有的契约或子句逻辑;(4)确保安全执行,语言应该防止运行时错误和非终止逻辑;(5)保持区块链中立,相同的合约逻辑可以在各种分布式账本技术的链上或链外执行;(6)正式规定,合同的含义应明确定义,以便在执行过程中得以验证和保存;(7)与雅阁项目模板规范保持一致。

Ergo 的设计原则是:

(1)合约具有类结构,其中包含类似于方法的子句;

(2)可以处理 Concerto 建模语言(所谓的 CML 模型)定义的类型(概念、事务等);

(3)这是由雅阁项目模板规范规定的;

(4)借用了强类型函数式编程语言(strongly typed functional programming language),子句具有定义良好的类型签名功能(输入和输出),它们是没有副作用的函数;

(5)编译器保证无错误地执行类型规范的 Ergo 程序;

(6)子句和函数是用表达能力有限的表达式语言编写的(它允许有条件的和有界的迭代);

(7)大多数编译器都是用 Coq 编写的,为正式规范和验证奠定基础。

Coq 是一个形式化语言,而且是一个函数式编程语言。这代表雅阁项目使用了高科技,而不是只有法律科技。函数式编程语言是没有副作用的函数式语音。

(1)形式化语言可以定义有效评估的函数或谓词(predicates);

(2)结算数学定理(mathematical theorem)和软件规范(software specification);

(3)以互动(interactive)方式开发这些定理的证明;

(4)通过相对较小的认证"内核"来机器检查这些证明;

(5)提取经过认证的程序到其他编程语言,如 Target Kam、Haskell 或 Plan。

下面是一个 Ergo 计算利息的合同语言示例:

```
## Fixed rate loan

This is a *fixed interest* loan to the amount of {{loanAmount}}
at the yearly interest rate of{{rate}}%
with a loan term of{{loanDuration}},
and monthly payments of {{% monthlyPaymentFormula(loanAmount, rate, loanDuration)
%}}
```

雅阁项目还有其他支持工具,如数字身份证、数字签名,自然语言处理和以搜索文档,在线访问合同模板以及相关的法律服务和建议、文件组装、审批工作流程、区块链系统。

三、雅阁项目合约建造流程

雅阁项目旨在从法律的角度出发,创立合同模型,定义 Ergo 语言,并将自然语言合同转化为该种语言的合同并处理,是智能合约的一个创新。雅阁项目也提出合同模板和李嘉图合约提出基于法律条款的模板类似,而雅阁提出一种语言和合同模型。但是以现在合同模板为出发点是正确的路径,也是第一步。

雅阁项目有好的出发点,系统开发也使用高科技,例如,形式化语言做建模工具。不过系统在包装上还可以进步,因为建模语言对一般法务人员似乎太难,而且多使用计算机名词,例如,VS(Visual Stadio,微软推出的编程工具)、JSON、XMI 等,其实法务人员不需要明白这些,而这些应该计划全自动化处理这些底层计算机操作。而且系统建模可以更可视化,更加模板化。现在这系统见面比较像计算机编程系统的见面。对代码工程师很方便,可是对法务人员却会有挑战。

图 9-2 是可计算合同的建造路程。这一流程事实上包括两个阶段:

阶段一,产生模板解析器:这是图 9-2 中的步骤 1 到步骤 4;

阶段二,使用产生的解析器来编译一个新合同来执行:这是图 9-2 中的步骤 5 到步骤 7。

解析器和编译器不同,编译器可以生成代码。解析器分解结构,而实际细节代码需要另外预备,而解析器可以产生高层代码来使用已经预备好的细节代码。

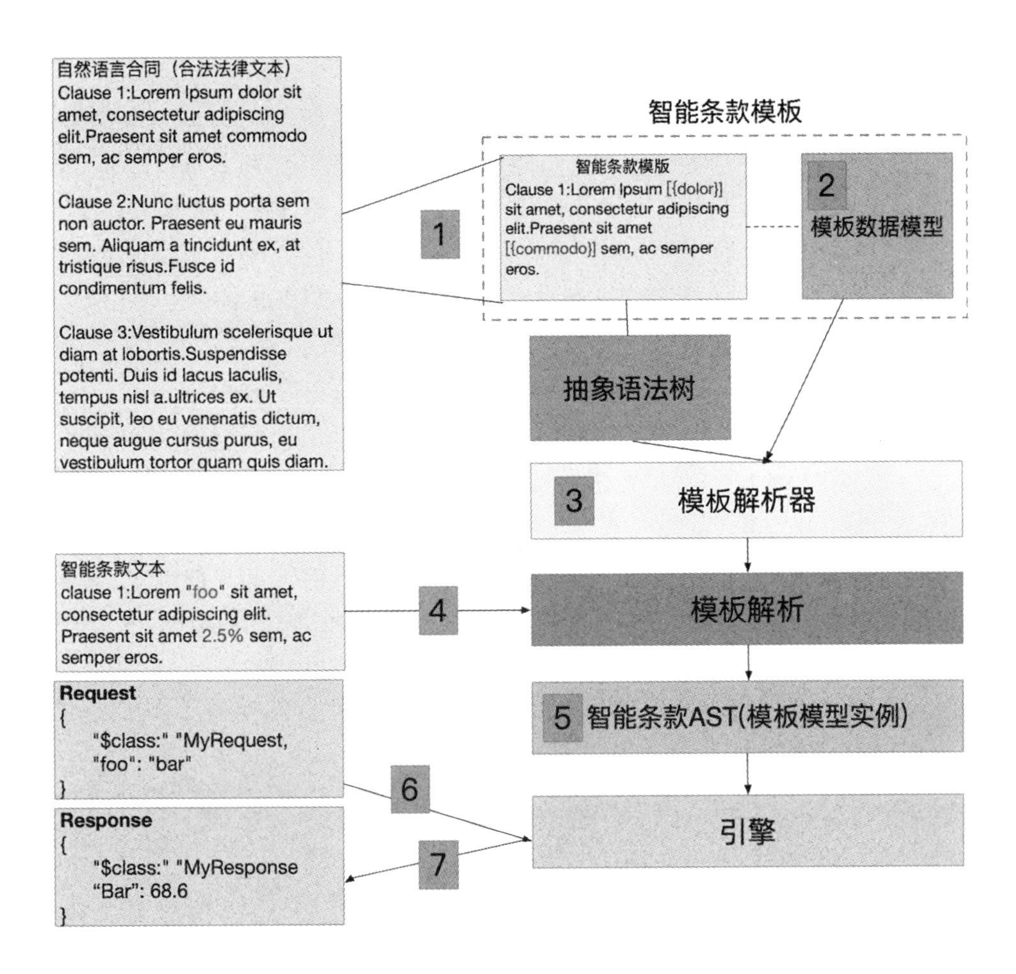

图 9－2　计算合同的建造路径

（一）步骤 1：创建智能条款模板

法律专业人士分析相关合同，来发现的常用或标准条款。适于自动执行的条款被提取到智能条款模板中。模板有两部分：（1）带注释的法律文本；（2）随附的数据模型。数据模型定义与该条款相关的资产、参与者、概念和事件。

请软件开发人员和相关法律人士一些开发软件来实现可执行的条款。如果不是很复杂，可以使用 Ergo DSL 来编写合同逻辑。

这里产生的条款模板（clause template）包括三部分材料：

（1）一些（可以被自动化）自然语言的条款；

（2）在条款里面使用的数据模型；

（3）和可执行的条款对应的代码（或是 Ergo 代码）。

(二)步骤2:产生模板数据模型

定义合同可以使用的数据,表达模板的数据变量和条款都使用定义的数据。这是更准确说其实是提出概念,而不是一个步骤。数据模型确定后,可以使用这定义的来表达条款。这样条款只可以使用已经被定义的数据,即产生模板数据模型(Template Date Model)。

另外,已经被定义的数据存在数据里,可以被其他合同模板使用,这些相关合同可以一起被使用。

(三)步骤3:产生模板解析器

在步骤2中,合同模板已经有可执行的代码,但是这些代码是在连接单独条款,合同还没有产生单一代码,还需要产生单一代码。例如,一个合同有三个条款,这合同就有3段代码以及定义的名词。

步骤3就是根据模板的定义,产生此模板的解析器。例如,可以使用超级账本Cicero开源项目来生成合同解析器。解析器生成是完全自动的,并且支持类型(types)和嵌套语法(nested grammars)的定制。

(四)步骤4:创建智能条款

现在可以将步骤3产生的模板解析器来编辑和验证智能条款文本。编辑器技术可以嵌入网页上,或作为软件及服务(Software-as-a-Service,SaaS)执行,或在集成开发环境(Integrated Development Environment,IDE)中运行。

(五)步骤5:智能条款(模板的实例)

模板解析器的输出是模板模型的实例(可以将其部署到引擎的JSON抽象语法树)。

(六)步骤6:通过请求调用引擎

该应用程序将JSON文档送到表示请求实例的引擎,这些实例本身已在数据类型模块中进行了建模。这些请求表示来自外部世界对该条款具有重要意义的事件。

(七)步骤7:执行并返回响应

引擎调用模板的业务逻辑,传入参数化数据和传入请求。引擎验证响应,然后将结果返回给客户。

一旦创建了合同模板(步骤1至步骤4),就可产生模板解析器,然后由解析器产生对应的高层代码(底层代码由工程师提供,或是有Ergo编译器产生),生成的代码就可以来执行合同(步骤5),由模板引擎执行(步骤6至步骤7)。图9-3更显示了合同实例化和执行:

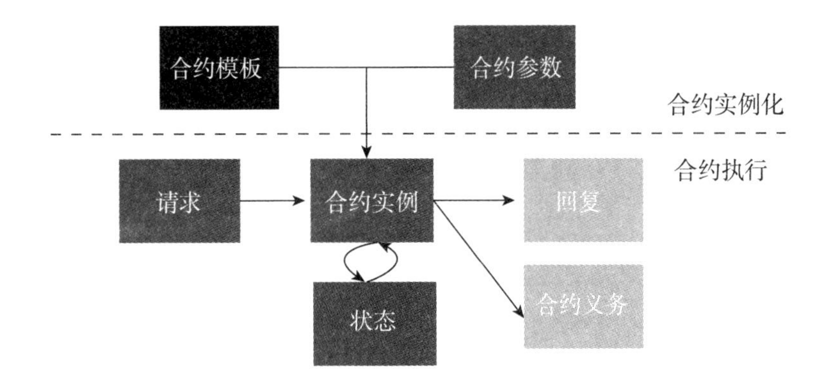

图 9－3　合约实例化和执行

四、雅阁模型合同样本

下面笔者将通过一个具体的雅阁模型合同样本进行说明，如表 9－1 所示。

表 9－1　雅阁模型合同样本

名字	描述	Cicero 版本	类型
交货验收	该条款允许收货人在交货后的给定时间内检查它们	^0.20.0	条款
租车(TR)	土耳其语的简单租车合同	^0.20.0	合同
公司注册证书	这是公司注册证书的模板	^0.20.0	合同
版权许可	本条款是版权许可协议	^0.20.0	合同
需求预测	样本需求预测条款	^0.20.0	条款
Docusign 连接	对来自 DocuSign 的事件进行计数以给定的信封状态进行连接	^0.20.0	合同
吃苹果	该条款旨在加强员工的健康饮食习惯	^0.20.0	条款
固定利息	固定利息贷款条款，每月还款	^0.20.0	条款
易碎品	本条款规定了运输中易碎包装引起的震动的处罚	^0.20.0	合同
按需全额付款	这是一项一次性的全额付款条款，可应要求提供	^0.20.0	合同
签名后全额付款	这是一次性的全额付款条款，适用于合同签订	^0.20.0	合同
分期付款	这是用于简单分期销售的条款	^0.20.0	合同
利率掉期	一个简单的 ISDA 利率掉期	^0.20.0	合同
IP 支付	本条款是知识产权协议（如商标或版权许可）的付款条款	^0.20.0	条款

续表

名字	描述	Cicero 版本	类型
延迟交货和罚款	延迟交货和罚款条款示例	^0.20.0	合同
逾期付款发票	发出付款义务的样本“延迟发票”条款	^0.20.0	合同
一次性付款(TR)	这是用土耳其语编写的全额付款签名模板	^0.20.0	合同
交货时付款	这是接受交货后的一次性付款合同	^0.20.0	合同
物联网支付	这是一个付款合同,每次按下按钮时,都会支付固定金额	^0.20.0	合同
签名付款	这是通用的付款条款,适用于需要在签字时进行一定付款的任何类型的合同	^0.20.0	合同
易腐烂物品	本条款规定了违反包装运输条件(温度和湿度)的处罚	^0.20.0	合同
本票 Md	本票	^0.20.9	合同
期票	本票	^0.20.9	合同
采购订单失败	为迟到的采购订单发放信用。通过 Docu Sign 发送的采购订单必须具有带有以下标签和验证的文本接收者标签:带有日期验证的 delivery Date,带有数字验证的 Actual Price 和没有验证的 currency Code	^0.20.0	合同
租金押金	本条款规定了如何根据检查退还租金押金	^0.20.0	合同
安全贸易协定	SAFT 合约是一种期货合约,在该合约中,某人投资一家公司以换取接收在产品推出时可能会使用的实用程序代币	^0.20.9	合同
安全	SAFTE 合同是一种期货合同,在此合同中,某人投资一家公司以换取接收产品启动时可能使用的实用程序令牌或该公司的股权	^0.20.0	合同
简单的延迟交货和罚款	延迟交付和处罚条款(简单)	^0.20.0	合同
供应协议易腐货物	如果违反了包装的运输条件(温度和湿度),则该供应协议规定了罚款	^0.20.0	合同

五、总结

雅阁项目旨在从法律的角度出发,创立合同模型,定义 Ergo 语言,并将自然语言合同转化为该种语言的合同并处理。是智能合约工作的一个创新。雅阁项目也提出了合同模板,和李嘉图合约提出的基于法律条款的模板类似,雅阁项目提出了一种语言和合同模型。但是以现在合同模板为出发点是正确的路径,也是第一步。

雅阁项目同李嘉图合约一样,主要工作在智能合约系统上,而没有和区块链一起考虑。例如,下面运行的如果不是区块链,而是类似区块链系统,这还是智能合约吗?合同计算后有共识吗?

雅阁项目有其好的出发点,系统开发也使用了高科技,例如形式化语言做建模工具。不过其系统在包装上还可以进步,因为建模语言对一般法务人员而言有相当的难度,而且多使用计算机名词,如 VS(Visual Stadio,微软开发的编程工具)、JSON、XMI 等,其实法务人员不需要明白这些,而应该计划全自动化处理这些底层计算机操作。而且系统建模可以更可视化,更加模板化。现有系统界面比较像计算机编程系统的界面,代码工程师使用很方便,法务人员使用却会有挑战。

由于相关内容充满计算机术语,本章介绍起来也稍显复杂。

与其他智能合约项目相比,雅阁项目相当完整。例如,英国法律协会主要在讨论智能合约的法律问题(第五章),ISDA 的主要贡献在于发现和建立了金融市场的业务流程模型(第七章),李嘉图合约提出合同模板(第八章),LSP 主要讨论法言法语的理论问题(第十章),英国中央银行只是提出了智能合约设计思想(第十五章);而雅阁模型由法学家主导,有合同模板,也有建模语言,其建模语言背后的基础还是形式化语言,而且建立了一套小型智能合约库。

本章补充思考

问题一:您认为雅阁项目是对李嘉图合约的精神延续还是颠覆式修正?

问题二:智能合约的先驱者均来自英语环境国家,您认为其编译语言及架构设计,是否足以应对各国之间语言、文化、法律环境具有广泛差异性的现实?

附录:延迟交付和罚款示例

典型法律合同的"延迟交付和罚款"(Late Delivery and Penalty)条款如下(参数已经具体化,例如期限为 2 个星期):

> 在延迟传送的情况下,除因不可抗力外的情况下,卖方应支付给买方,每 2 个星期延误罚金金额达至 10.5%,其交货已经推迟了设备的总价值。一周的任何小部分都应视为整个星期。但是,罚款总额不得超过延迟交付所涉及设备总价值的 55%。如果延迟时间超过 10 个星期,则买方有权终止本合同。

该条款相关的数据元素(变量)包括:(1)该条款是否包含不可抗力条款;(2)处罚规定的时间期限;(3)罚款规定的百分比;(4)最大罚款百分比(上限);(5)买方可以终止合同的时间期限。

数据元素应该放进合同模板模型。一旦模板化,就可以用形式化的方法来搜索、过滤和组织,如查找相关概念的模板。

使用 Hyperledger Composer 建模语言正式捕获它们。CML 是一种轻量级模式语言,用于定义名称空间、类型以及类型之间的关系。包括对建模参与者(个人或公司)、资产、交易、枚举、概念和事件的一流支持,并包括面向对象建模语言的典型功能,包括继承、元注释(修饰符)和字段具体的验证者。CML 还定义了实例到 JSON 的序列化以及实例的验证器,从而可以轻松地与各种支持 JSON 的外部系统集成。也可以使用其他建模语言。在 CML 格式中,模板模型如下所示

```
/ * *
  * Defines the data model for the LateDeliveryAndPenalty template.
  * This defines the structure of the abstract syntax tree that the parser for the template
  * must generate from input source text.
  * /
@ AccordTemplate("latedeliveryandpenalty")
concept TemplateModel {
  / * *
   * Does the clause include a force majeure provision?
   * /
  o BooleanforceMajeure 不可抗力条款
  / * *
   * For every penaltyDuration that the goods are late
   * /
  o Duration penaltyDuration 处罚规定的时间期限
/ * *
   * Seller pays the buyer penaltyPercentage % of the value of the goods
   * /
```

```
  o Double penaltyPercentage 罚款规定的百分比
  /**
   * Round up to the minimum fraction of a penaltyDuration
   */
  o Duration fractionalPart 最大罚款百分比(上限)
  /**
   * Up to capPercentage % of the value of the goods
   */
  o Double capPercentage 买方可以终止合同的时间期限
  /**
   * If the goods are >= termination late then the buyer may terminate the contract
   */
  o Duration termination
}
```

条款的模板模型明确地捕获了该条款定义的数据类型。

范本模型

请注意,@ AccordTemplate 装饰器(也称为批注)用于将 CML 概念绑定到条款。模板的模型文件中只有一个概念可以具有@ AccordTemplate 装饰器。

模板语法

使条款成为可执行文件的下一步是将模板模型与描述法律上可执行的条款的自然语言文本相关联。这是通过使用条款的自然语言并使用雅阁项目协议标记语言将绑定插入模板模型来实现的。被称为模板(或模板语法)的"语法",因为它确定了语法上有效的条款的外观。

英文标记的模板示例如下:

Late Delivery and Penalty. Incaseof delayed delivery[{"except for Force Majeure cases,":? forceMajeure}] the Seller shall pay to the Buyer for every [{penaltyDuration}] of delay penalty amounting to [{penaltyPercentage}]% of the total value of the Equipment whose delivery has been delayed. Any fractional part of a [{fractionalPart}] is to be considered a full [{fractionalPart}]. The total amount of penalty shall not however, exceed [{capPercentage}]% of the total value of the Equipment involved in late delivery. If the delay is more than [{termination}], the Buyer is entitled to terminate this Contract.

中文解释:

在延迟传送的情况下,除因[不可抗力外]的情况下,卖方应支付给买方,[每2个星期:处罚规定的时间期限]延误罚金金额达至[10.5%:罚款规定的百分比],其交货已经降低了设备的总价值。一周的任何小部分都应视为整个星期。但是,罚款总额不得超过延迟交付所涉设备总价值的[55%:最大罚款百分比(上限)]。如果延迟时间超过[10个星期:买方可以终止合同的时间期限],则买方有权终止本合同。

在英文模板中变量均以[{and ends with}]表示,中文仅以[ ]表示。例如:

[{"except for Force Majeure cases,":? forceMajeure}]:表示如果条款中出现可选文本"不可抗力情况除外",表示如果有不可抗拒的事件发生,该合同就无效。

将模板与外界连接

给定上面的模板语法和模板模型后,即可编辑(参数化)模板以创建条款(模板的实例)。

需要使模板基于现实世界中发生的事件,如包裹正在运送、交付、签收等。我们希望将这些交易传送到模板,以便它知道并可以采取适当的措施。在这种情况下,操作仅是计算罚款金额并告知买方是否可以终止合同。

模板请求和响应

雅阁项目编程模型指定可以将每个模板作为无状态请求/响应函数来调用。因此;模板与外界的接口是通过请求类型和响应类型。

请求

首先,定义模板从外界获取的数据的结构。同样,使用CML指定:

```
/**
* Defines the input data required by the template
*/
transaction LateDeliveryAndPenaltyRequest {
/**
  * Are we in a force majeure situation?
  */
o Boolean forceMajeure
/**
```

```
    * What was the agreed delivery date for the goods?
    */
o DateTimeagreedDelivery
/**
    * If the goods have been delivered, when were they delivered?
    * the "optional" keyword means that if the goods have not yet been delivered, the deliveredAt parameter may be omitted from the request.
    */
o DateTimedeliveredAt optional
/**
    * What is the value of the goods?
    */
o Double goodsValue
}
```

给定延迟交付和罚款请求的实例,该条款可以计算当前的罚款金额以及买方是否可以终止。

响应

然后,再次使用 *CML* 捕获模板响应的结构:

```
/**
 * Defines the output data for the template
 */
transaction LateDeliveryAndPenaltyResponse {
/**
    * The penalty to be paid by the seller.
    * In a scenario where deliveredAt was omitted, we might expect "penalty" to be NULL.
    * Arguably, "penalty" should also be an "optional" type, to distinguish between a scenario where penalty is undefined, and a scenario where penalty is known to be 0.
    */
o Double penalty
/**
```

```
    * Whether the buyer may terminate the contract
    */
o Boolean buyerMayTerminate
}
```

在此，仅说明执行此模板将产生延迟交付和罚款请求的实例。

UML 模型

使用将 CML 模型转换为 UML 的功能，甚至可以可视化以图形方式建模的三种类型（模型、请求、响应）：

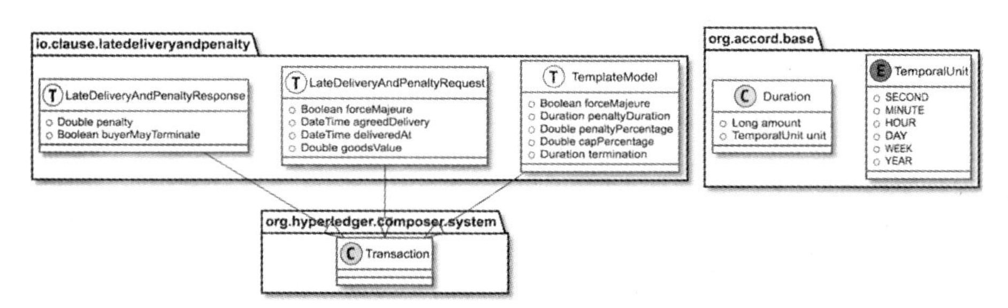

用计算机科学术语，可以将该条款视为具有签名的函数：

LateDeliveryAndPenaltyResponsemyClause（TemplateModel，LateDeliveryAndPenaltyRequest）

实例

下面的示例说明了如何使用 Java Script 函数来实现模板逻辑。标准@ param 和注释用于将函数绑定到传入的请求和响应类型，而@ AccordClauseLogic 注释向引擎指示此函数是请求处理器。

```
/**
 * Execute the smart clause
 * @param {Context} context - the Accord context
 * @param {io.clause.latedeliveryandpenalty.LateDeliveryAndPenaltyRequest} context.request - the incoming request
 * @param {io.clause.latedeliveryandpenalty.LateDeliveryAndPenaltyResponse} context.response - the response
 * @AccordClauseLogic
 */
function execute(context) {
```

```
    logger.info(context);
    var req = context.request;
    var res = context.response;
    var data = context.data;
    var now = moment(req.timestamp);
    var agreed = moment(req.agreedDelivery);
    res.buyerMayTerminate = false;
    res.penalty = 0;
    if (req.forceMajeure) {
        // Can forceMajeure be claimed?
        if (!data.forceMajeure) {
          logger.info('forceMajeure cannot be claimed');
        } else {
          logger.info('forceMajeure claimed');
          penalty = 0;
          res.buyerMayTerminate = true;
        }
    }
    if ((!req.forceMajeure || !data.forceMajeure) && now.isAfter(a-
greed)) {
        logger.info('late');
        logger.info('penalty duration unit: ' + data.penaltyDuration.unit);
        logger.info('penalty duration amount: ' + data.penaltyDuration.a-
mount);
        // the delivery is late
        var diff = now.diff(agreed, data.penaltyDuration.unit);
        logger.info('diff:' + diff);
        var penalty = (diff / data.penaltyDuration.amount) * data.penaltyP-
ercentage/100 * req.goodsValue;
        // cap the maximum penalty
        if (penalty > data.capPercentage/100 * req.goodsValue) {
```

```
                logger.info('capped.');
                penalty = data.capPercentage/100 * req.goodsValue;
            }
            res.penalty = penalty;
            // can we terminate?
            if (diff > data.termination.amount) {
                logger.info('buyerMayTerminate.');
                res.buyerMayTerminate = true;
            }
        }
    }
```

第十章

LSP 与可执行的法律

一、认识 LSP

（一）LSP 的定义

LSP 工作组是一群研究机构联合的工作团队，他们研究可执行的法律计算。他们使用这名词 LSP，而不使用智能合约是因为他们把智能合约定位为一个系统，就是以太坊上的智能合约系统。而 LSP 是学术名称。LSP 中 L（Legal）代表法律；S（Specification）代表规范或是规约，为什么不用代码而用规约？因为规约可以是模型，而代码可以从模型自动生成；P（Protocol）是协议，为什么是协议？因为在互联网上，笔者认为使用协议意义更广一些。

所以 LSP 工作其实就是产生在互联网上可执行的有法律效力的模型或是代码。而本书和大部分计算界人士都使用智能合约这名词，认为这是（在互联网上，或是互链网上）可执行的合同。因此，这项目和智能合约是一致的。

LSP 项目由多个研究机构合作，下面是研究机构的名单：

• CodeX：斯坦福大学法律信息学中心（CodeX：Stanford Center for Legal Informatics）

• 法律技术实验室（Legal Technology Laboratory）

• 尤因·马里昂·考夫曼基金会（Ewing Marion Kauffman Foundation）

• 格劳特法律与行为研究所（Gruter Institute for Law and Behavioral Research）

• 美国财政部金融研究办公室（Office of Financial Research of the United States Treasury）

• 佛蒙特法学院法律创新中心（Vermont Law School Center for Legal Innovation）

• 科罗拉多大学法学院（University of Colorado Law School）

这里笔者使用LSP工作组的公开材料预备的。但是,因为LSP工作组认为读者都明白相关法律科技知识,他们只是讨论他们的工作。另外,LSP工作组主要作者还是律师,不是计算机,因此里面有些思路在计算机学者前面不够先进。但计算机学者可能因为不明白这里的法理,有可能不会发现LSP工作有可以进步的地方。

(二)LSP基础思想

LSP工作组认为协议必须:(1)能够表述相关事件;(2)能够表达协议的计算结构和法律逻辑结构;(3)能够让协议里面计算机流程可以执行,特别与法律相关的任务上,例如,执行合同,监管合规作业以及法律决策。

而这些协议应该可以给法务人员(如律师和法官)以及社会大众能够明白。而且可以在大量场景下都可以使用。

在此之前,已经有一些相关项目出现,例如OASIS' Legal XML、CALI's A2J Author、Accord、Open Law、CodeX's CompLaw initiative,这些都是LSP借鉴的项目。

合同是LSP第一个案例,因为合同问题比较小,比立法和监管法规简单。而且合同通常只会参与几个人或是单位,因此这问题比较容易解决。

这个工作组就以文本合同开始研究,让那些计算机模型或是工具可以在可执行的合同上使用。大部分合同有以下特性:

(1)合同里面的逻辑;

(2)合同里面引用的信息(如人或是物)以及这些人或是物和合同的交互关系;

(3)和这些相关人物的手机或是计算机的见面。

工作组认为可废止逻辑(defeasiblity logic)[1]和规范逻辑(deontic logic)[2]是需要的。这两个是为法律界提出的逻辑系统,主要原因是传统逻辑没有为法律界常用的思维而预备的一些逻辑机制。

二、法言法语设计

(一)合同的基本功能

LSP必须表示合约的需求。一个合同有:(1)可以行动的大纲;(2)如果条件符

---

[1] "可废止逻辑"是唐纳德·纽特(Donald Nute)提出的,用来形式化可废止推理的非单调逻辑。

[2] 法律规范(规则)的逻辑结构,指法律规范(规则)诸要素的逻辑联结方式,即从逻辑的角度看法律规范(规则)是由哪些部分或要素来组成的,以及这些部分或要素之间是如何联结在一起的。法律规范通常由假定、处理、制裁三个部分构成。

合,各方需要承担的任务;(3)如果条件没有符合,各方应该采取什么行动或是不采取什么行动,例如,各方不能泄露合同秘密以及在何时完成交易。

在合同里面都会表示可能会采取的不同路径,如果条件符合,会有一路经(就是合同方都希望达到的目的的路径),不然还有其他路径(例如,因为合同方没有满足合同条件,大家必须取消这次交易)以及相关的行为或是交易。合同里面经常会使用"陈述与保证"(representations and warranties)和"肯定与否定契约"(affirmative and negative covenants)。

另外,如果后来出事,合同可以为后果提供指导,例如,在哪里打官司、法律、相关补救措施、损害赔偿和赔偿的规范。

(二)合同的技术

在一般情形下,合同是以自然语言写的,在合同上,表明事件与结果。这是简单的合同,在复杂的合同上,会有异常的路线,表示原来各方预期的路线没有实现,而一个大家原来没有计划的路线就启动了。例如,ISDA 衍生品交易(derivative trading)合同模板[1]。这些流程可以以软件代码形式表述。例如,在亚马逊的一键式订购当用户按这键的时候,代表一个购买合同正在进行,区块链上智能合约也是一个这样的例子。

国外律师通常使用合同模板,在上面更改。有的时候,他们必须重新做一个合同。律师使用的语言,就是法言法语,其实是严谨的自然语言。律师使用这样的法言法语来表示路径。但是这样的路线有的时候不靠谱,计算机语言的控制语句(例如,假如—就执行—不然)正好对路径的表述非常准确。而且,如果面谈的机会,会对律师更有帮助。

(三)自然语言的模糊性

自然语言在表述时有的时候会模糊,因为不是每个路径都会被表述,而这些没有表述的路线,合同方都会有自己认为对的解释。有的律师认为这是好事,因为这样律师可以借这些模糊言语在法庭上辩论。

在计算机软件系统,模糊的代码是不可以的。计算机不能执行模糊的代码(会直接停机),当编译的时候,在代码里面任何模糊的地方都会被认为是错误,必须更正后才能完成编译。但是,在一些合同里面,就有一些模糊的语言。例如,找第三方

---

[1] ISDA,"2002 ISDA Master Agreement", https://www.isda.org/book/2002-isda-master-agreement-english/,July 17,2020.

合适的代表来决定路线。但是,什么是"合适"的第三方却定义模糊。例如,有人会提使用人工智能机器法官来判案,但是,人工智能法官有不同的能力,如何评估那些人工智能的机器法官是"合适"的法官就是一个难题。

因此,要设计清晰的法言法语放在计算机软件系统,减少模糊性,使得法言法语可执行。很多监管的相关法规,都有比较严谨的逻辑并且可以设计为可执行的表达。

三、模型设计

(一)可执行合同开发流程

1. 分离事件和处理逻辑

将可以产生或是消费的"事件"和合同"处理逻辑"分开。例如,日期到了就是一个事件,房租付了也是一个事件,而日期到了并房租付了,出了收据就是一个处理逻辑。也可以按遇到的事件分类。

下面这个仿真合同例子是笔者编写的,里面的黑体字是保留字:

合同:每个月房租月前到期,每逾期 5 天送提醒信,如果超过 15 天没有付款,认定是违约,提交司法单位。

事件　房租期限到了;

事件　房子出租成功;

事件　出示收据;

事件　提交第一份提醒信;

事件　提交第二份提醒信;

事件　提交违约信;

事件　本月房租付款;

事件　房租拖欠;

可以看到事件可以是外面事件,或是合同产生的事件。外面事件如"房租期限到了",产生事件如"提交违约信"。

2. 将处理逻辑以软件代码形式(如伪代码)表述

合同逻辑可以用下面类似代码形式表达:

如果正确(正确){

　假如((房租期限到了)和(本月房租付款))就执行

　　　{房子出租成功,出示收据}

```
不然{
    假如(房租拖欠)5天 和 房租拖欠<10 天)就执行
        (提交第一份提醒信息)
    不然{
        假如(房租拖欠 > 10天 和 房租拖欠 < 15天)就执行
        (提交第二份提醒信)
    }不然(提交违约信)
  }
}
```

事件关系分析：=》代表“造成”，因为是“造成”，前面的事件发生在后面事件以前。这里有两个语义，一是“造成”关系，二是时间关系。

事件 本月房租付款 =》**事件** 房子出租成功；

事件 本月房租付款 =》**事件** 出示收据；

事件 房租期限到了 **和 事件** **非**(本月房租付款))=》**事件** 房租拖欠；

事件 提交第一份提醒信 = >**事件** 提交第二份提醒信；

事件 提交第二份提醒信 =》**事件** 提交违约信。

3.将伪代码转成实际代码

从伪代码转成代码可以是一个半自动化的流程。

LSP认为最好使用产业标准，例如，数据标准或是逻辑标准。而伪代码就可以成为法言法语。

(二)可执行合同的表述科技和工具

可执行的法律需要能表达逻辑、关系、代码模型(伪代码)和代码在一般合同里面，逻辑关系不是很复杂。LSP工作组认为可废止逻辑和规范逻辑是可用的。例如，可废止逻辑可以用在初期合同制定的时候。至于代码方面，他们认为以太坊智能合约语言Solidity可以使用，Python、Java、JavsScript、C + +也可以使用。

他们认为一旦合同代码化后，完成性分析(completeness analysis)可以发现许多合同里面的问题，以及使用逻辑检测工具来发现逻辑漏洞。

(三)数据和信息的表达需求

在法律合同上，数据和信息需求高，现在计算机最好的方法是本体(ontology)，这原来是给下一代互联网数据表述的一个形式化语言，后来广泛用在生物、医学、化学、法律、教育上。在这方面的工作包括法律知识交换规范(Legal Knowledge Interchange Format,LKIF),还有 OASIS LegalRuleML(OASIS 标准组织出的"法律规制元语言")、法律本体论(Legal Ontologies)、法律本体工程(Legal Ontological Engineering)。

- 事件/数据
  - o 可以参考字典,分类法,本体等
  - o 可以引用自然语言描述
  - o 需要分别这事件是信息或是指令
- 事件/数据的价值信息
  - o 可以是/否,度量,结论,位置等
  - o 还可以包含与价值相关的数据,例如信任度
  - o 如果是一条指令,该指令的内容
- 来源/来源
  - o 可以是传感器,区块链记录,法院裁决,先前计算的结果等。
- 时间/日期戳
  - o 可以在世界通用时间陈述
  - o 与来源相关(此项目可能是 iii 的子字段)
  - o 区分事件时间和报告时间
- 物
  - o 特定合同,法院案件,申请书,法律引文等
- 在其他系统中指定事件(旨在创建互操作性,使标准的旧版友好并在现有平台与新平台之间架起桥梁)
  - o 其他名称
  - o 该系统中的名称,值等编码
- 安全元素(哈希,证书等)
- 其他
  - o 为当前未曾想到的事物提供开放领域—主题可扩展性,例如货币、公司股份类别以及金融工具的详细信息,只要它们不符合上述分类法即可。

下文以房租例子,通过两个事件来示范:

事件:房租期限到了,有下面属性

参与人甲方(租房人):张三;

张三**属性**:**年纪**:28岁;

电话号码:13900000000;

性别:男;

现住地址:北京中关村;

中国身份证:11111111122222222;

参与人乙方(出租人):李四;

李四**属性**:**年纪**:35岁;

电话号码:15900000000;

性别:男;

现住地址:山东青岛;

中国身份证:22222222333333;

房租合约:**合约身份证**:20190000000001

期限:从2019年11月1日到2020年10月31日;

月租:5000元;

保证金:10000元;

保证金退还日期:2020年11月10日;

房租到期日期:每个月1日;

签约日期:2019年9月25日;

签约地点:北京;

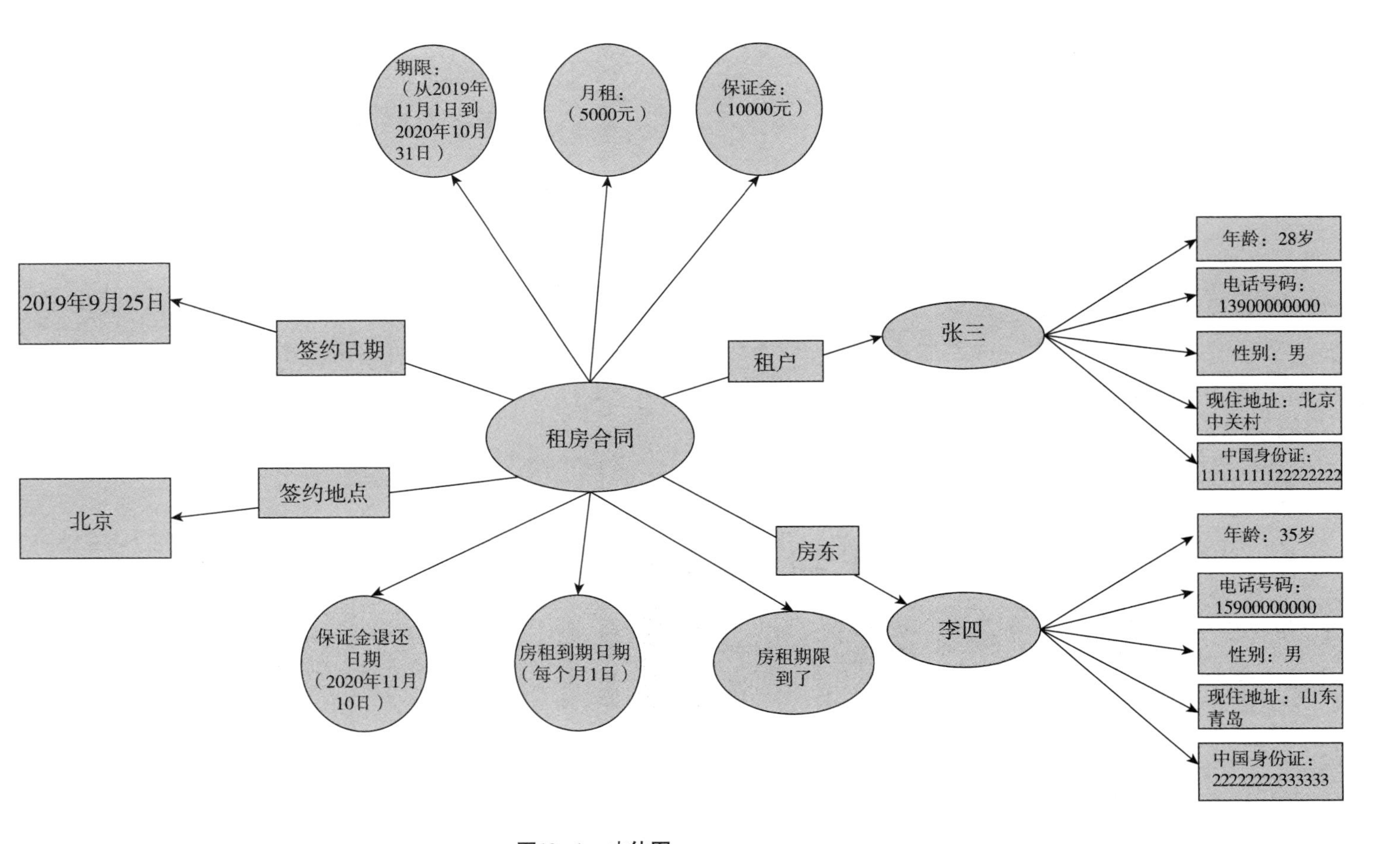
期限：（从2019年11月1日到2020年10月31日）
月租：（5000元）
保证金：（10000元）
2019年9月25日
签约日期
租房合同
租户
张三
年龄：28岁
电话号码：13900000000
性别：男
现住地址：北京中关村
中国身份证：1111111112222222222
北京
签约地点
房东
李四
年龄：35岁
电话号码：15900000000
性别：男
现住地址：山东青岛
中国身份证：22222222333333
保证金退还日期（2020年11月10日）
房租到期日期（每个月1日）
房租期限到了

图10－1　本体图

事件:提交违约信,有下面属性

违约信:拟伪违约人欠原告人房租

违约信属性:

内容:张三欠李四房租

　　欠钱:5000元

　　原告人:李四;

拟违约人:张三;

违约信身份证:2020-3-16-张三-违反房租合同-李四-北京

相关合约身份证:20190000000001;

违约信日期:2020年3月15日

仲裁庭:北京

李四**属性:年纪:**35岁;

　　　　电话号码:15900000000;

　　　　性别:男;

　　　　现住地址:山东青岛;

　　　　中国身份证:22222222333333;

拟违约人:张三;

张三**属性:年纪:**28岁;

　　　　电话号码:13900000000;

　　　　性别:男;

　　　　现住地址:北京中关村;

　　　　中国身份证:11111111122222222;

房租合约:合约身份证:20190000000001

　　　　期限:从2019年11月1日到2020年10月31日;

　　　　月租:5000元;

　　　　保证金:10000元;

　　　　保证金退还日期:2020年11月10日;

　　　　房租到期日期:每个月1日;

　　　　违约约定:房租拖欠超过15天认定是违约,提交司法单位;

　　　　签约地点:北京;

　　　　签约日期:2019年9月25日;

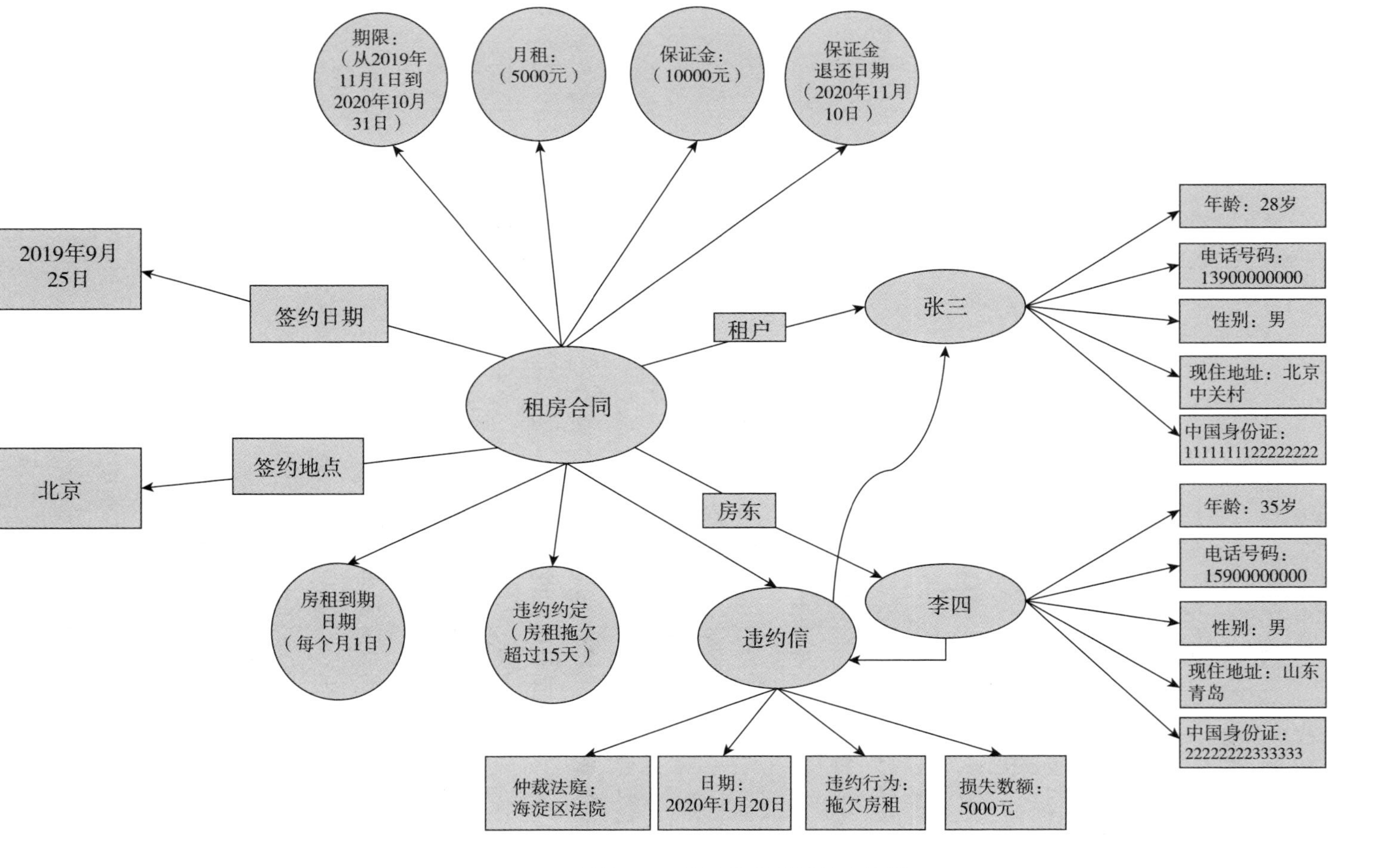

图10–2　两个事件的综合本体图

(四)法律和金融本体论方法

法律本体信息提供与法律相关的常用字和词,除了法律领域,在许多领域也有本体库,包括金融、国际贸易、交通、医学、生物等。所以,在国际贸易上,可以使用法律和国家贸易本体来组件贸易合同。

KIF 可计算值得法律界注意,LKIF 是欧盟 ESTRELLA 项目开发的本体,其主要目标是建立一套可互操作的法律信息交换标准。ESTRELLA 还开发了更基本的 MetaLex 标准。

KIF 具有两个主要作用:使以不同表示形式和形式主义编写的法律知识库之间的翻译成为可能;LKIF 是形式化的知识表示(knowledge representation)。LKIF 基于 Web 本体语言(OWL),后者是用于创建和构建形式本体的广泛使用的标准。

OASIS 发起的 LegalXML 也值得注意。该工作包括针对合同规范的 LegalXML eContracts 版本 1.0 委员会规范。

在金融领域,金融业业务本体(FIBO)是对象管理小组和企业数据管理委员会的联合项目。FIBO 借鉴 OWL 原则创建了金融行业术语的本体,其中许多术语特别针对合同法以及整个法律规范。

更一般而言,Schema. org 提供了在整个 Web 上创建可互操作信息的方法。

(五)数据标准可建模和支持代码运行

这些数据标准可以用来建立模型,还可以在数据结构(data structure)和关系上分析(relational analysis)。由于数据不但参与建模,还在可执行模型或是代码上使用,他们还可以支持代码分析(code analysis)和软件测试(software testing)。

(六)用于合同创建的机器和人机界面

合同书写的时候需要人类和计算机交互,有的时候计算机也需要和其他机器交互。在人机交互中,除了要有容易使用的见面,一个可以让用户(律师或是法务人员)建立事件(event)和结果(consequence)的关系图重要。这样的关系图建立以后,路线分析(path analysis)、完整性分析(completeness analysis)、组合分析(combinatorial analysis)、事件树分析(event-tree analysis)、一致性分析(consistency analysis)都可以进行,而且是自动化的。

机器和机器交互上和外部本体库,例如,法律本体和国际贸易本体使这合同更加强大,合同运行时如果和物联网和控制中心连接,这样合同的执行还可以和外界无缝连接,数据可以自动送到而且法律指令可以直接到位进行。这对司法和监管单位帮助最大,例如,法庭判案后,赔款可以立刻到位,因为赔款指令写在可执行的合同(如智能合约)上,而且和银行账户连接。

四、开发的工具

(一)现有的计算法学工具

现有计算法学工具已经有很长久的历史,至少有60年,例如,莱曼·艾伦(Layman Allen)和冯德尔·里斯加德纳(von der Lieth Gardner),他们同样用象征形式主义来代表法律构造。

艾伦将符号逻辑(symbolic logic)应用于法律文件。尽管符号逻辑比自动机更具表现力和通用性,但它还是较低级别的抽象,对于捕获金融合同的法律语义而言效率不高。冯德尔·里斯·加德纳从总体上考虑了法律知识和推理的计算表示。

本杰明·格罗索夫(Benjamin Grosof)和特伦斯·C.庞(Terrence C. Poon)基于知识表示(knowledge representation)的RuleML编码和过程本体的描述合同,SweetDeal电子合同系统开发了原型设计。有关法律方面的概述,请参阅Surden(2012)。Brammertz(2009年)开发了一种结构化也是形式化的金融合同,其重点是描述通用的现金流模式以支持证券估值和风险分析。后来这项目结果被另外一个项目,就是ACTUS项目使用,而ACTUS在区块链、智能合约、监管科技上使用。最近的另一个试点是金融业业务本体(Financial Industry Business Ontology,FIBO),它提出了金融法律概念的,标准化模型。

(二)现有实际可以合作工具

LSP团队提出六类工具可以使用:

(1)专家系统(expert systems),例如,Neota、Exari、A2J;

(2)国际标准,例如,OASIS推出的Legal XML、Rule ML;

(3)智能合约系统;

(4)Accord项目[1],这是一个基于法律的智能合约项目;

(5)商业流程管理(Business Process Management),如OMG提出的商业流程模型和符号(Business Process Model & Notation,BPMN)、商业语言与规则的语义(Semantics of Business Vocabulary & Rules,SBVR)、决策模型与符号(Decision Model &

[1] 参见www.accordproject.org。

Notation,DMN)等,以及 Formstack[1];

(6)斯坦福大学可计算合同 Code X 项目(LSP 团队)。

CodeX 可计算合同项目正在探索一种合同描述语言(Contract Description Language,CDL),CDL 旨在以机器可理解的方式表达合同、条款和条件,甚至法律,以便利用自动化工具来更有效地使用它们。[2]根据该计划的设想,CDL 将具有以下属性:(1)机器可理解的:计算机可以推理单个合同或一组合同,检查有效性、计算效用、假设分析、一致性检查、计划和执行;(2)声明式和高度表达:规范就是程序;(3)无需将领域知识转换为过程代码;(4)模块化:多个程序可以灵活地组合在一起;(5)比程序代码更容易调试和可视化;(6)领域专家也可以直接使用;(7)声明性方法(如 jQuery)的趋势正在增长。

Worksheets 项目是斯坦福大学开发的特定应用程序,它允许创建可以执行合同功能的活动表单。[3] 该方法的商业化正在通过网站进行。[4]

五、讨论

LSP 工作组累积了许多知识,而且成员大多是法律背景,还在业界工作多年,因此做法实际。但是,因为其是研究团队,不是开发团队,重视收集和研究,而少开发,特别是计算机方面的科技。

在开发可计算合同方面,笔者同意将事件和处理逻辑分开处理的观点。但是,它们的出发点在于文本合同,而笔者却是开始领域常用的场景,重点在于领域工程(domain engineering)开发,因为每个可计算合同都需要大量时间。笔者也重视在应用场景下验证模型,等验证后,再到代码,这是软件工程的基础思想。

领域工程是在一个特定领域内,以可重用方面的形式(也就是可重用的工作产物),收集、组织并保存过去的经验的活动以及在构造新系统时提供一种方法来重用这些资源,如获取、限定、改造、装配需求和设计。而 ISDA(第七章)就是一个领域工程的例子,就是限定领域为衍生品交易相关的法律问题。而这个领域已经非常大,因为衍生品交易比股票交易范围大得多,还要复杂得多,而现在只是在进行

---

[1] 参见 www. formstack. com。

[2] 参见 compk. stanford. edu。

[3] 参见 http://worksheets. stanford. edu/homepage/index. php 和 https://conferences. law. stanford. edu/compkworking201709/wp-Ccontent / uploads / sites / 40/2017/07 / Worksheets-CompK. pdf。

[4] 参见 www. symbium. com。

常用名词的定义,还没有到达智能合约代码的制定。

领域工程不但开发领域模板,还可以开放领域合约代码模板,由于一个领域内一种应用可以使用同样的代码模板(而且可能是先经过标准化的合约模板),如果以后出现问题,在法院争议会减少。因为验证一个特别制定的智能合约代码可能需要大量时间,但是如果合约代码模板已经被验证过而且是标准化的,只要验证制定化部分就可以了。

另外,可以用的理论、工具和标准非常多,如何选择理论、工具、标准来使用是重要的。在软件工程历史上,就有几次因为理论和标准过于复杂,虽然有国家重要单位在后面支持,后来还是不了了之,浪费了 10 ~ 15 年的时间和大量研究经费。例如,服务计算(Service Computing),一开始的时候,就有大量的标准出现,后来除了几个常用的外,绝大多数标准都被放弃了。有人说,标准太多,代表没有标准,这是正确的。在这里, LSP 工作组提出非常多的理论、工具、标准,而且本书还没有把它们提供的材料都列下来。如果学者花时间学习所有的理论、工具或是标准,恐怕一年内都没有时间开发自己的理论。

其实,LSP 工作组提到的理论、工具、标准,许多是不能配合使用的,使用不匹配的模型或是工具,反而浪费时间。

思路其实很简单,如果可执行的合同为第一优先,就以伪代码为第一个模型语言,因为伪代码最靠近代码。其他工具或是标准都只是辅助,有模型或是代码后才使用他们。如果从其他理论或是工具开始,最后还是回到伪代码模型和代码。而且,最大量的工具和理论还是在软件建模模型和代码上,比其他不同模型和工具差不只千倍。

这就是软件工程的一个重要原则 KISS(Keep it simple, stupid,直接翻译就是"笨蛋,简化你的解决方案")。在中文中又被称为"懒汉原则"。

根据 KISS 原则,在可计算合同中选择研究路线、工具和理论就非常快速了。另外,本地化这些理论和工具也是非常重要。

本章补充思考

问题一:在您看来,LSP 致力于解决的核心问题是什么?

问题二:可量化、明确、标准的合同或法律关系无疑有利于智能化执行,您认为不可量化、语意含混、非标准的事项应当如何融入智能合约的体系?

问题三:海洋法系中重要法律渊源的在先案例,您认为应当如何融入智能合约的体系？

问题四：LSP谈到逻辑体系和算法，您认为应该如何在可计算合同上使用逻辑算法？

第十一章

比格犬模型实现智能合约

在日益复杂的社会环境之中,每时每刻都面临许多复杂的流程,需要不断去简化,在这个过程中就离不开相应的工具。就像机场执法的比格犬,即使是在当前的高科技环境下依然对于安检起到非常重要的作用。其实,比格犬没有接受过高等教育,连小学或是幼儿园都没有上过,也不会说话,甚至在实际的安检过程中更不清楚违禁品具体是何物,但是这些都不能影响比格犬的高效执法,而且整个过程看不到丝毫高科技(见图 11－1)。

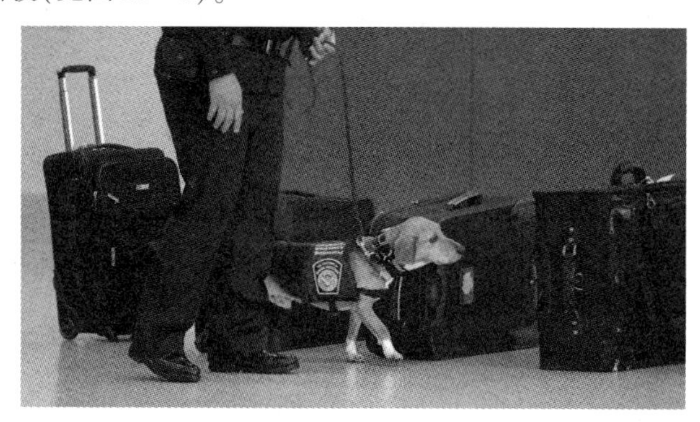

图 11－1　执法中的比格犬

因此,笔者提出比格犬模型,希望将区块链场景下的智能合约在法律、区块链、软件开发等方面的许多问题进行简化,将智能合约在自然语言处理、形式化方法、软件测试、领域工程、人工智能等高科技中“隐藏”起来,突出智能合约的核心功能,降低使用智能合约的门槛,让智能合约如同比格犬一样,成为司法执法以及其他生活场景中可靠而又高效的工具。既然比格犬能够在许多重要场所执法,那么有高科技作为支撑的智能合约必定可以更高效地维持社会契约,保障社会的高效运行。

一、比格犬模型的提出

智能合约提出于20世纪90年代,提出时并未考虑区块链。以太坊出现后,智能合约被部署在区块链上,并受到关注。2016～2017年的The DAO事件引发了智能合约的争议,也推动了智能合约的发展,促进了如Kantara和OpenLaw等项目的开发。区块链是智能合约的关键基础,没有运行在区块链上的智能合约可能是无效的,产生的数据也可能不真实。数据不真实导致的后果是无法提供有效证据,[1]那么,从法律的角度来看,智能合约执行的结果就是无效的。

智能合约开发有两种选择:一种不考虑法律问题,另一种考虑法律问题。如果不考虑法律问题,智能合约只是计算机的问题。例如,使用形式方法可以验证智能合约出现的一部分问题。这样的路线就是"链上代码"路线,和法律没有关系。以后有法律纠纷,法庭也不会认可这种合约的法律效力。另外一种考虑法律问题,就需要探讨智能合约应当考虑哪些法律问题,如何在智能合约开发中考虑这些法律问题。可能考虑的法律问题有两种:法规和合同。

1. 注入法规。例如,将法规放在系统中,法规可以自动启动。例如,麻省理工学院数字社会早期示范就将法规放在系统中,自动启动。但是,法规和合同不同,法规是国家制定的,合同是交易双方的协议。这是"智能法规",而不是智能合约。早期一些"智能合约"系统其实是"智能法规"系统,在系统上存在相关法规。由于法规多,而且法规是通用的(而合同只关系到当事人),系统执行的时候需要知道哪个法规应该启动。这种智能法规系统很快就失去了大家的注意力。

2. 注入合同。例如,将一个纸质合同改为可以执行的代码,以代码执行替代合同执行。但是,如何产生这样的可以代替纸质合同的代码合同?代码合同如何产生和验证?这是一个很难的问题。有以下三种解决方法:

第一种,从法律角度出发。直接拿现在纸质合同,经过人工智能、自然语言、法规分析等处理,再用编译器转成代码。这是从法律出发,然后希望计算机转成有法律效应的合同代码。现在国外有一些项目选择这一路线。这一路线非常困难,由于纸质合同和智能合约差距太大。部分的纸质合同的材料是不需要成为可执行的代码的,这点人们可以轻易知道,但是计算机系统却很难知道。

第二种,从计算机角度出发。直接编写代码,希望代码经过严格验证后可以成

---

〔1〕 参见蔡维德、姜嘉莹:《智能合约3个重要原则》,载微信公众号"天德信链"2019年1月17日。

为合同代码。但是,代码严格的验证,并不代表有法律效力。例如,ISDA 智能合约的标准,连代码也没有(因此也没有任何代码验证),也可以成为智能合约的标准。这一路线其实还是"链上代码"路线,由于出发的时候没有法律考量,这一路线几乎不可能达成目标。

第三种,混合模型。一开始就考虑合同,但不是从现成合同出发,因为现有的合同在起草的时候就没有考虑计算化,合同里面的描述难以转成可以运行的代码。在国外,许多合同已经标准化,但也只是法律标准化。这里需要"合同计算机标准化",先将自然语言合同模板转为计算化的合同模板,之后再转成代码就比较容易。在计算机化的模板上写合同,然后转成合同代码,再经过计算机严格验证。这就是笔者提出的比格犬模型。这样的做法避开了纸质合同与代码差距大的问题,同时考虑法律的因素。这种方法就需要先在应用领域里面制定通用合同模板,而模板不是以前法律界的合同模板,而是计算机化的合同模板。比格犬模型是一个新的智能合约开发模型,比格犬模型的采用会促进法律界以前没有的新产业的出现。

二、智能合约如何与法律结合

比格犬模型的出发点就是实现智能合约与法律结合,再在区块链技术的架构上实现高效地运行。智能合约有两种方式与法律结合:第一,智能合约应自动执行法律合同的部分步骤,而非全部步骤。第二,智能合约执行时应产生合法有效的证据数据。

(一)自动执行部分法律合同

合同执行是合同当事人按照合同约定履行义务的过程。根据合同的性质和合同条款,合同执行可以在线完成,也可以线下完成。例如,在市场上购买水果这一销售合同通过线下行动来执行。执行过程中卖方交付水果,买方付钱。如果交易发生在网上,那么销售合同的执行就变成了技术驱动的过程:买方通过点击付款下订单,银行将钱从买方的账户转到卖方的账户,卖方接受订单并转移物品的所有权。智能合约可以使线上交易自动化,但不能使线下操作自动化。因此,一些智能合约可能会部分地而不是完全地自动化法律合同的执行,特别是那些线下活动的合同。

法律合同部分自动化的概念不同于现有智能合约项目的理念。例如,OpenLaw侧重于将所有或部分法律契约转换为代码,而新框架的目标是执行法律契约。OpenLaw 是一个翻译工具,它没有任何法律含义。ISDA 标准化的工作说明,直接将现成的合规流程翻译成为可执行的代码是不够的。法务人员和当事人在执行合同的时候还是有灵活度的,可以借沟通来解决遇到的问题,但是从纸质合同转成的智能合约代码,如果能够成功(这已经是很难的),这种可以执行的代码恐怕不是签约方愿意的执行方式(由于没有灵活度)。事实上,智能合约上的流程应该比纸质合同更加完整,并且还可以放进一些预先设置的灵活度。ISDA 的工作也清楚表明,除了需要可执行的代码,还需要预言机和事件处理模型,由于执行的主体改变,以前是当事人和相关工作人员,现在是软件,这些都是不能从纸质合同里面翻译出来的。

相比之下,笔者认为智能合约概念需涉及法律问题。这是合同执行过程的一部分,它不仅承载法律条文,还承担法律后果。

(二)智能合约运行时产生有效的证据

证据是法律上提交给法庭以确定事实真相的数据,它决定了什么信息可以在法律程序中呈现。证据可以有很多种形式,比如,一段文字、一个指纹、一份证词、一张图片、一段视频或一组实验数据。但由于智能合约的特点,笔者认为应以数据的形式呈现证据。

1. 有效证据的三个属性

不考虑删除和例外的规则,有效的证据应该具有三个属性:真实性、相关性和合法性。

真实性是指所提供的证据应该是真实的。证据要证明的情况应该是真实、客观存在的。任何案件都是同时在空间和时间发生的,所发生的事是客观的,不是主观的。法律要求所有的材料必须被证明是真实有效的。

相关性是指证据的关联性,这是指作为证据的事实不仅是一种客观存在,而且必须是与案件所要查明的事实存在逻辑上的联系,从而能够说明案件事实;相比没有证据的情况,如果证据更可能或更不可能使一个事实成立,那么证据就是与事实相关的。相关的证据必须与当前诉讼中的某个时间、事件或人相关。

合法性有三层含义:第一,证据收集符合法定程序,也就是证据必须由当事人按照法定程序提供,或由法定机关、法定人员按照法定的程序调查、收集和审查;第二,证据应当符合不同司法管辖领域内证据法的法定形式;第三,证据来源合法。

2. 在线数据的有效性

智能合约可以完美地产生具有真实性、相关性、合法性的有效证据。智能合约通过产生实时的、过程的、不可变的数据来满足有效证据的要求。

（1）实时数据。

对于大多数 IT 应用程序，必须实时或接近实时地收集数据。由于 IT 系统很容易对数据进行更改，所以没有实时收集的数据可能在进入区块链之前就已经被更改了。智能合约在区块链上运行时可以产生实时数据。一旦数据是实时产生的，就证明了证据的相关性，因为这些数据的存在比没有数据的情况下更可能或更不可能使事实成立。由于数据客观地记录了时空中发生的事情，事实数据也有助于确定证据的真实性。

此外，收集的数据应该有相关的数据，如事件的时间、数据收集代理或设备的 ID，以及其他相关信息，如用于将数据从源传输到区块链的通信媒介。例如，一个人进入私人房间的事件、事件的时间、相关的照片、捕捉照片的设备、用于传输数据的通信设备和电线都是相关的数据。

（2）过程数据。

事件过程中需要收集数据，而不仅仅是结果数据。由于运行在区块链上，智能合约能够同时收集过程数据和结果数据。完整的数据记录反映了事件或事务的完整情况。过程数据提升了数据的相关性和真实性，并帮助确定证据的有效性，也可以支持所产生的证据的合法性。未来，法律可能会允许经过验证的智能合约成为一种有效的证据来源形式，如由适当的验证机构进行验证，而智能合约上的数据也是一种有效的证据形式。另外，通过智能合约收集证据是比人工收集证据更好的程序和方法，因为智能合约更具有技术性和客观性，人为错误更少。

（3）不可变数据。

收集的数据必须无修改地保存下来。运行在区块链之上的智能合约天然支持这个特性。区块链可以通过其密码学和一致性机制来保证数据的不变性。不变性是证据真实可信的最重要、最有效的证明。它也倾向于使一个事实比没有证据时更可能或更不可能发生。换句话说，不可变数据可以证明证据的有效性。

三、智能合约软件的特点

（一）智能合约软件与传统软件的差别

智能合约软件与传统软件在数据不变性、过程可回滚性、易遭受攻击、人在环等方面存在差异。

1. 数据不变性

智能合约产生的数据保存在区块链上。区块链保证智能合约的数据不可篡改,也使数据可追踪。

2. 过程可回滚性

在加密货币中,事务不能回滚。但是,在大多数国家,即使在交易完成后几天,交易也可以回滚。例如,股票交易可以在交易完成后两天内回滚。这种回滚操作要求智能合约具有预先配置的回滚机制,以便系统返回原状态。此外,由于区块链不允许任何数据更改,因此需要通过在区块链上添加新数据的方式替代原数据,并使原数据失效(但是仍然存在,而且放在同一块中没有改变)。还有一种方法是将这些中间数据保存在区块链上成为预定数据,并在结算日后再次存放成为最终数据。中间(预定)和最终数据都可以是证据,都存在区块链上,不能被更改。

3. 易遭受攻击

公有链中的智能合约可以被所有节点访问,可以被任何人攻击,比如 The DAO 事件。区块链中的智能合约及其运行平台都可以受到攻击。这要求在开发阶段预见可能的攻击类型,减少代码漏洞,预防攻击。另外,需要平台对智能合约的执行情况在线监控,及时发现和预测攻击的产生。

4. "人在环"特点

"人在环"是指智能合约系统执行中需要向使用者提供反馈,并依赖使用者的行为来触发系统的下一步执行。目前的加密货币系统不需要第三方即可完成交易,但金融系统不同。根据现行法律,当事人必须在法律文件上签名,法律文件才具有约束力;没有签名的智能合约执行时将不具有法律效力。许多交易不仅需要签名,还需要智能合约之外的法律文件,比如房产交易中需提供房产证。这些外部的法律文件最终也会数字化,以区块链上数字证书的形式发放。因此,现在的智能合约只适用于当前的法律条件,未来,一旦实现法律文件数字化,智能合约也将降低对人的依赖。

(二)智能合约的软件属性

开发完成的软件应保证合约执行过程正确和用户行为正确。

1. 执行过程正确

智能合约体现法律的执行过程,因此应当与真实意图的法律过程相符。例如,智能合约应该具有合同意外终止时回滚的操作,如果是部分回滚的情况,将回滚到适当的时间点。

2. 用户行为正确

大多数合法的智能合约都具有人在环的特点,用户的行为应正确地实现在智能合约代码中。每一次与用户交互都需要选择正确的数据,在正确的步骤中,指定正确的用户行为。例如,智能合约检查是否已经支付了约定的款项。如果是,则进行下一步;如果没有,进程将停止或回滚到之前的步骤。

四、基于模型驱动的智能合约开发

智能合约通常涉及数字资产交易。有必要保证合约的高度可靠和安全。因此,智能合约的开发需要遵循类似于安全攸关系统的严格的开发方法,以防止代码或模型中出现潜在错误。本书讨论利用模型驱动开发方法(Model-Driven Engineering,MDE)开发智能合约的可行性。模型驱动开发使用形式化建模和验证技术,遵循严格的开发流程,已成功地应用于航天、航空、轨道交通等领域的系统开发,其中的形式化模型描述使诸多形式化验证方法可以被应用。

(一)比格犬智能合约的模型驱动开发框架

智能合约的模型驱动开发须涵盖法律化语义。如果法律专家确认智能合约代码在流程和数据方面与具有法律效力的合同一致,则认为智能合约合法。但是,与起草纸质合同一样,开发高质量的智能合约成本很高。模型驱动开发具有两个重要特性:一是支持快速迭代开发,二是可利用形式化方法提高软件的质量。

1. 快速迭代开发。通过维护设计模型和代码之间的可跟踪性,借助自动化模型转换和代码生成技术,支持快速的迭代开发。模型驱动开发中集成的工具链为开发人员、律师和合约参与方提供快速而准确的反馈,帮助开发者和用户快速定位问题,进而修改合约。例如,利用合约模型仿真工具确认用户需求,如果检查到错误,仿真工具能够自动生成错误场景,帮助用户理解问题的原因和修订合约内容。

2. 利用形式化方法提高智能合约质量。模型驱动开发中建立了形式化智能合约模型,能够消除自然语言中的歧义,可支撑形式化验证和代码自动生成。

本书提出基于模型驱动的比格犬智能合约开发流程,智能合约由合约模板配置生成,之后形式化验证智能合约模型,再从已验证的智能合约模型自动生成智能合约代码,进行智能合约代码测试后上链执行,在执行过程中进行运行时验证。以上流程定义了智能合约的开发过程,笔者基于该过程提出了比格犬智能合约开发框架。该智能合约开发框架分为三个阶段:智能合约模板设计、模型开发与代码生成、智能合约代码测试与验证。该框架最大限度地保证了智能合约从定义到运行整个过程的安全性(见图11-2)。

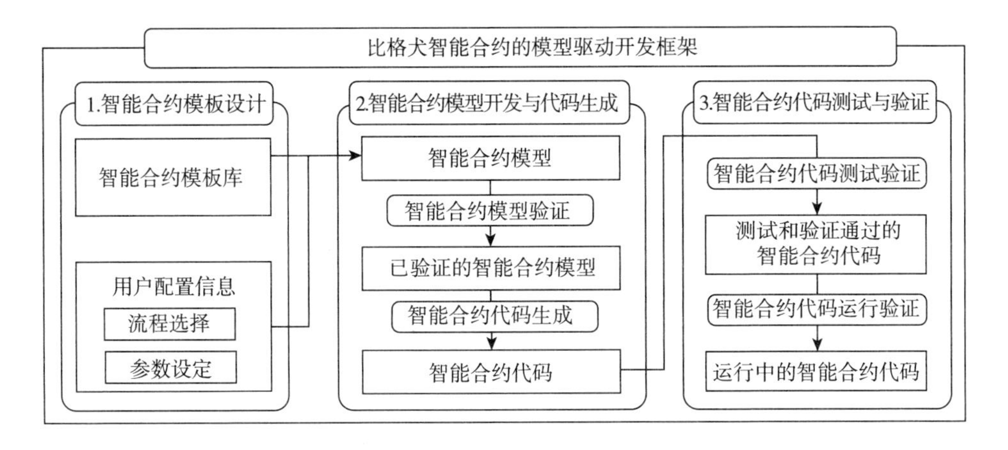

图 11－2　比格犬智能合约的模型驱动开发框架

（二）智能合约模板设计

相比将合法且生效的合同翻译成智能合约，本书通过领域分析来开发智能合约模板，所提供的模板可以在开发过程中重复使用。该模板涵盖某一领域中智能合约通用的协议条款。以房地产交易为例，虽然每个交易都不同，但其交易的过程具有共性。模板定义了交易中的共性流程，也定义了有差异的可选项。平台提供智能合约模板库，包含不同种类的智能合约模板。

法律化智能合约模板应符合六项设计原则：基于流程、托管、共识、预言机、问责和回滚。模板定义了特定应用程序的共性法律流程，不仅包括正常场景，还包括失效场景。模板以形式化方式描述，以支持代码生成和形式化验证。

图 11－3 为一份房地产购买合同的生命周期状态图，合同的生命周期包括合同的开始、执行、共识和补救措施（违约、问责、回滚）、结束等状态。智能合约模板将覆盖合同生命周期的各状态。

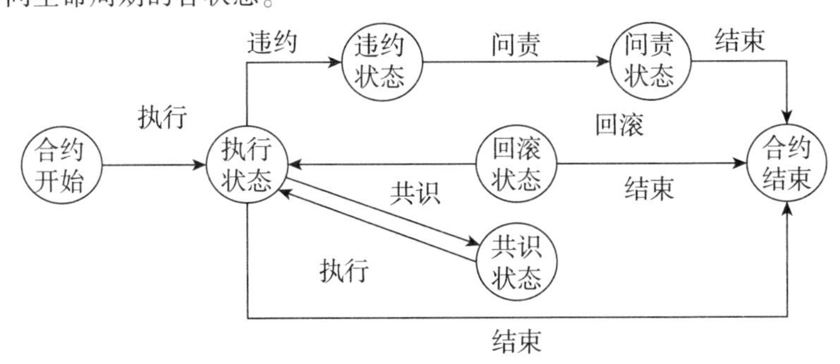

图 11－3　契约生命周期状态

1. 基于过程的原则

基于过程的原则要求律师在合同模板中定义主要权利和义务。权利和义务将是智能合约的执行对象。每个模板包含一个主要的法律流程(主要的权利和义务)以及一组可变的配置流程。以房地产买卖合同为例,主要的权利义务是买方转让对价,卖方转让房屋。因此,交换对价和财产所有权是在模板中执行的共性法律过程。此外,律师还需要在合同执行的每一步估计潜在的争议,并提出可以自动执行的解决方案。智能合约模板也应体现“争议与解决”的过程,作为可配置项提供给模板用户。举例来说明“争议—解决方案”模式,如果合约执行出现问题,如买方未能在到期日前付款,模板定义了停止所有权转移的步骤。由于加上“争议与解决”的过程,智能合约流程有可能比纸质合同流程更复杂。

2. 托管原则

买卖双方选择交易受托人,以确保交易的准确性和合法性。在加密货币中,该机制没有被使用。[1] 但是,如果涉及其他种类的资产,如房地产、股票或债券,托管就十分必要。托管是合约模板中必不可少的流程,其流程(见图 11 - 4)。托管流程分为两个主要步骤:第一步(确认阶段):托管机构收到买方转账的款项,收到卖方的商品信息,然后从银行核实贷款,从政府办公室核实信息的真实性。第二步(转移阶段):托管机构将款项转移给卖方并收取费用。上述有关托管程序的所有步骤均在智能合约中完成。

有人认为区块链可以取代托管机制,由于区块链可以保证数据安全。可能还需要一些时间,这个理念才能实现。例如,传统上买卖股票需要中央证券托管(Central Securities Depository, CSD)系统。有了区块链系统,不是丢弃 CSD 系统,而是使用区块链来建立 CSD 系统。

---

[1] Wei-Tek Tsai, et al., “A Multi-Chain Model for CBDC”, in 5th IEEE International Conference on Dependable Systems and Their Applications (DSA), 2018, pp. 25 - 34.
Rong Wang et al., “A Distributed Digital Asset-Trading Platform Basedon Permissioned Blockchains”, International Conference on Smart Blockchain, Springer, 2018.

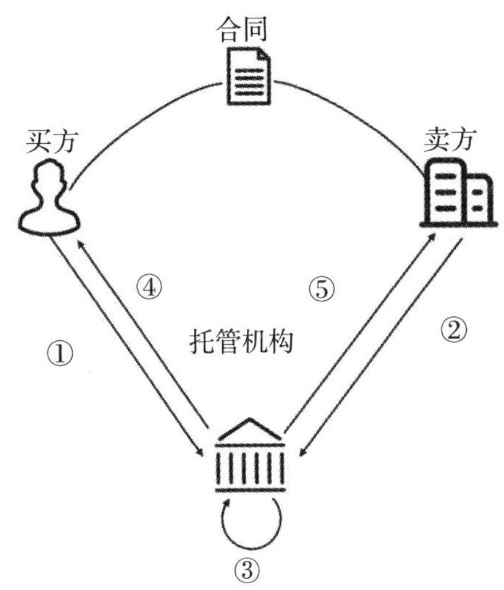

图 11－4　托管流程

3. 预言机原则

智能合约执行的所有数据都应该来自底层的区块链,执行产生的结果数据也应写入区块链。然而,并不是所有的数据都由智能合约产生,有些数据可能来自区块链之外,如互联网。区块链外部的任何数据都必须经过预言机验证过程,以确保输入数据的正确性。

已经通过预言机验证过程的数据仍然可能不正确。造成错误的原因包括通信失败、同步错误或恶意攻击。为解决这个问题,应该集成数据完整性评分系统。积分帮助判定数据正确性,分数越高越可能正确。[1] 数据进入区块链时,记录数据的来源和当前完整性积分。如果数据来自另一个具有完整性评分的区块链,则记录这些分数并根据区块链的完整性级别调整积分;如果该区块链的诚信等级高,保留相同的分数;如果区块链诚信排名较低,积分也会降低。区块链还会对传入数据源

---

〔1〕 Wei-Tek Tsai, et al., Lessons Learned from Developing Permissioned Blockchains, in 2018 IEEE International Conference on Software Quality, Reliability and Security Companion (QRSC), 2018, pp. 1－10.

的完整性级别排序，用于提供该数据源的初始完整性评分。

完整性计算遵循 Biba 完整性模型，用户只能在与自己完整性级别相同或低于自己完整性级别的区块链上创建内容。如果一个区块链的完整性排名为 B，那么来自该区块链的所有数据最多只能获得等级 B 的完整性评分。如果区块链使用两个数据来执行计算，结果数据的完整性得分将是输入数据的最低分。

由于系统中的数据完整性评分通常会下降，区块链可以雇用完整性评估人员，不时提高完整性评分，可使用领域应用规则来提高数据完整性评分。例如，对于财务数据而言，可以基于会计原则验证数据的一致性。如果一致，则提高完整性评分。再如，股票的总金额可以确定为份额乘以股价。如果已知股价和份额具有较高的完整性，并且总价与这两个数据一致，则总价的完整性评分可以提高为股价和份额的最小值。通过类似的方法，区块链中的诚信评分得以保持。

4. 共识原则

当执行智能合约时，区块链上的每个参与智能合约的节点独立计算数据，这些节点不一定产生一致的计算结果。如果计算结果不同，区块链需要检查哪个节点提供正确结果。这也是超级账本采用的方法。[1]

模板将在相应的法律契约中标识关键事件。在房地产交易中，关键的事件是签订初始购买协议、获得所有权证明、获得检查报告、完成修改、转移全部付款和所有权。这些关键事件的证据必须经过区块链的共识程序，以确保所有各方，如买方、卖方、贷款银行、产权代理机构在协商一致投票中收到相同的信息。每个关键事件的共识都必须在智能合约结束之前完成。这个过程的时间可能很快，也可能长达几个月。

此过程的中间数据存储在区块链中，区块链的数据不能被修改。如果希望修改错误数据，可以通过添加新数据的方式，补充说明旧数据，达到数据修改的目的，同时也不违背区块链的数据不变性。

输入的数据也有两个时间戳：一个是相关代理记录数据的时间，另一个是数据输入区块链的时间。两个时间戳有助于在法庭诉讼中验证数据。每次输入区块链的数据都必须经过区块链的共识机制。

区块链可以对所有或选定的样本数据进行检查，以确保通过共识的数据是正确的。如果发现数据不一致，可以判断区块链可能被破坏。具有不一致数据的节点

---

[1] Eli Androulaki, et al., "Hyperledger Fabric: A Distributed Operating System for Permissioned Blockchains", in Proceedings of the Thirteenth EuroSys Conference. ACM 2018.

很可能就是被破坏的节点(见图 11－5)。

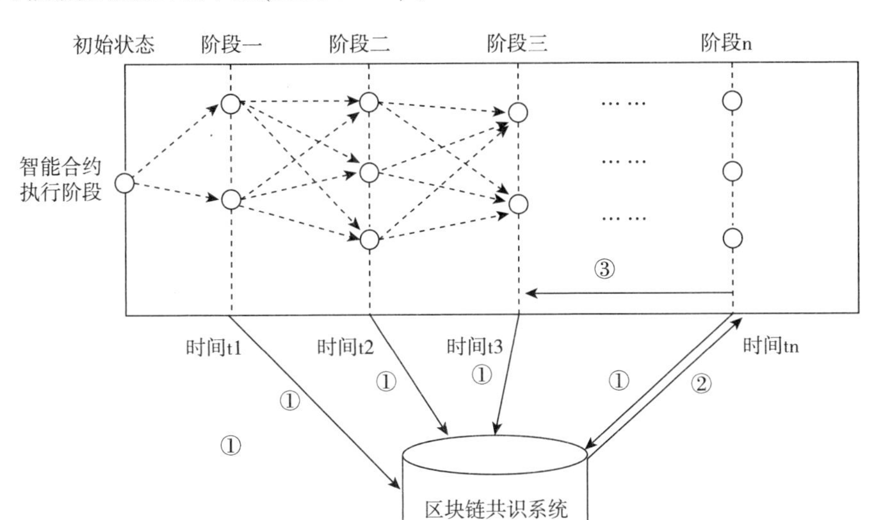

图 11－5　区块链智能合约的共识过程

5. 问责原则

智能合约模板应符合问责原则。如果智能合约的某环节没有完成,谁应该对此负责？因此,模板应体现错误责任方的信息,并包含终止或恢复交易的步骤。例如,在房地产买卖合同中,如果最后一笔交易没有完成,过错方应该承担相应的后果。如果买方用非法资金买房,那么买方应承担过程中止的责任,不能获得房屋的所有权。ISDA 标准表示,一个人或是单位如果在一个合同上违约,可能会自动引起其他违约现象。这表示智能合约系统不能只考虑本合同的流程,因为外在事件都可能会影响到本合同的执行。

6. 回滚原则

智能合约模板不仅需要定义正确的执行过程,还应处理有问题的过程。智能合约模板对问题流程的处理依赖于回滚机制。例如,存款存入信托公司时,智能合约将记录该存款生效。一星期后,信托公司被告知存款的来源不适当,智能合约应该回滚到初始存款之前的状态。

以上问责的方法可以使用事件分析(如事件树分析)自动完成。相关事件的组合经过分析存储在模板中,以确保模板可以处理所有可能的事件序列。智能合约应成为法律契约的一部分,法律契约需要处理任何可能的事件序列,因此回滚原则非常重要。

此外,基于模板的方法允许开发人员、律师和合约参与方共同开发智能合约模板。用户完成智能合约模板配置后,智能合约模型便构建完成。虽然填写模板的过程中已经完成了法律内容的分析,但是,模型建立后,用户可能还不确定模型的逻辑是否符合自己的需求。形式化定义的智能合约模型可以在具体场景中仿真运行,辅助用户确认模型的正确性。此外,交互式仿真可以帮助律师和开发人员提升智能合约模板的迭代开发效率和扩展智能合约模板库。

五、基于领域工程的智能合约开发

如上文所述,一个有法律效力的智能合约开发非常昂贵,也非常耗时。为了节省成本,法律界和计算机界都采取了领域工程的方法,只是名称不同。

(一)法律界使用合同模板来进行领域工程

在法律界,合同模板是一个常用的技术。例如,房地产交易,大部分房地产交易合同都是大同小异。当事人只要填合同需要的信息,签名,就会形成法律效力的合同。这样合同的开发就分成两个步骤:

1. 领域合同的发现,建立领域合同模板库。

2. 根据实际案例,选择适当的合同模板,提供实际信息,合同方签字,完成这合同。

这种开源适用简单合同,复杂合同还需要定制化开发。

(二)领域工程:计算机界软件重用技术

在计算机界,这方面的工作为领域工程。领域工程就是研究一个领域的需求,建立领域的模型,软件开发就从领域工程的结果开始。基本上基于领域工程软件开发成为二段式的开发步骤:领域工程和应用工程。

领域工程:发现一个领域的需求,建立领域里面常用的场景和流程,根据这些场景或是流程,建立常用的模型或是代码。例如,在 1990 年软件工程领域的框架工程(framework engineering),就是把通用而且固定(不改变)的代码放进"框架"(framework),而可以改变的代码或是参数放在"窗口"(window)。这样框架的代码就可以重用。而窗口支持二次开发,通常窗口都具备软件接口的设置,新加入的软件必须符合这些设置的定义和限制(见表 11 - 1)。

表 11 - 1　框架工程的原则

	材料	定位
框架	固化的材料(如代码)	可以重用的部分
窗口	有固化的接口,开发者根据这些接口添加新材料	可以定制的部分。窗口开发后,可以成为延伸的框架(还有自己的窗口),扩大框架,增加软件重用

而经过窗口开发出来的代码,也可以自己成为一个新框架,也有自己的新窗口,补充原来的框架。这样软件开发框架会越来越大,而软件可以层层重用。IBM 公司旧金山框架(San Francisco Framework)就是一个例子。

应用工程(application engineering),就是根据领域工程开发出来的结果,不论是文字(需求),模型,或是代码,再次开发成为应用软件。

领域工程注重收集领域知识,整理成文字,模型,或是代码成为框架文件,框架模型,或是框架代码。这些大部分会是半成品,需要二次开发才能成为软件。领域工程从早期,面向对象的软件框架(object-oriented framework,OOF),到后来服务计算(service computing),到后来的软件及服务(Software-as-a-Service, SaaS)[1]都是领域工程的技术。IBM San Francisco Framework 就是一个面向对象的框架,而 Salesforce. com 就是 SaaS 的著名案例。

应用工程重视领域工程开发的结果,如文件,模型,代码为出发点,开发一个实际软件案例。应用工程重视开发成一个可以用的软件。由于在这阶段部分软件设计、模型、代码都可能已经(在领域工程时候)固化了,只能做小改动,而不能改动固化的材料。

由于在领域工程,有的时候大量工作已经完成,应用工程相对简单,如 SaaS 应用开发,一个新应用可能很快就可以组装完成。但是,也有领域工程,大部分代码工作还没有完成,还停留在软件需求发现阶段,这样应用工程就会复杂而且耗时。而智能合约开发就属于后者。

领域工程的限制是每个领域的领域模型都不同,而且成熟阶段也不同,代码在大部分情形下不能跨领域重用。领域工程实际上是软件重用技术,而实践的时候

[1] Wei-Tek Tsai, XiaoyingBai, Yu Huang, "Software-as-a-Service: Perspectives and Challenges", Science China: Information Sciences, 57(5),2014,pp. 1 - 5.

可以使用任何软件工程技术,如模型驱动,形式化方法。

(三)领域工程是智能合约一个好的开发模型

智能合约开发流程可以分为两大步骤:(1)法律考量;(2)软件开发。法律考量是在一个应用领域,发现常用的合规场景和流程,整理和记录这些流程成为领域的模板。而软件开发是从这些模板出发,开发实际智能合约代码。

在这些流程上,法律界已经做了大量的领域工程,在律师事务所和网上都有大量的合同模板和业务流程。而这些法律合同的模板就是应用工程的开始。这样智能合约开发流程成为下列步骤:

1. 领域工程:智能合约合规流程发现或是开发、整理、建模、模板化,开发对应的软件,建立智能合约模板库和代码库;

2. 应用工程:根据前面一步开发的模板(来自模板库)或是代码(来自代码库),根据智能合约平台,开发实际智能合约软件。

由于智能合约还是在萌芽阶段,现在领域工程的成果就是领域合同的模板以及大量的现成合同,而固化的合同代码少。这样在这种情形下,智能合约的开发和李嘉图合约开发方式类似。

(四)领域工程的示范:房地产交易智能合约开发

这里示范一个房地产交易案例。世界每个国家都有自己的房地产交易法规,但是大部分国家的相关法规都是大同小异。而且,这些合同几乎都已经模板化,许多时候完成一个房地产交易合同都不需要法务人员参与。因为在大部分情形下,现有合同模板已经足够。因此,现在已经有大量房地产交易合同模板。有些模板还经过严格验证。

国外一些法律科技公司开发的合同模板,是经过严格验证的。这些模板大部分都经过完整性分析(completeness analysis)和一致性分析(consistency analysis)的查验。有的模板也提供有对应的软件。在这种情形下,该领域不但有合同模板库,还有对应的软件库。在智能合约技术没有发展前,这些软件的主要功能是分析合同的完整性和一致性,而不是产生可以执行的代码。但是在,智能合约时代,代码的目的延伸到可执行合同条款。从分析合同到执行合同,这是一个质的变化。

例如,在房地产交易中,智能合约可以执行自动签名、自动转账、验证地产主人、融资租赁作业、记录交易流程、进行托管机制。这里讨论利用模型驱动开发的方法,以房屋租赁合同为例分析该类合同模板中的领域知识。

住建部《商品房屋租赁管理办法》第 7 条规定,房屋租赁当事人应当依法订立租赁合同。房屋租赁合同的内容由当事人双方约定，一般应当包括以下内容：

(1)房屋租赁当事人的姓名(名称)和住所；

(2)房屋的坐落、面积、结构、附属设施，家具和家电等室内设施状况；

(3)租金和押金数额、支付方式；

(4)租赁用途和房屋使用要求；

(5)房屋和室内设施的安全性能；

(6)租赁期限；

(7)房屋维修责任；

(8)物业服务、水、电、燃气等相关费用的缴纳；

(9)争议解决办法和违约责任；

(10)其他约定。

每一份房屋租赁合同实例都应当包含以上条款，但在具体内容中可适当调整变化。下面以一份简化的房屋租赁合同为例，从比格犬智能合约模板设计原则出发，分别梳理该领域知识中的合同变量、状态、事件和流程。

合同变量包括以下内容：

1. 当事人信息：甲方当事人姓名、甲方当事人住所、乙方当事人姓名、乙方当事人住所。

2. 房屋信息：坐落、面积、结构、附属设施、家具和家电等室内设施状况、租赁用途、房屋使用要求。

3. 租金相关事项：租金数额、押金数额、租金或押金支付方式、租赁期限(开始日期，截止日期)。

根据合同生命周期状态图，合同执行中包含以下状态：

1. 开始状态。

2. 执行状态。

- ✓ A1：押金缴纳完成。
- ✓ A2：当事方信息审核成功。
- ✓ A3：房屋信息审核成功。
- ✓ A4：交纳租金。
  - • A4－1：(付款方式1)已交纳首月定期缴纳租金和物业等费用。
    - ○ A4－1－1：合同已签订生效。
    - ○ A4－1－2：每月交纳租金和物业等费用。

- A4 –2:(付款方式2)已一次付清租金和物业等费用。
  - ○ A4 –2 –1:合同已签订生效。

✓ A5:租赁结束。

3. 回滚状态。

✓ B1:审核房屋资料未通过,押金回滚。

4. 违约状态。

✓ C1:租金未按时缴纳或数额不足(乙方缴纳租金违约)。

✓ C2:合同期间甲方涨价或强制乙方搬出(甲方服务违约)。

5. 问责状态。

✓ D1:问责乙方完成。

✓ D2:问责甲方完成。

6. 结束状态。

合同执行中包含以下事件:

- 乙方交纳押金。
- 第三方审核当事方信息。
- 政府部门审核房屋信息。
- 乙方交纳租金。
- 乙方交纳租金违约。
- 甲方涨价或强制乙方搬出。
- 第三方问责乙方。
- 第三方问责甲方。
- 第三方回滚押金。

合同的执行流程为如图11 –6所示。

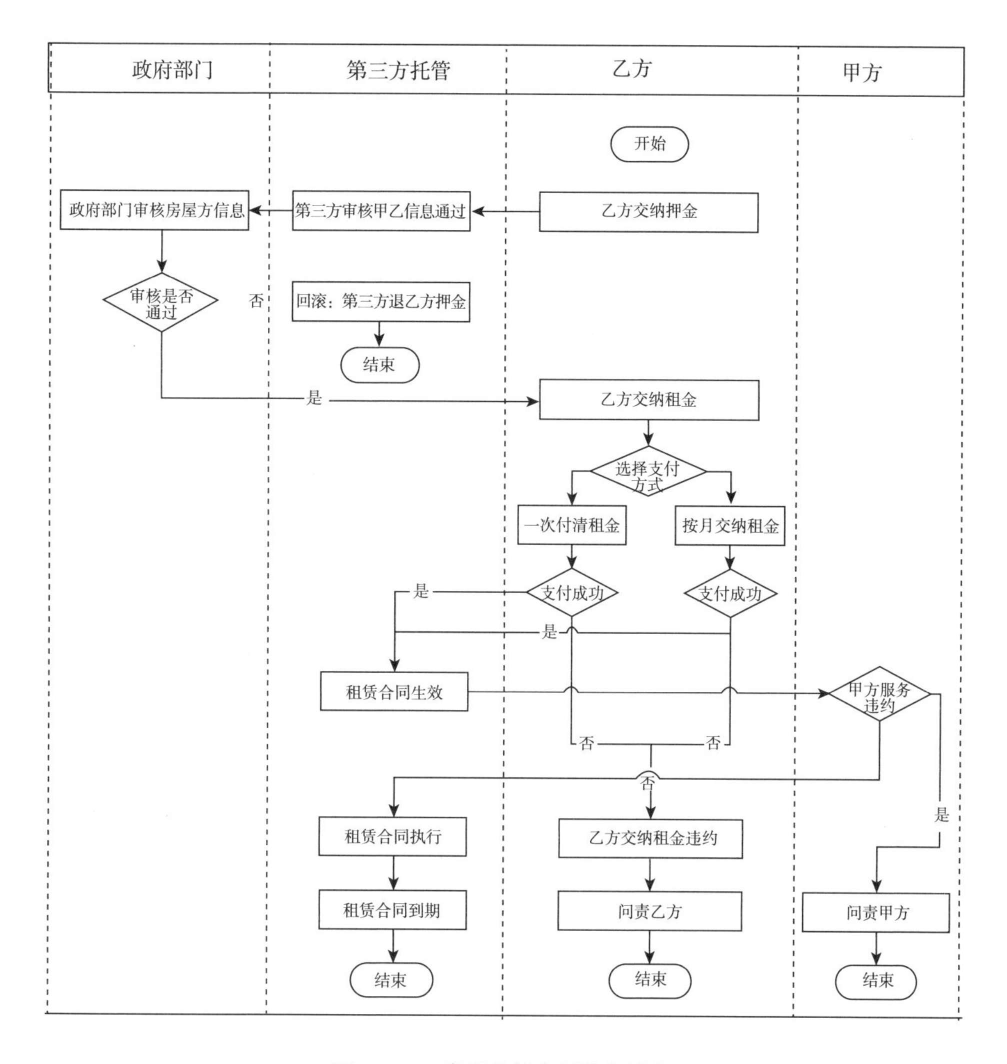

图 11－6　房屋租赁合同执行流程

类似这种合同模型可以在房地产交易上大量开放，而客户可以选择不同模型来开发实际智能合约软件。

（五）智能合约应用工程：验证模型与代码生成

这些模板需要补充实际信息，如房地产地址，交易双方身份证信息等。当这些需要的信息都补充完后，就可以从事模型验证和生成代码。模板可能没有完整信息，一些验证不能进行。但是，一旦信息完整后，这些验证就可以进行。例如，智能合约模板开发智能合约模型，可以使用形式化验证方法确保模型的正确性，再基于正确的模型生成智能合约代码。

1. 基于模型检测的智能合约模型验证

仿真过程中，智能合约模型在指定一组数据输入后运行，辅助用户确认模型逻辑，但难以枚举全部输入数据，因此不能保证智能合约模型完全正确，形式验证能够与仿真方法互补。目前，已有大量工作致力于研究如何应用形式化方法验证智能合约代码正确。验证对象不局限于最终代码，也包括智能合约模型，以便在设计层面提前发现问题。在众多形式化验证技术中，模型检测较为适合验证智能合约模型。主要有两个原因：第一，智能合约的控制结构反映交易中条件分支的触发条件及其执行过程，交易具有确定性特点，因此智能合约系统的状态空间是有限的；第二，智能合约计算复杂度较低，符合模型检验等技术的计算复杂度要求。已有工作[1]利用 SPIN 模型检测工具验证智能合约模板的正确性。

2. 智能合约代码自动生成

代码从智能合约模型自动生成，并运行于区块链平台。智能合约模型生成代码可以做到完全自动化，对于没有在智能合约模型中描述的外部合约，不能自动生成代码。在这种情况下，将生成智能合约与外部智能合约交互的接口。

（六）智能合约代码测试与验证

与其他软件类似，智能合约代码需要经过测试和验证来保证软件正确。智能合约代码需要经过大量测试，工作量大，但难以保证智能合约软件的质量要求。因此，合约代码测试与验证可以采用群智方式。智能合约代码通过测试或验证后，运行在区块链之上，可能遇到区块链底层平台不确定性带来的运行错误，因此，同样需要监控智能合约在特定运行环境下的可靠性。主要监控智能合约运行时的两方面行为：一方面监控单个智能合约运行时的行为是否正确，另一方面监控是否能够触发正确的智能合约。

1. 基于众包的智能合约代码测试与验证

众包测试是软件测试的新兴趋势，将测试任务拆分，利用众包平台，招募专业测试人员和终端用户参与测试任务。目前众包测试已成功应用在移动端应用等产品的可用性测试、性能测试、图形用户界面（GUI）测试等，并用于解决测试用例生成和预言机问题。由于智能合约涉及多个专业领域，需要具有不同知识背景的专家参与测试，需要设计并研制针对智能合约的众包测试验证流程和平台。

（1）参与者：智能合约用户、律师、软件开发工程师、形式化方法工程师和软件

---

[1] Xiaomin Bai, et al., “Formal modeling and verification of smart contracts”, Proceedings of the 7th International Conference on Software and Computer Applications, 2018, pp. 322 – 326.

测试工程师从各自专业的角度共同测试和评估智能合约。利用众包平台开展讨论,完成协同评估,讨论众包策略。

(2)流程:众包任务需要计划、组织和优化。例如,特定任务众包后的结果可以由另一个团队或内部团队进行评估。众包任务可以重复执行,下一个任务根据之前任务的结果进行规划。这些任务可以由外部和内部团队并行或顺序执行。例如,智能合约模板可以由外部律师团队和内部律师团队分别评估。内部团队将在几次迭代之后确定最终产品。这样的开发方式有助于保持模板的完整性和正确性。

(3)平台:众包测试验证平台提供通信、搜索引擎、自动化评估、自动测试、形式化验证、事件树分析等工具。

在智能合约代码验证方面,已有工作使用模型检测技术验证智能合约代码。例如,[1]使用行为交互优先(Behavior Interaction Priority,BIP)模型检测工具验证智能合约代码、区块链执行协议和用户行为。[2] 使用 Maude 模型检测工具验证智能合约代码的并发问题。[3] 使用行为交互优先(Communicating Sequential Processes,CSP)理论和失效—发散精化(Failures-Divergences Refinement,FDR)模型检测工具验证智能合约代码的并发漏洞。[4] 使用 NuSMV 模型检测工具验证智能合约代码符合需求。[5] 使用可满足性模理论(Satisfiability Modulo Theories,SMT)验证智能

[1] Abdellatif Tesnim, et al., "Formal Verification of Smart Contracts Based on users and Blockchain Behaviors Models", 9th IFIP International Conference on New Technologies, Mobility and Security (NTMS), 2018, pp. 1 – 5.

[2] Xiaohong Chen, et al., "A Language-independent Approach to Smart Contract Verification", in International Symposium on Leveraging Applications of Formal Methods, 2018, pp. 405 – 413.

[3] Meixun Qu, et al., "Formal Verification of Smart Contracts from the Perspective of Concurrency", in International Conference on Smart Blockchain, 2018, pp. 32 – 43.

[4] Zeinab Nehai, et al., "Model-checking of Smart Contracts", in IEEE International Conference on Internet of Things (iThings), IEEE Green Computing and Communications (GreenCom), IEEE Cyber, Physical and Social Computing (CPSCom), IEEE Smart Data (SmartData), 2018, pp. 980 – 987.

[5] Leonardo Alt, et al., "SMT-based Verification of Solidity Smart Contracts", in International Symposium on Leveraging Applications of Formal Methods, 2018, pp. 376 – 388.

合约代码的功能正确。其他工作依赖于定理证明验证智能合约代码的功能正确[1]。以上工作表明应用多种形式化方法验证智能合约代码是可行的,但该领域仍然存在以下问题:

第一,图灵完备语言问题:智能合约编码选择了图灵完备语言,从而限制了彻底验证代码的可能性。非图灵完备语言有望克服这一障碍。为此,有工作提出了新的智能合约编码语言。[2]

第二,属性完整性问题:因对智能合约错误的来源、类型和影响尚缺少充分地理解,需要通过实证软件工程方法总结并定义智能合约性质库,帮助开发人员确定验证目标。

第三,形式验证方法的高学习成本问题:由于学习曲线很高,形式化的验证技术在实际系统中应用成本很高。

考虑到以上现状,基于众包的智能合约代码测试与验证平台具有以下优势:

(1)汇聚智能合约的性质,形成较为完整的智能合约代码性质库;

(2)整合现有工具,形成工具库,降低学习成本,同时充分发挥不同工具差异化的测试和验证能力,针对不同类型的代码性质适配工具。

2. 智能合约代码的运行时验证

智能合约运行时仍然受到来自运行环境的各种不确定因素的影响,有必要引入运行时验证方法,保证代码执行期间智能合约的正确性。运行时验证方法提供了运行时的质量保证,所记录的运行时数据也可以用于证明智能合约代码可信。例如:

当触发智能合约时,向用户发送包含智能合约 ID、触发时间、输入数据和参与节点 ID 的消息,并将这些信息存储在区块链中。

智能合约执行完成后,将生成另一条消息,其中包含智能合约 ID、执行结果和

---

[1] Bhargavan Karthikeyan, et al., “Formal Verification of Smart Contracts: Short Paper”, in Proceedings of the ACM Workshop on Programming Languages and Analysis for Security, 2016, pp. 91 – 96.
Sidney Amani, et al., “Towards verifying Ethereum Smart Contract Bytecode in Isabelle/HOL”, in Proceedings of the 7th ACM SIGPLAN International Conference on Certified Programs and Proofs, 2018, pp. 66 – 77.
Ton Chanh Le, et al., “Proving Conditional Termination for Smart Contracts”, in Proceedings of the 2nd ACM Workshop on Blockchains, Cryptocurrencies, and Contracts, 2018, pp. 57 – 59.

[2] Nicola Atzei, et al., “A survey of Attacks on Ethereum Smart Contracts (sok)”, in International conference on Principles of Security and Trust, 2017, pp. 164 – 186.

相关用户的事件时间,并将这些信息存储在区块链中。

智能合约完成,结果存储在区块链中,将生成另一条消息,包含智能合约 ID、结果、包含结果的块位置以及这些块和节点的 ID,并将这些信息存储在区块链中。[1]初步试验了将运行时验证技术应用于智能合约,结果表明,虽然区块链与传统的分布式软件不同,但是运行时验证方法仍然适用于智能合约。

(七)总结

本章讨论比格犬智能合约开发模型。这和其他智能合约开发模型或是技术不同,如李嘉图合约主要注重合同模板的定义,雅阁项目主要注重合同模板和智能合约语言, ISDA 主要注重合规流程的定义以及这些流程的相互关系(事件模型), LSP 项目注重理论研究,而比格犬模型注重领域工程、智能合约流程上常用的机制(如托管、回滚,问责)和模型驱动开发流程。而这些智能合约开发模型和传统链上代码开发流程不同,开发出来的智能合约流程和传统纸质合同流程也会差异,因为需要将"灵活度"放进智能合约流程中。

本章补充思考

问题一:您认为比格犬模型与李嘉图合约、雅阁项目的联系与区别在哪里?

问题二:您认为有效证据的相关性、真实性、合法性,当彼此之间冲突时,应当如何配置优先级? 相关性、真实性、合法性与否的判断,应当由谁进行?

问题三:您认为应当如何平衡编码、运维、第三方监管评价之间的关系? 是否可以参考现实中权力制衡的结构,建立诸如行业进入、利益回避、竞业禁止等制度?

问题四:在您看来,中心式、分布式预言机的优劣势各自在哪里? 对于预言机的功能边界应当如何划定?

问题五:您认为智能合约是否应当与区块链绑定? 如果智能合约上链,是否会与使用者的保密义务,职业伦理相冲突? 应当如何协调?

问题六:您认为底层协议层面是否应当统一? 构建底层协议的编码是否应当具有知识产权并据此获利? 是否会构成标准制定方的优势霸权?

---

[1] Joshua Ellul, et al., "Runtime verification of Ethereum Smart Contracts", in 14th European Dependable Computing Conference (EDCC), 2018, pp. 158 – 163.

第十二章 预言机的设计与实现

虽然“区块链+智能合约”的组合很让人期待，但是区块链和智能合约组合打造的链上代码世界需要不断与现实世界结合和互动，这两个世界不能兼容，迫切需要一座桥梁来实现沟通，这座桥梁就是预言机系统或者平台。

一、预言机并非用来“预言”

（一）认识预言机

预言机的英文为Oracle，最初源于古希腊宗教，意为神谕、先知、预言。

1939年，艾伦·图灵在博士论文里提出预言机的概念，介绍了超计算（Hypercomputation）。[1] 预言机比图灵机更加强大，可以回答一些无法通过计算解决的问题。一部预言机是一个带着“魔法黑盒”的图灵机，其中黑盒可以解答两类问题：一是决定性问题（decision problem，只需回答“是”或“否”的问题）；二是功能性问题（function problem，又被称为复杂型问题）。

2018年11月6日，中国人民银行发布的《区块链能做什么？不能做什么？》报告中对预言机的定义是，区块链外信息写入区块链内的机制，一般被称为预言机（oracle mechanism）[2]。

预言机还有其他一些类似的定义，比如，“为智能合约提供了一个可信的与外部世界进行交互的机制和平台，他在区块链与外部世界（比如互联网）之间建立一

---

[1] 通证通研究团队：《预言机：区块链与外界沟通的桥梁——区块链技术引卷之十五》，载微信公众号“通证通研究院”，2018年11月24日。

[2] 徐忠、邹传伟：《区块链能做什么？不能做什么？》，载搜狐网：sohu.com/a/273728767_481741，最后访问日期：2020年7月20日。

道可信的数据网关,打破智能合约获取数据的束缚”。[1] “预言家(机)是一种代理,负责查找并验证真实世界中的事件,并提交此信息到区块链,以供智能合约使用。这种代理可以是软件、硬件或人”[2]。

本书认为,在图12-1区块链和预言机一对一架构基础上,未来发展是一个预言机可以和多个区块链合作,一个区块链可以和多个预言机合作。

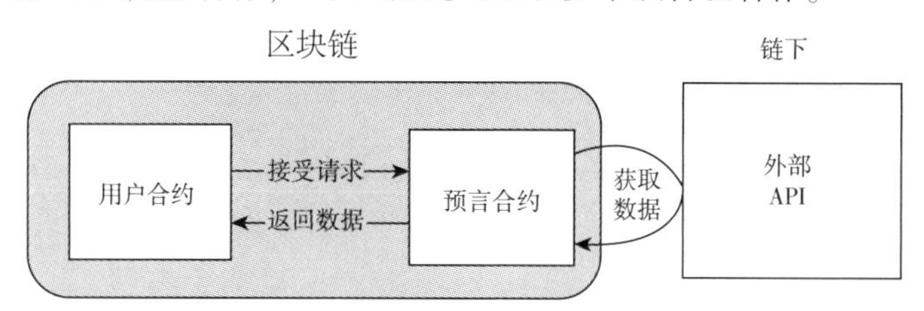

图12-1 区块链和预言机的一对一架构

为保证区块链网络的安全,智能合约一般运行在隔离的沙箱执行环境中(如以太坊的虚拟机及超级账本的Docker容器等),除交易的附加数据外,预言机可提供可信外部数据源供合约查询外部世界的世界状态或触发合约执行。同时,为保持分布式节点的合约执行结果一致,智能合约也通过查询预言机实现随机性。

(二)预言机背后的原理和机制

1.两个世界不兼容

智能合约迫切需要预言机系统的主要原因是,链上代码世界和现实世界不兼容。

要知道,触发智能合约的“一定条件(或者事实)”可以是链上信息,也可以是现实世界的信息。随着智能合约与具体产业越来越密切地结合,绝大部分触发智能合约的“一定条件(或者事实)”是现实世界信息。

区块链依靠分布式的系统和相关技术构造了一个确定的链上代码世界,这个确定性可以用一个接一个发生的顺序特定的事件来反映。但是,在现实世界的信息没有特定的顺序,绝大部分现实世界信息处于不连续、不透明状态,因此这些信息无法被区块链直接信任或使用。

---

[1] TokenClub研究院:《预言机技术研究报告:虚拟与现实的纽带,数据真实上链之锚》,载DISPLORE网:http://report.displore.cn/view/41563,最后访问时间:2020年8月27日。

[2] Matt Liston, “A Visit to the Oracle”, http://media.consensys.net/2016/06/01/a-visit-to-the-oracle/? from = singlemessage&isappinstalled = 0, July 20,2020.

因此，两个不兼容的世界沟通需要一个桥梁，预言机便应运而生。预言机设计的核心是要解决两个问题：

满足什么条件的链外事实信息才能被区块链信任和使用？

什么样的流程和制度设计能保证链外事实信息满足这样的条件？

2. 客观真相与人主观认识局限

对预言机设计核心要解决的两个问题背后更深层次的追问是，人能认识到一个事实的100%真相吗？

100%真相也被称为“客观真实”或者“绝对真实”。对这个问题的回答是，因为人本身的局限，我们还无法认识到“客观真实”，只能通过机制和工具让个人主观认识无限接近“客观真实”。也就是说，我们认识的事实是相对的，不是绝对的。或者说，不同主体对同一事实的呈现必然存在片面性，其对事实的认识只能是一种对事实的逼近，其所呈现的事实真相也只能是一种“有条件的真实”，而无法达到“绝对真实”。[1]

既然事实是相对的，一万人就有一万个对同一事实的认知，那么谁认定的事实才是更接近“客观真实”？或者说谁认定的事实让更多的人信服？

从这里可以看出，一个认定的事实和“客观真实“的接近程度，可以用让人信服的程度来评估。因此，预言机系统的设计必须聚焦于：对触发智能合约的“一定条件（或者事实）”信息的可信度、可靠性评估。

（三）预言机对智能合约的增益

预言机对智能合约系统的增益主要体现在它提供了可信的与外部世界进行交互的条件。有了这一条件，智能合约有了更丰富与真实的数据源，也可以被应用到更广泛的领域。

1. 提供可信的共识

区块链是基于共识的系统，只有在每个交易和区块处理过后，并且每个节点达到相同状态，智能合约才能正常运行，所有事情必须精确一致。这种机制所产生的一个问题是如果节点之间对数据状态有歧义，整个系统就无法可信稳定运行了。在区块链中，智能合约由链上的每个节点独立执行，而智能合约从外部服务获取数据的话，也是由各节点独立去获取的。区块链的分布式就是体现在它多节点不可篡改的特性上，而对于一个短时间内可能变动的数据，由多节点独立获取，由于网

---

〔1〕 杨韫珏：《后真相时代的真相构建与公众参与》，载《今传媒》（学术版）2019年第5期。

络延迟、节点处理速度等各种原因，每个节点获取的数据可能会出现偏差，输入智能合约的数据也就不同，因此对应的各节点智能合约输出也会不同，在这种情况下，整个区块链的信任基础就会崩溃，无法达成共识。

而预言机提供的解决方案是通过第三方发送一笔区块链交易，在交易中附加需要的数据，交易会将数据嵌入区块，并同步到每个节点，从而保证数据的完全一致，因此可以用于智能合约的计算中；总结就是由第三方将数据推送进区块链，而不是由智能合约将数据拉取进去。

2. 提供第三方授信

预言机是一种可信任的实体，它通过签名引入关于外部世界状态的信息，从而允许确定的智能合约对不确定的外部世界作出反应。预言机具有不可篡改、服务稳定、可审计等特点，并具有经济激励机制以保证运行的动力。目前来说，预言机有两种模型：一个是单一模型，另一个是多重模型，有时候多重模型又称为预言机网络。

单一模型只包含一个预言机，这一预言机是可信任的，它会正确地执行代码，合约的参与者能确信它不会与合约的某一参与方相勾结，单一模型类似于软件即服务提供者；对于大部分应用，单一模型已经就足够安全，并且经济实惠。

多重模型包含多个预言机，甚至是预言机网络，在这一模型中，代码的执行分布在若干独立的预言机中，如10个，将这10个预言机的数据设置一个可信临界，临界值数量的智能预言机必须就结果达成一致，例如，用户使用7/10模型，只有当等于大于7个智能预言机一致时，合同才能够执行，多重模型比单一模型更加复杂，成本更高，但是它提供了更好的安全保障。

二、预言机系统的设计与实现

预言机系统可以分为服务端、审计链以及数据源三个端，重点实现审计链架构与三个端之间的通信层架构工作，定义审计链中数据层的数据结构，完成各个模块的设计工作以及各模块之间的协调运作。最后实现功能性能完善的智能合约数据馈送系统。

（一）需求分析

智能合约运行在区块链上，当区块链上的数据无法满足智能合约的正常运行时，智能合约就需要从外部世界获取数据。但是，外部世界纷繁复杂，区块链中的数据是可信的，这是由区块链的运行机制带给区块链的特质，如果未经处理的外部数

据直接提供给智能合约使用,这就导致两个方面的问题:

首先,由于智能合约运行过程中的数据以及最后的结果都要存在区块链中,过程数据和结果数据最后都会和区块链系统本身的数据一起存放在链上,过程数据和结果数据的不可靠会直接污染所有数据的可靠性。因此,研究如何保证外部数据的可靠性,是智能合约数据馈送系统需要解决的第一个问题。

其次,对于区块链系统而言,监管性和隐私性是两个相互矛盾的性质。强监管性必然导致弱隐私性,而强隐私性必然弱化监管。现有的强隐私弱监管的例子就是门罗币系统,该系统的目的就是实现一个匿名的数字加密货币,采用的是加密笔记(CryptoNote)协议通过环签名实现。但是,这个系统很明显不利于监管,因此很多人使用该系统洗钱。区块链技术要想在重要领域广泛使用,一定要具有可监管性,但是从个人权利和用户需求方面出发,又要保证用户的隐私权,因此,需要在这两者之间做一个平衡,一方面能够达到监管要求,另一方面又能保证隐私性。当然,对于智能合约来说,隐私性的重要不仅仅体现在用户需求和权利层面,从经济利益出发,更能显示隐私的重要性。一些智能合约的数据请求本身可能就包含了一些讯息,投资者可以根据这些讯息快速预计定位市场将要发生的事件,因此有时候请求的泄露可能会造成市场的波动。

综上所述,智能合约数据馈送系统整体上围绕保证数据可靠性、可监管性以及数据的隐私性这三个性质展开。

(二)系统整体架构

1. 审计端架构

通过以上的需求分析可知,审计链的架构设计十分重要,因为不管是服务端的信誉机制还是数据源的准入机制实际上都是依托于审计链来执行的。审计链本质上是一个区块链系统,但是它的功能更多的是用于存证以及数据共识从而保证该数据的可靠性,在这一点上有别于其他的区块链交易系统。从某种意义上说,审计链不需要验证交易的有效性,因为审计链本身不涉及交易的功能。审计端的架构如图 12-2 所示。

审计端的架构主要分为四层。最底层是存储层,使用 Redis 数据库作为缓存,MySQL 数据库持久保存数据。由于 Redis 数据库是非关系型数据库,存取速度快,这弥补了关系型数据库速度慢的不足,通常用于系统和数据库之间的缓存,Redis 缓存中使用的键值对的保存形式,虽然在一定程度上限制了它的使用,但是速度快的特点很大程度上弥补了这方面的不足。MySQL 数据库在该架构中用于永久存储数

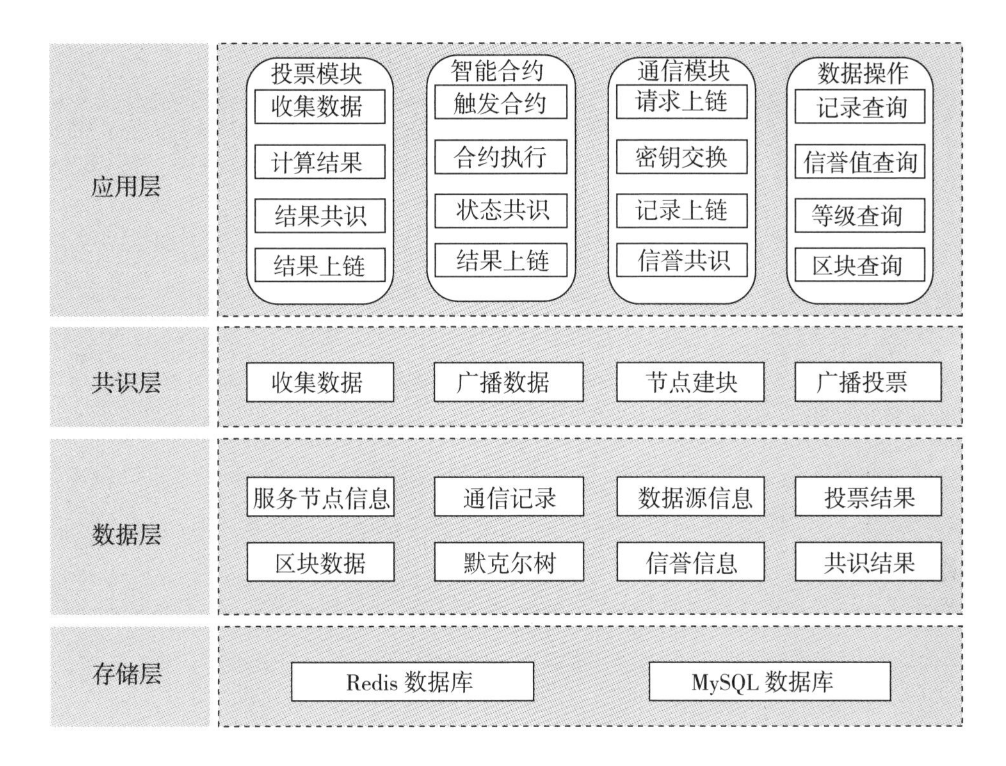

图 12-2　审计端架构图

据，区块链上的所有区块信息都存储在 MySQL 上。MySQL 性能很稳定，易于安装维护，体积较小，使用成本低，在对性能要求不严格的系统中使用该数据库很方便，数据层中所涉及的数据都存在 MySQL 数据库中。

数据层定义了审计链中保存的各类数据，区块数据和默克尔树是区块链系统中最基本的两种数据，区块是区块链的核心，系统将多个数据打包成区块存在链上，区块链一旦存入链中就无法更改，而默克尔树就是保证其不可篡改性的关键性技术。如果区块中的数据被篡改，那么默克尔树的根节点与其他共识节点保存的数据不一致，那么就能断定该共识节点之前保存的数据被篡改过，通过遍历默克尔树找到与其他节点数据不同的节点就能定位被篡改的数据。在本系统中，主要存在三类数据：首先，每个服务端节点都应该记录在案，这样便于统计各节点的信誉指数。其次，数据源的信用以及安全等级也应该保存在审计链中，做到有案可查，保证不是“黑户”，同样这样做的目的也在于便于统计数据源的安全等级。最后，也是最重要的是数据馈送记录，这个记录是通过记录服务端和数据源通信请求和回复便于今后监管时有迹可循。

共识层主要负责各类数据上链之前的审计链各节点数据一致性的工作。同样，与数据层相对应，这一层需要对三种数据达成共识：服务节点数据、通信记录以及数据源数据。这三种数据使用同一种共识算法——实用拜占庭将军协议（Practical Byzantine Fault Tolerance，PBFT）算法，三者之间的区别就是需要注意应用场景。应用场景这部分在应用层中会加以说明。

应用层大致分为四个模块：投票模块、智能合约、通信模块以及数据操作。投票模块主要针对的是服务节点的信誉指数，各节点将各自的结果发送给各个共识节点，共识节点先各自计算参与服务的节点的信誉值，然后将结果达成一致后存入链中作为各个服务节点信誉指数的更新。智能合约模块针对的是数据源的信任等级，数据源将自己的申请以及证明材料递交给审计链触发准入审计智能合约的运行，合约顺序执行，执行到重要节点时，将此时的运行状态经过共识存入审计链中，直到合约运行完成，数据源获得准入权限，结果共识上链。通信模块针对的是服务端和数据源之间的通信问题，审计链作为第三方，保存有服务端的请求以及双方的通信记录便于监管，这些记录都是用密钥进行加密，保证隐私性。数据操作主要是面向内部和外部提供查询接口，主要可供查询的数据有通信记录数据、服务节点信息及信誉指数、数据源的相关信息及信任等级、最基本的区块信息查询。

审计端是整个系统的核心架构，所有功能都是围绕审计端进行的，因此审计端架构关系到整体系统的功能和性能。服务节点的设计目的是减轻审计链中共识节点的工作量，同时分摊共识节点的责任与能力，防止共识节点作恶导致更为严重的后果。服务节点的引入可以很好地监督共识节点的运行，共识节点也同样评估服务节点的工作信誉和能力，两两相互制约，达到审计监管的目的。

2. 通信层架构

通信主要指的是服务端、审计端以及数据源的通信过程。通信过程包括三种：服务节点与审计链之间的通信、数据源与审计链之间的通信、服务节点与数据源之间的通信。这三种通信需要遵循本预言机系统的通信基本原则，有以下三点：

（1）服务节点可以和审计链直接通信，服务节点向审计链发送消息时向审计链中的所有共识节点同时发送请求或信息。审计链向服务节点返回结果时是所有共识节点同时向服务节点返回，超时返回的数据视为无效数据。

（2）数据源可以和审计链直接通信，数据源向审计链发送审计数据，审计链触发智能合约的执行，结果共识后上链，并向数据源返回共识结果，也是共识节点同时向数据源发送结果数据，数据源选择多数节点提供的结果。

（3）服务节点和数据源的通信必须有审计链的参与，否则不可以直接单独通信。因为服务节点和数据源的通信记录要上链,使用的算法是基于第三方区块链的安全通信算法,该算法保证了通信记录一定上链后,服务节点和数据源才能正常通信。

上述三个原则都是围绕审计链展开的,审计链在其中起到了对通信过程的审计监管功能以及服务节点和数据源的统计评估作用。审计链监督服务节点和数据源的通信,统计服务节点的信誉指数,评估数据源的信誉等级,实现了数据可监管功能,完成了一个有效的安全通信协议。

这里使用的是引入第三方区块链的安全通信协议,该协议在引入了一个第三方分布式系统的前提下,完成了服务端与数据源的通信过程。一次请求完成过程需要执行两次共识,一次共识请求并存入区块链中,另一次是共识通信记录并存入链中。依据本系统的通信三原则,系统的通信如图 12－3 所示:

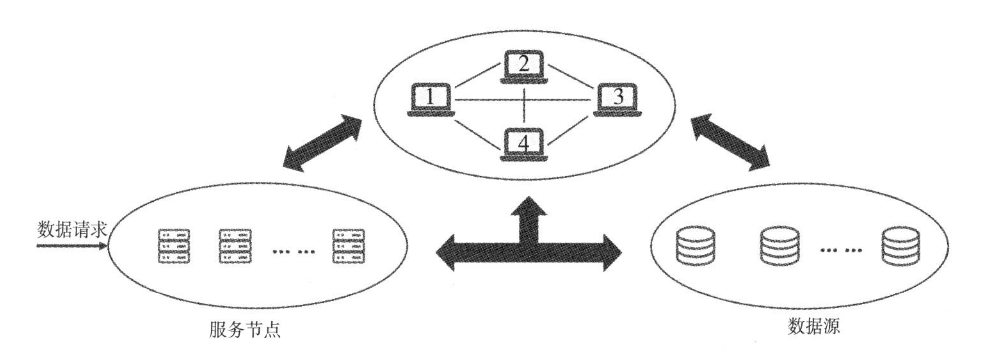

图 12－3　系统通信示意

在这个通信过程中,服务节点与审计链、数据源和审计链的通信都是单节点对多节点的通信,单节点指的就是服务节点和数据源,多节点就是审计链中的共识节点。它们都是将信息同时发送给共识节点,共识节点分别处理请求后,对结果达成共识,结果数据存入链中后,所有共识节点都会将结果发送给服务节点或者数据源。单节点在有效时间内收到回复后,将大多数共识节点回复的数据作为最后的结果。

服务节点与数据源的通信就是一个单节点对单节点的通信,审计链的参与只是作为第三方存证,并没有实际参与通信。在服务节点与数据源的通信过程中,由于第三方的加入,不可避免地会有和第三方的交互过程,这个交互过程可以参照上述的单节点对多节点的交互过程。由此可见,在本系统中单对多的通信是单对单通信的基础。

本章补充思考

问题一:有说法认为“预言机既是法官又是证人”,您如何理解这种说法?

问题二:如果不同的预言机对于事实认定采取不同的标准,您认为,是否会因此存在制度套利的空间?如果答案为是,您认为应当如何改善?

问题三:预言机是共识的底层机制,您认为应当如何规避或对冲预言机运行错误或被恶意攻击的风险?

附录:智能合约的安全标准

(以下内容为赛迪区块链研究院提出的智能合约标准草稿,是科技部重大项目的一个结果)

一、智能合约的安全实施框架

智能合约的安全实施框架根据其运行机制可概括为需求收集与规划、合约创建、安全审计、合约触发、合约运行、合约废止六个阶段。

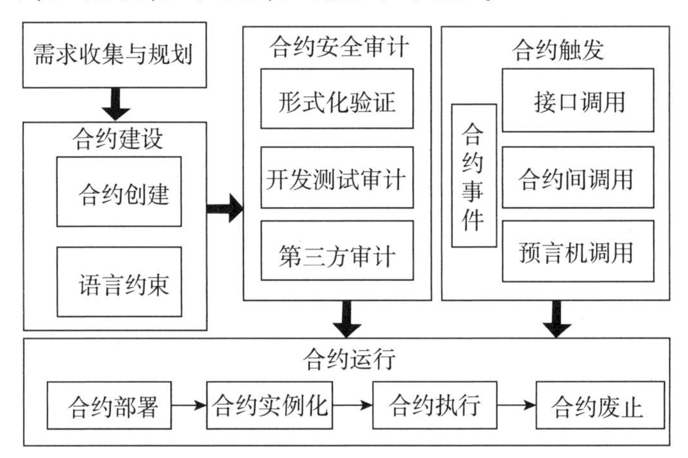

附图1　智能合约安全实施框架

本标准依照附图1,分别提出以下安全要求:

——需求收集与规划:合约创建前期需求收集和规划的安全要求;

——合约创建:合约代码创建的安全要求;

——安全审计:合约在审计过程的安全要求;

——合约触发:合约触发相关接口调用的安全要求;

——合约运行:合约部署到执行过程的安全要求;

——合约废止:合约废止的相关要求。

二、智能合约安全基本要求

(一)需求收集与规划安全要求

a)应组织需求的收集、分析、细化并核实的步骤,编写需求文档;

b)宜从多个来源收集输入事实,保证需求的可追溯性;

c)应制定智能合约安全风险分析与风险管理规划。

(二)智能合约建设安全要求

合约创建安全要求包括编码安全要求、编译部署安全要求。智能合约建设应执行不少于以下规范和流程:

a)规范编写——这是一种非标准化的技术指定收集的需求;

b)编码——编写符合指定需求的程序代码;

c)测试——手动测试自动单元的功能,保证智能合约的代码覆盖率不低于95%;

d)审核——首先应在内部审核代码,满足上述前提条件,应提交外部进行合约安全审核。

1. 编码安全要求

(1)书写规范要求

a)代码宜使用已经广泛应用的安全技术和工具;

b)代码不应使用过时的语法或用法,应合理运用注释规则;

c)宜创建行业标准或模板版本的合约,每个新的智能合约代码都将不宜从头开始构建,应当基于标准和模板,并根据需求进行修改。

(2)代码逻辑要求

a)代码逻辑应简洁,避免逻辑性冲突;

b)代码应对所有条件选择语句和交易步骤进行完备性检查,满足条件动作描述的完备要求;

c)合约和函数宜模块化;

d)代码应实现正确的操作逻辑,应仔细权衡再发生重要操作时的代码逻辑,避免逻辑陷阱。

(3)代码安全与保密要求

a)遵循通用安全编程准则,包括输入验证、缓存溢出、安全调用组件和程序编译等;

b)代码不应存在已知安全编码缺陷,应可抵抗RCA、RNA、RBA、TCRA、短地址

攻击等,避免整数溢出、依赖时间戳等缺陷;

c)代码应提供对已知攻击的解决方案,包括竞态、代码重入、交易顺序依赖等;

d)代码应采取措施保障合约中的隐私信息和商业秘密,并解决组织内部和组织之间的数据共享问题;

e)代码宜采取措施保证链下状态中合约执行的保密性。

2. 编译部署安全要求

a)区块链系统应校验智能合约的编译实体、写入策略和签名内容。

b)区块链系统应将智能合约内容的哈希值写到区块链账本中。

c)区块链系统的共识机制安全可靠,才能保证智能合约安全。区块链系统必须使用拜占庭容错算法或其优化算法,并通过第三方验证。

区块链系统的共识机制安全可靠,才能保证智能合约安全。例如,2 轮投票机制的协议不是拜占庭容错算法,不能检测恶意行为,不是安全可靠的共识算法。再如,使用 Kafka 或是 ZooKeeper 等中心化的中间价的区块链是不安全的中心化伪链。

(三)合约审计安全要求

a)应对源代码进行审计,可通过人工阅读源代码和静态代码审计工具等方式,对智能合约编码安全进行测试分析;

b)应采取自身与第三方安全机构审计;

c)应对业务逻辑、业务流程进行安全性的测试和评估;

d)应对编译环境进行审计,识别有漏洞的版本;

e)宜进行函数可见性审核、合约限制绕过审核、调用栈耗尽审核、拒绝服务审核;

f)应在发现智能合约漏洞后,及时检查和修复智能合约源代码;

g)应对智能合约中的个人隐私和商业秘密的保护措施进行审计。

(四)智能合约触发安全要求

智能合约触发安全基本要求可分为直接接口调用、合约间调用、预言机调用的安全要求。

1. 直接接口调用安全要求

a)接口名称应明确接口功能,应具有可读性和可维护性;

b)直接接口调用应执行规定合约调用流程。

2. 合约间调用安全要求

a)应丰富智能合约的内置方法和原生库实现,不宜使用合约间调用,避免合约间调用可能存在的不确定因素安全风险；

b) 宜减少外部合约调用，防止不受信任的外部合约引发的风险和错误出现。

3. 预言机调用安全要求

a) 接口名称、输入参数、返回数据应符合 API 接口规范；

b) 接口描述文件应为预言机提供的结构化描述语言；

c) 接口协议应包含安全传输协议；

d) 预言机本身应通过第三方的安全性和可靠性评估；

e) 预言机的安全和可靠性评估应为定期进行的持续行为；

f) 当智能合约发生错误，应考虑预言机是否提供了错误数据，如果发现预言机故意提供错误数据，应及时更正或者更换预言机；

g) 预言机提供数据时，也应提供数据可靠性指标。

（五）智能合约运行安全要求

a) 应提供运行载体，如虚拟机、容器等，保证智能合约运行环境与外隔离，调用智能合约不能修改区块链系统；

b) 在运行智能合约前，应检查该智能合约和链上智能合约的哈希值的一致性；

c) 应当将智能合约代码转换成运行环境可执行的格式，保证合约在智能合约运行时环境中的执行结果具备事务一致性；

d) 应校验智能合约的实例化实体、通道写入策略和签名；

e) 宜将合约状态作为合约账户的属性、合约内容的哈希值保存在区块链网络上；

f) 对于与区块链系统外部数据进行交互的智能合约，外部数据必须先经过验证存在区块链上，然后再传递至智能合约；而智能合约必须先将数据写在区块链上，才能输出到外面系统。严禁智能合约系统和外界直接对接，以维持区块链溯源机制；

g) 当智能合约出现错误时，宜提供智能合约挂起或重启恢复功能。

（六）智能合约废止安全要求

合约废止是废弃已部署智能合约的过程，应满足以下安全要求：

a) 智能合约应支持合约废止，废弃已部署的智能合约；

b) 调用智能合约废止时，应进行权限访问控制；

c) 智能合约废止后，应在区块链网络中保存被终止版本的智能合约代码，但不会再次执行。

第四部分

智能合约的实际应用

这部分主要介绍智能合约的一些应用。尽管目前智能合约并没有大范围普及应用，但是凭借区块链技术“信任、高效、透明、节省”的独特优势，智能合约已经在司法、数字法币、金融、政务等领域被重视，并且发展迅速。

第十三章主要介绍目前常见的智能合约平台，像以太坊、超级账本、Libra 等平台毫无疑问在智能合约的发展中具有里程碑意义，也成为后来许多智能合约应用的技术基础。

第十四章主要介绍了智能合约在司法执法中的应用，这也是目前智能合约应用的一个重要突破，尤其是中国的三大互联网法院近些年备受关注，并且逐步形成了新型司法模式，这对于智能合约的普及意义重大。

第十五章主要介绍了智能合约在数字法币（Central Bank Digital Currency，CBDC）领域的应用。不同于比特币、以太坊或者其他的数字货币，数字法币的出现对于国家社会的影响范围要大得多，关乎每个人的“钱袋子”，而区块链与智能合约技术的补充，也成为当前一个重要的技术探索方向。

第十六章主要介绍了智能合约在金融领域的应用。要知道，比特币是最早的数字代币（也是最有争议的代币），而后来区块链与智能合约的许多尝试也都是围绕金融领域展开的，而这一块国外有许多落地的项目，其设计的巧妙是很值得去学习的，这里都以案例的形式做了简单分享。

第十七章主要介绍了智能合约在政务民生领域的应用。当前数字政务的发展备受各级政府的重视，而且政务民生领域应具有天然的合法性优势，这也是很多技术创新的一个突破口，尤其是中国近些年积极开放，智能合约在政务民生领域的探索也取得了很多成果。

第十三章

当前智能合约平台与语言

就目前市面上的智能合约平台而言,其实存在很大的差异性,有的系统已经开发多年,积累了不少材料;有的还是新项目。许多系统还是链上代码系统,但都以智能合约为名。

一、以太坊

(一)以太坊的构建

以太坊是一个开源的有智能合约的区块链平台,由创始人维塔利克·布特林为首的开发者团队设计实现。维塔利克·布特林对以太坊的评价是"以太坊的目的是基于脚本、竞争币和链上元协议(on-chain-meta-protocol)概念进行整合和提高,使得开发者能够创建任意的基于共识的、可扩展的、标准化的、特性完备的、易于开发的和协同的应用"。以太坊中有内置的以太虚拟机(Ethereum Virtual Machine,EVM),提供智能合约运行的环境。事实上,EVM 保证了所有以太坊用户能够自由创建智能合约以及各种应用。

目前,以太坊的共识协议还是采用比特币的工作量证明(Proof of Work,POW)通过调整出块难度等因素,使每秒能够处理 15 笔交易。同时,以太坊的状态采用的是账户模型,更便于支持智能合约等计算。以太坊的智能合约支持多种高级编程语言,包括 Solidity、Serpent、Vyper 等,其中使用最多的是 Solidity。智能合约的内容主要包括账户、交易、Gas、指令集、日志、消息调用、存储和代码库八个部分。在以太坊中,智能合约在部署时会创建一个合约账户(CA),这与外部账户(EOA)不同。在合约账户中,codeHash 指向部署的智能合约,而 storageRoot 指向数据的存储区域。

先简单来讲,每个智能合约都由以太坊地址表示,该地址作为始发账户和现时的函数，是从合约创建交易中获得的。合约的以太坊地址可以由接收者在交易中使用，将资金发送给合约或者调用合约中的一个功能。合约账户和外部账户分开，合约账户对外部账户一律平等，即使是发起该合约创建请求的外部账户也没有对合约账户的特殊权限。

重要的是，合约只有在交易调用时才会运行，就 Solidity 语言来说，其就是使用地址对象或者 msg 对象来调用合约或者合约中的函数，并将输入作为参数输入合约。这里的调用方式既可以是外部账户的交易调用合约，也可以是合约调用另一个合约。但要注意，合约并不能"独立运行"或者"后台运行"，通常情况下合约处于休眠状态，只有被调用触发时才会执行。合约的数据来源于该合约被调用时的参数输入，或者调用其他合约时的返回值。

以太坊智能合约的流程主要包括五部分：

(1)合约创建：用户通过 Solidity 等编程语言编写合约代码并广播到网络中，节点接收到交易，验证交易是否有效、格式是否正确、签名是否合法，同时判断用户余额是否能够扣除最大交易费。如果这些验证都成功，节点会将交易存放到交易池中并广播给其他节点。

(2)合约部署：每个节点都会各自从本地的交易池中取出一批交易打包进行 hash 计算，如果该节点获得记账权且打包区块中存在创建合约请求的交易，会根据交易中的合约代码创建合约账户，并在账户空间中部署合约，合约账户地址在创建合约交易确认后发送给发起该笔交易的用户。最后，该节点会将区块广播给其他节点，这些节点接收到区块并对区块和区块中的交易验证成功后，同样会创建合约账户。

(3)合约执行：如果有合约调用的交易，节点在获得记账权并将其打包到区块的时候，会在 EVM 中执行调用的合约并修改本地区块链中的数据，如果执行失败则回滚到代码执行前的状态。最后把区块广播给其他节点，这些节点重复上述执行操作。

(4)合约升级：在以太坊中，部署到区块链上的代码是不可改变的，因此智能合约的升级极为困难，所以务必要一次性将合约编写完美。但是可以有迂回的方法，部署一个拥有调用转发功能的智能合约，将接收到的调用转发给另外一个包含逻辑功能的合约地址，当合约进行升级时，只需要部署一个新的合约并修改转发的目标地址以指向新的合约。

(5)合约销毁：前面也提到合约的代码不能改变，但是可以从其地址删除代码及其内部状态(存储),留下空白账户。在删除合约后,发送给该账户地址的任何交易都不会导致任何代码执行,因为不再需要执行任何代码。要销毁合约,需要调用合约中的自毁函数;这个函数是合约作者编写的,如果没有则不能删除智能合约。

具体执行过程(见图 13－1)。

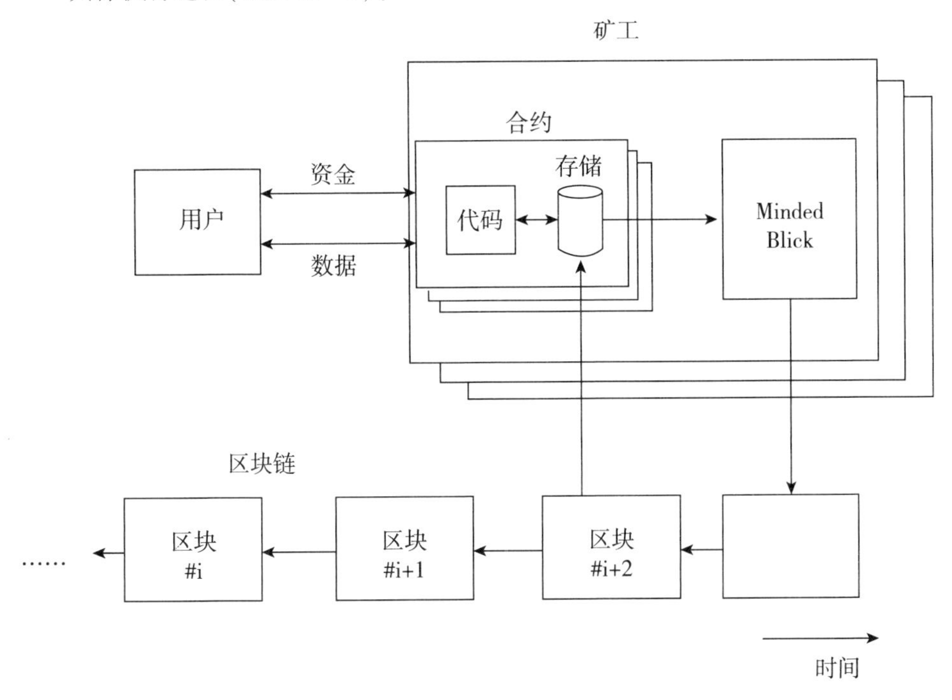

图 13－1　以太坊智能合约执行示意

但是,以太坊智能合约依旧存在安全、隐私等方面的问题,尤其当智能合约设计编写不合理时问题尤其严重。以太坊中比较有代表性的有 The Dao 事件以及黑客攻击 Parity 事件。The Dao 事件中一名黑客利用漏洞转移了一大笔筹款,而这个漏洞主要存在两个问题:一是合约代码不合理的执行次序导致账户余额的变更和账户转账操作本应遵循先变更账户再转账的逻辑,但是在该合约中顺序相反;二是未知代码不受限制的执行,即不谨慎的 call 或者 delegate call 操作导致了一些恶意代码的执行。而黑客攻击 Parity 事件中,有人再次调用了本应该只能执行一次的初始化函数,成为合约所有人,之后又调用了合约自毁函数,导致其中的资金被永久冻结。

这也说明,现在智能合约存在安全性问题,还不能取代传统法律系统的语言准确度以及解释和仲裁空间,而且合约执行速度又快得多。所以,重要的智能合约的编写需要慎之又慎且最好能够有信誉好的第三方进行审计。英国中央银行在2010年3月就表示他们的智能合约由其自己控制,因为智能合约的益处和风险都很明显。

(二)以太坊与跨链

跨链交互根据所跨越的区块链底层技术平台的不同可以分为同构链跨链和异构链跨链。同构链之间安全机制、共识算法、网络拓扑、区块生成验证逻辑都一致,它们之间的跨链交互相对简单;异构链的跨链交互相对复杂,链与链之间区块的组成形式和确定性保证机制均有很大不同,直接跨链交互机制不易设计。异构链之间的跨链交互一般需要第三方辅助服务辅助跨链交互。

在以太坊中,同构链跨链的需求主要是在分片上。分片是将所有节点分配到多条区块链中,每条区块链只需要处理网络中工作的一部分。这样的做法提高了以太坊的处理效率,但是也增加了链与链之间信息交互的困难。在以太坊中处理跨片区交易主要有两种方法:一种是同步,即每当需要执行跨分片交易时,在包含相关交易所涉状态的多个片区中同时产生区块,并且这些片区的验证者们会协同执行这笔跨片交易。另一种是异步,即一笔影响多个片区的跨片交易在这些片区中异步执行,"记入资金"的片区一旦获取了足够的证据证明"扣除资金"的片区已经完成了自己的那部分工作,则"记入资金"的片区就会完成自己的工作。这种方式更为普遍,因为更简单且片区之间更易于协作。

而异构链跨链中最活跃的两个项目分别为Cosmos和Polkadot,这两个项目都采用基于中继链的多链多层架构。以Cosmos为例,在Cosmos生态中,加密资产可以通过跨链通信协议(IBC协议)进行转移。IBC协议是一种能够促进互操作能力的跨链通信协议。该网络中主要包括两种角色:Zone,是Cosmos中的平行链;Hub,是用于处理跨链交互的中继链。Hub与Zone直接通信,而Zone与Zone之间通过IBC协议间接通信。当Zone对Hub建立起一个IBC连接,它可以自动访问其他连接到该Hub上的Zone,这意味着Zone无须与其他Zone连接,而仅仅连接到Hub上即可。这样,Cosmos中的平行链可以比较方便地进行交互。但是由于IBC协议只有在区块链具有最终性保证时才能使用,像以太坊这种概率链并不能与Cosmos直接连接。所以Cosmos试图通过"PegZone"来实现概率链的互操作性。PegZone是追踪记录另一条区块链状态的区块链,它要将自己桥接的某条概率链上的状态确定为不可逆的,使这些状态得以与IBC协议兼容。不同区块链通过Cosmos交互的过程(见图13-2)。

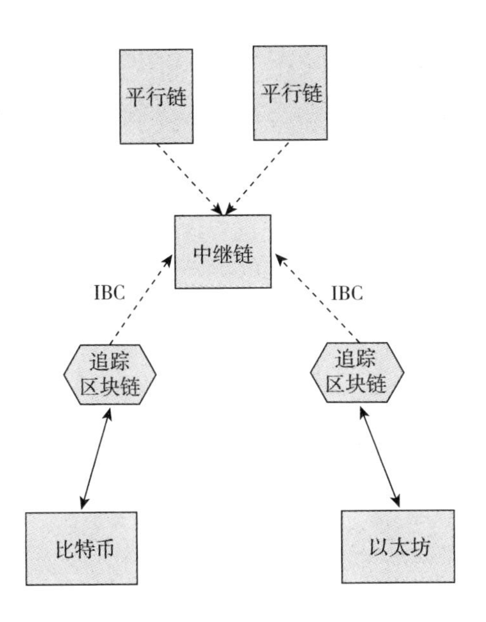

图 13－2　不同区块链通过 Cosmos 交互

（三）以太坊与预言机

前文描述的跨链技术可以说是预言机的子集，跨链是把一个链上的信息转移到另一个链上，而预言机是把真实世界的信息带到链上，这当然也包括链与链之间的信息。

以太坊中应用了多种预言机。具体可分为两类：一类是"联盟"预言机。这类预言机有很高的中心化风险，也称为中心化预言机，如 MakerDAO、Oraclize 都属于此类。另一类是间接预言机。以 Chainlink 为例，它通过链上合约与链下分布式节点之间进行协作，也通过奖惩机制和聚合模型的方式，进行数据的请求和反馈。Chainlink 请求响应的过程（见图 13－3）。

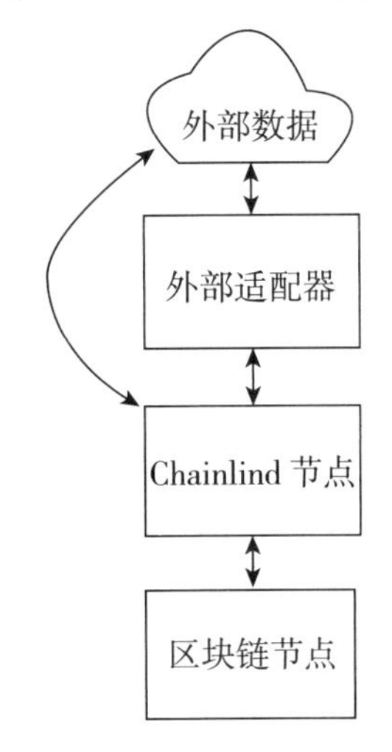

图 13－3　Chainlink 请求响应的流程

（四）以太坊的应用

以太坊的应用主要包括三类：第一类是金融应用，第二类是半金融应用，第三类是完全的非金融应用。现在发展比较热的应用方向包括分布式金融（DeFi）、Web3（使用智能合约和 P2P 技术的分布式 Web）、分布式自治组织（DAO）和以太坊域名服务（ENS）等。当然，随着以太坊的发展，可以通过 EVM 技术来创建一个可验证的计算环境，在此平台上进行 SETI@ home，folding@ home 和基因算法这样的项目，实现云计算。

现在，为了解决以太坊交易处理速度低、复杂操作导致的高交易成本以及较高的通信延迟等问题，开发人员正在逐步升级以太坊，形成一个全新的区块链平台，称为以太坊 2.0。以太坊 2.0 和以太坊 1.0 有很大的区别。首先是共识机制的改变，与之前 PoW 通过算力投票的机制相比，权益证明（Proof-of-Stake，PoS）是以投入的币值作为投票权，币值份额的大小代表了被选为验证者的概率。如果验证者作恶，其投入的币值就会被没收，这样就避免了算力的浪费，也为网络提供了安全性，同时提高了区块链的性能。

其次，以太坊 2.0 种引入了信标链（beacon chain）和分片链（shard chain），将区块链上的所有工作分配到不同的分片链上，每个分片链都会有自己独立的状态片以及交易历史记录，信标链负责辅助和监督。这样，所有分片链并行执行的性能会比当前只有一条主链的情况要高得多。除此之外，还有智能合约运行环境的改变。在以太坊 1.0 中，智能合约在 EVM 中运行，但是 EVM 存在的诸多问题如效率低下、难以扩展等，限制了以太坊的发展。所以在以太坊 2.0 中，Wasm（WebAssembly）成为 EVM 的替代品，它能支持各种编程语言以及 64 位和 32 位整数操作。其操作与 CPU 指令一一对应，能通过移除浮点运算轻松实现确定性，而确定性是共识算法所必需的。

Wasm 和编译到 Wasm 的众多语言是 EVM 的理想替代方案。Wasm 是 W3C 工作组开发的 Web 浏览器的标准，包括谷歌、Mozilla 等。它可以让代码部署在任何浏览器，而且得到相同的结果。Wasm 是高性能的，性能接近本机代码。

以太坊 2.0 计划中，以太坊 2.0 的升级主要分为三个阶段。

第一阶段，发布信标链并在信标链上实行 PoS 共识，以太坊 1.0 此时会继续正常运行。信标链最初的主要职责包括管理 PoS 共识机制，处理区块的交叉连接以及引导达成共识和最终确定性。

第二阶段，发布分片链并允许数据存储在这些分片链上，但是不在分片链上处理交易，此阶段的分片链更倾向于“测试运行”，信标链对分片链的执行情况进行监督，以太坊 1.0 可能会继续正常运行，也可能会作为特殊的分片链整合进以太坊 2.0。

第三阶段,使用新的虚拟机 eWASM(Ethereum flavored WebAssembly)。这时多种语言编写的智能合约都能在以太坊上运行,允许在分片链上处理交易,一段时间之后,以太坊 1.0 将作为执行环境过渡到以太坊 2.0。

以太坊 2.0 形态示意参见图 13-4。

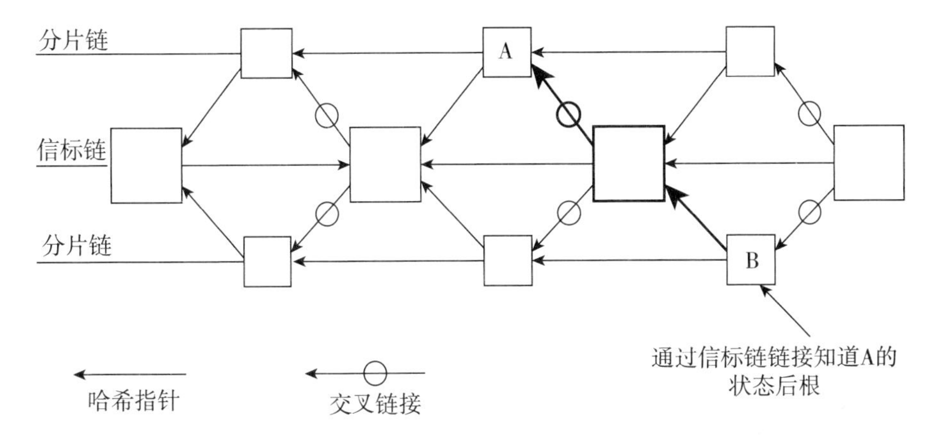

图 13-4 以太坊 2.0 形态

现如今,以太坊 2.0 的设想还存在不少问题需要探究和解决,如如何实现信标链和其他链的同步,以及跨分片过程中如果一方的区块链出现问题应该如何处理。但是,如果以太坊 2.0 能够实现,它将不仅仅是一次升级,更是实现了以太坊的活胎换骨,使以太坊更安全,交易规模扩展至每秒几千条,同时还提升了可编程性。

二、超级账本

超级账本(Hyperledger)是一个旨在推动区块链跨行业应用的开源项目。超级账本中共有 4 个项目支持智能合约,分别为 Burrow、Fabric、Iroha 和 Swatooth,其中以 Fabric 最受关注。Fabric 是以模块化架构为基础的分布式账户平台,以联盟链服务为主,提供了可切换和可扩展的组件,包括共识算法、加密算法、数字资产、智能合约等服务。下文中对超级账本的介绍如果没有说明,都是以 Fabric 为主。

Fabric 中的链包含了链上代码(Chaincode),账本(ledger)、通道(channel)的逻辑结构,它将参与方、交易进行隔离,满足了不同业务场景不同人访问不同数据的基本要求。Fabric 区块链的一个特性就是多通道,这类似于多链,不同通道处理不同交易,一个 peer 节点可以加入多条通道,从而加入多条链当中。

(一)Fabric 的共识协议

Fabric 最初的共识协议是实用拜占庭容错算法(Practical Byzantine Fawlt Tolerance,PBFT),但是由于 PBFT 的性能太低,所以在 Fabric 1.0 的时候改为了 Kafka 共识。在 Fabric 中,一个共识集群有多个 orderer 节点(OSN)和一个 Kafka 集群组成。orderer 之间并不直接通信,他们仅仅和 Kafka 集群通信。通道在 Kafka 中是以 topic 的形式隔离的,每个 orderer 内部只对每个通道建立与 Kafka 集群对应的 topic 的生产者和消费者。生产者将 orderer 节点收到的交易发送到 Kafka 集群进行排序,在生产的同时,消费者也同步消费排序后的交易。但是,由于 Kafka 使用 Zookeeper 提供的数据状态存储和主节点选举服务,而 Zoopkeeper 是一个中心化的系统,这也导致了 Kafka 是中心化的。而且 Fabric 使用的是原子广播这种共识协议,其依赖于 Kafka 集群来完成交易的排序服务,一旦这部分被攻破,就算存在其他节点进行拜占庭共识,整个系统还是会陷入瘫痪。因此,此时的 Fabric 是伪区块链,存在很大的问题。

之后,在 Fabric v1.4.2 的版本中,Fabric 将共识协议从 Kafka 替换成了 Raft,消除了对 Kafka 集群的依赖。Raft 是一个管理复制日志的共识算法。客户端向主节点发送请求,主节点收到后将请求追加到日志中,并将该请求发送给所有的跟随节点,跟随节点也会将请求追加到自身的日志中并返回一个确认消息。当主节点接收到大部分跟随节点的确认消息,就会将命令日志提交给状态管理机。一旦主节点提交了日志,跟随节点也会将日志提交给自身管理的状态机。最后主节点向客户端返回响应结果。不过,Raft 并不是拜占庭共识,它仅仅需要容忍 2n+1 个节点中不超过 n 个的非拜占庭故障。

至于 Fabric 采用这种协议的原因,也与联盟链中比较高的安全环境有关,数字证书等安全机制增强了安全性,因此存在恶意节点的可能性不高。使用 Raft 而不是拜占庭将军共识协议能够降低复杂性和成本,但是基本上,这样的系统是运行在"互信"原则上的,即参与单位都互相信任。这是违背区块链"信任机器"的原则的,即参与方彼此不需要彼此信任,而是依靠数学来维持这种信任度。而这样"互信"的系统,等于放弃区块链系统最原始也是最重要的功能——信任机器。

诚如美国前总统里根的名言,"要信任,但也要查证"(trust, but verify),就算在可以信任的环境下,在金融交易、公检法系统、政务系统上,还是要查验。在这些重要应用系统上,一旦有作弊事件,代价极高。例如,美国富国银行,一家许多美国人都信任的大银行,也是一直都在美国政府监管下的银行,几年前被发现大量职员长时间集体作弊,欺诈客户上亿美元。如果不使用拜占庭将军共识协议,就是"因为相信,所以不查证"。

（二）Fabric 智能合约业务逻辑

Fabric 中的智能合约称为链上代码或是链码。链码分为两种：一种是系统链码，通常处理与系统相关的交易；另一种是应用链码，管理账本上的应用程序状态，包括数字资产或者任意的数据记录。现阶段，Fabric 提供 Go 和 Java 等语言编写智能合约，与以太坊不同，Fabric 的智能合约在一个受保护的 Docker 容器中运行。

超级账本有一个显著的特点：账本和链码两部分是拆分开的，链码的执行结果必须经过投票才能放入账本。因此，与其他智能合约系统相比，链码的执行过程更容易管理，链码的执行结果较为可信。具体来说，它有两种服务器，提交者（committer）和背书者（endorser），背书者完成链码的执行但不参与投票，提交者对背书者的执行结果投票。通过这种方式保证链码和账本分离。另外，超级账本的交易确认和共识过程也通过链码来完成。

Docker 是一个开源的应用容器引擎，让开发者可以将他们的应用及依赖包打包到一个可移植的镜像中，也可以实现虚拟化。Docker 完全使用沙箱机制，相互之间不会有任何接口。在超级账本中，智能合约的代码在使用任意的语言编写之后，将会被编译器打包进 Docker 镜像中，以容器作为执行环境。

所有的链码都继承两个接口，Init 和 Invoke。Init 接口用于初始化合约，在整个链码的生命周期里该接口仅仅执行一次。Invoke 接口是编写业务逻辑的唯一入口，虽然只有一个入口，但是可以根据参数传递的不同自由区分不同业务逻辑。

合约接口能够获取的数据主要分为三类：

（1）输入参数获取。这个直接就是调用时候的输入。

（2）与状态数据库和历史数据库交互。在合约层，可以将区块链底层当作一个键值对数据库，合约就是对数据库中值的增删改查。

（3）与其他合约的交互，在合约执行的过程中，可以与其他合约交换数据。有了这种形式的数据获取方式，其实就可以将联系不紧密的业务逻辑拆分为多个合约，只有必要的时候跨合约调用。

超级账本的智能合约的业务逻辑如图 13－5 所示。

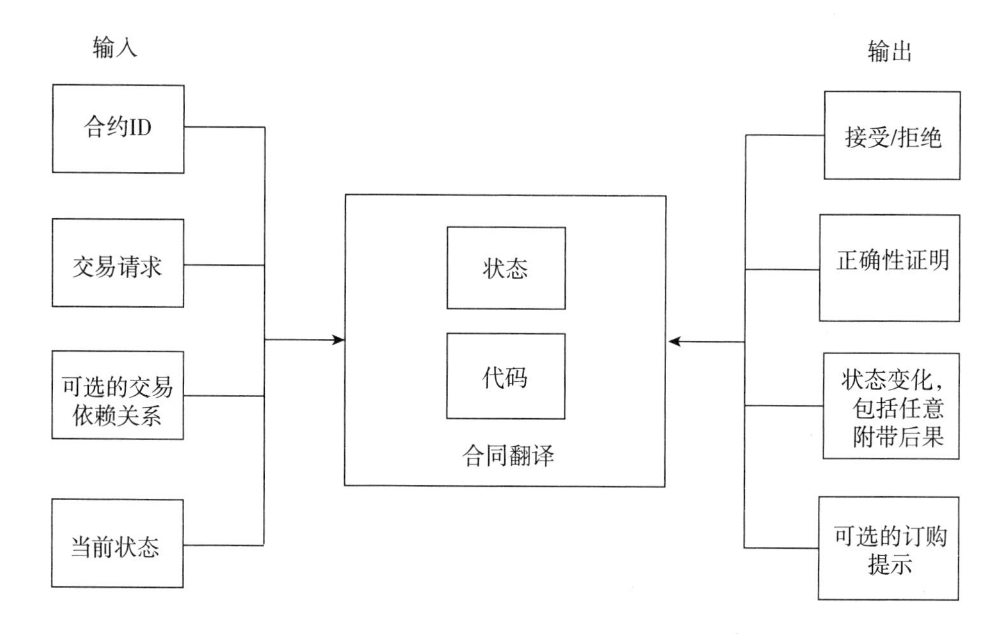

图 13－5 超级账本的智能合约业务逻辑

输入包括合约表示、交易请求、可能存在的任意依赖以及账本的当前状态。合约解释器加载了账本的状态和智能合约的代码。解释器接到请求后会立即检查并拒绝所有无效请求,当有效请求处理完成后,解释器会打包新状态、正确性证明以及可选的提示作为输出。

(三)Hyperledger Lab

在超级账本中,除了以太坊中提到的 Cosmos 和 Polkadot 第三方提供的跨链服务外,超级账本还设计了自己的跨链项目 Hyperledger Lab。这为许可链提供了跨链服务,旨在使得两个或者多个主要联盟链生态系统能够实现集成。

Hyperledger Lab 定义了一种通信模型,允许许可链生态系统独立于平台交换任何链上数据或者自定义资产。具体来说,它为每个可互相操作的区块链网络引入了“互操作性验证者”(interoperability validator)覆盖网络。

Hyperledger Lab 工作流程(见图 13－6)。

互操作性验证者将通过验证本地节点的账本版本(图 13－6 中的步骤 1 到 3)共同处理来自本地节点的导出请求。每个请求都由验证者签名的(可配置的)最低 quorum 数应答(图 13－6 中的步骤 4 和步骤 5)。即使某些验证者关闭或不参与,网络也可以继续工作,前提是可以保证最低 quorum 数。任何安全的链外通信系统都可以传递由分布式账本的传输验证者认证的消息(图 13－6 中的步骤 6)。而来自外部分布式账本的证明,可以由接收者在本地或使用链上逻辑(通常是智能合约)根据该外部分布式账本的传输验证者的公钥进行验证(图13-6中的步骤7和步骤8)。

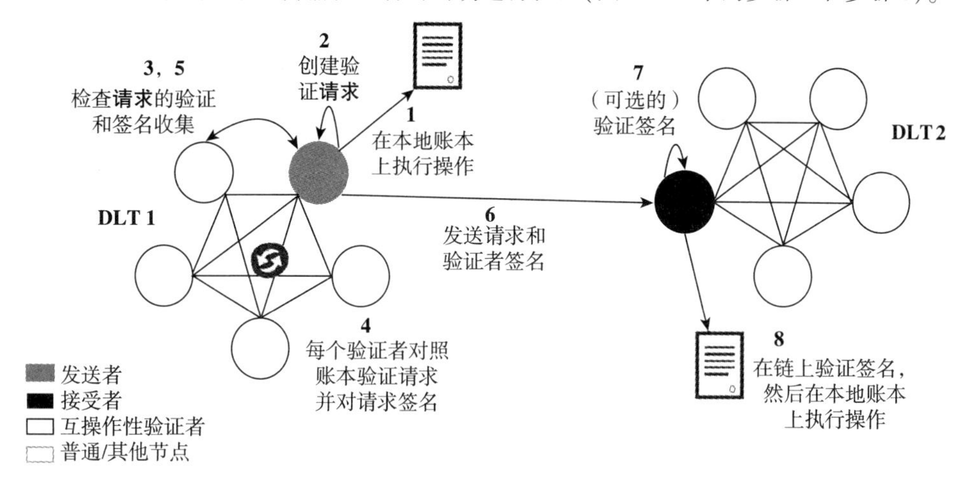

图13-6 Hyperledger Lab 工作流程

(四)Fabric 的应用现状

Fabric 项目目前主要支持五种用例:数字支付、金融资产管理、供应链、主数据管理和共享数据。

2020年1月31日,Fibric 发布了 Hyperledger Fabric 2.0 版本,对 Fabric 做了大量的优化和升级。主要包括以下改进:(1)使用分布式管理智能合约,改变了以往链码的生命周期,允许参与方本地的链码根据需要细微改动,提高了灵活性;(2)采用用于协作和共识的新链码应用模式;(3)实现了数据保密,组织现在可以方便地与成员共享私有数据;(4)使用新的外部链码启动程序,允许操作者使用自己选择的技术来构建和启动链码;(5)新的 Raft 共识以及其他的性能优化。其中分布式管理智能合约以及智能合约新的生命周期成为一大亮点。

三、天秤币

天秤币是脸书于2019年6月提出的一个全新的加密货币,天秤币的使命是建立一套简单的、无国界的货币和为数十亿人服务的金融基础设施。天秤币的开发团队立志于打造一个新的分布式区块链系统,一种低波动性的加密货币和一个智能合约平台,以实现天秤币的使命。

天秤币建立在天秤币区块链上,实现天秤币区块链的软件是开源的,因此所有的人都可以参与到天秤币的开发当中,也可以自行开发以满足个人的金融要求。

天秤币要满足广大用户的需求，因此其账户规模可以扩展到数十亿个账户，并且需要有极高的交易吞吐量和低延迟的特点。同时，作为一个全球性的货币，天秤币还要保障高度安全可靠，可以保证用户的金融财产安全，而且还要可以进行扩展，以适应未来的金融服务需求。

天秤币希望能够成为一种稳定的数字加密货币，并将全部使用真实的资产储备进行担保。与大多数加密货币波动剧烈不同，天秤币将使用低波动性的资产作为抵押来保证天秤币价值的稳定，这样也可以让天秤币的持有者相信这种货币可以长期的保值。

天秤币是脸书自主从头开始设计和构建而成的，集合了多种创新方法和已被掌握的技术。其中最重要的几个特点是：(1)设计并使用 Move 编程语言；(2)使用拜占庭容错共识机制；(3)采用改善过的区块链数据结构。

其中 Move 这种新的编程语言是为了实现用户在天秤币区块链系统中实现自定义的交易逻辑和"智能合约"的，Move 英文代表移动，就是资产转移的意思。在传统计算机语言中，没有这样名词，只有拷贝(copy)语言含义，就是一方得到，但是另一方没有失去，进行相关数据的复制。使用 Move，资产就像纸钞转移一般，一方得到，另一方失去，数字资产没有复制。以前没有这样的名词，因为传统代码里只有数据，没有资产，而数据可以无限复制。

由于天秤币注重安全性，因此 Move 语言在设计时，首先考虑的就是安全性和可靠性的问题。Move 语言的设计团队从迄今为止发生的智能合约相关的安全事件中吸取经验教训，进而设计出了 Move 编程语言。Move 语言可以使使用者更加轻松地编写代码，从而降低出现意外漏洞，避免产生安全问题。Move 语言在设计上可以防止数字资产被复制，使数字资产与现实中的真实资产具有相同的性质，即每个资源只有一个所有者，每个资源只能花费一次，对新资源的创建进行限制。通过这样的限制，使 Move 语言中的资源可以避免"双花"或者是被盗取。Move 语言还可以便利地自动检验交易是否满足某些特性。在一段时间以后，Move 语言还将向开发者开放创建合约的权限。

天秤币区块链的共识机制是 LibraBFT 共识机制，这是一种拜占庭容错机制，其核心是使所有的验证者节点对将要执行的交易及其执行顺序达成一致。与基于拜占庭容错的共识机制一样，LibraBFT 也允许不超过 1/3 的验证者节点发生故障或是被破坏时，共识协议依然能够保证网络的正常运行，这种共识协议可以实现低延迟性以及高交易量的处理。

天秤币区块链内的数据按照 Merkel 树的存储方法进行储存,这种数据结构已经在很多区块链中被使用,并且根据根节点的哈希值检测到任何数据的变化,与其他区块链将区块链视为交易区块的集合不同,天秤币区块链可以长期记录交易历史和状态,允许使用者从任何时间点读取任何数据。

在 Move 语言中,提供了 module 和 resource 来实现"智能合约"的功能,与以太坊的智能合约不同,天秤币里代码和数据是相互分开的,module 用于储存代码,resource 用于存储数据。resource 和 module 的关系(见图 13－7)。这样的好处是 module 中的代码可以被复用,只需要使用不同的 resource 即可。在天秤币中,每个账户中都可以储存 module 和 resource,而 resource 可以在其他账户地址中找到对应的 module,这样就可以实现对代码部分的复用。每一个 resource 都需要通过对应的 module 进行声明和定义。天秤币中交易的程序部分主要是由 Move 字节码编写的脚本。在运行时,天秤币的交易都用 Move 语言的虚拟机来运行,可以有效地在运行前发现脚本中的恶意代码,防止攻击。若脚本没有问题,则会被虚拟机正确执行。

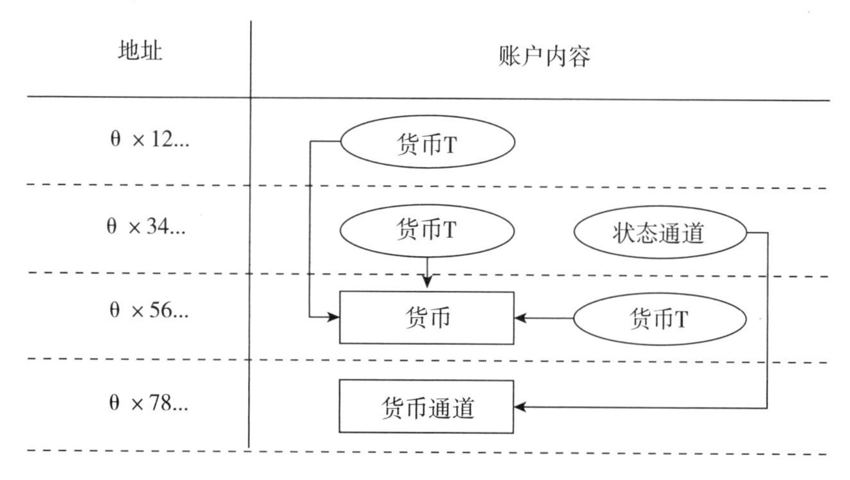

图 13－7　resource 和 module 的关系[1]

天秤币中的交易,是利用 Move 语言进行实现的,每一个交易中都包含着以下内容:(1)交易发起人地址;(2)交易发起人公钥;(3)Move 语言书写的程序;(4)单位 Gas 的价格;(5)Gas 的最大值;(6)序列号。

其中交易最核心的部分就是用 Move 语言书写的程序。其中包括使用 Move 字

[1] 图中矩形表示 module,椭圆表示 resource。

节码书写的将要执行的交易脚本,脚本的可选输入列表和一个用 Move 字节码书写的发布的 module 可选列表。Move 语言书写的脚本允许交易调用发布在分类账本上的多个 module,使用条件判断逻辑,执行本地计算等,因此 Move 字节码可以书写十分灵活的交易脚本。这也意味着 Move 脚本可以实现一些诸如同时向多个人进行转账的操作。Move 语言当中的 resource 只能够被移动,而不可以被复制,并且一个 resource 只能够通过声明这种 resource 的 module 进行创建或者销毁,这些保证都将被 Move 语言的虚拟机进行静态执行。其中天秤币事实上也是利用 Move 语言创建的一种 resource。

在天秤币区块链中,执行一个交易分为以下几个步骤:

(1)检查签名。

(2)执行序言。序言中需要通过比较账户下的验证密钥是否等于公钥的哈希值来确定发起人的身份。而后检验账户是否能够承担最大 Gas 花费,最后保证序列号是正确的。

(3)验证脚本和 module。检验由 Move 语言所书写的脚本和里面涉及的 module 是否安全,此步骤将由 Move 语言的虚拟机进行检验。

(4)发布 module。每一个程序中使用的 module 都应该在发起人账户中被发布。

(5)执行脚本。

(6)执行结语。计算使用的 Gas 量并且修改发起人账户的序列号。

Move 语言的优势就在于使用 Move 语言书写的交易脚本可以用 Move 语言的虚拟机进行检查,保证脚本中不会出现恶意错误。所有的交易脚本都将是一个一次性的程序,不会被其他的交易脚本调用。Move 语言中的 module 和其他区块链系统中的智能合约具有相同的优势。module 可以声明 resource,而用户的账户则是一个包含若干 module 和 resource 的容器。这也为未来使用者和开发者可以利用天秤币区块链定义自己所需要的 module 提供了可能。

到 2020 年 3 月,天秤币已经有了一个开源的测试原型:Libra Core。所有人都可以从 Github 上拉取 Libra Core 并运行和使用。可以在 Libra Core 中建立账户,添加 Libra Coin,进行转账等操作。在使用 Libra Core 时,用户会连接到 Libra Core 的测试网络上,并且也可以尝试在本地运行一个验证者节点。

天秤币预定的针对性发布日期是 2020 年上半年,天秤币将以实体通过权限授予的方式运行验证者节点的许可型区块链的形式起步,而后再慢慢转变为任何符合技术要求的实体都可以运行验证者节点的非许可型区块链。天秤币协会将继续与社群合作,研究从许可型区块链向非许可型区块链进行过渡,过渡工作将在天秤币区块链公开发布后五年内开始。但最大的挑战就是天秤币的团队认为目前还没有通过非许可型网络,向全球大规模的用户提供交易所需要的具有安全性、稳定性的成熟的解决方案。天秤币保证无论是在许可型区块链模式还是非许可型状态下,天秤币区块链都将向所有人开放,保证较低的准入门槛。

四、天德区块链智能合约

天德区块链智能合约系统基于天德区块链底层框架进行集成开发。天德底链技术所具有的分布式存储、数据防篡改、共识机制及智能合约等特性在许多领域都有巨大的应用价值。智能合约是可以运行在区块链上的合约代码,是一种运行在区块链之上的电子协议,它允许在没有第三方的情况下进行可信执行,由区块链来保证智能合约的可追踪性和不可逆转性,它不仅比传统纸质合约具有更强大的功能和更强的生命力,还减少了交易在合约制定、协议控制和执行效率的人工花费与成本。

天德区块链智能合约系统提供了完整的区块链与智能合约体系,分为存储层、区块链核心层、合约层、接口层和应用层,包括智能合约模板的创建、合约的创建、合约触发、合约执行等智能合约全生命周期功能。天德区块链智能合约系统与底层区块链系统高度解耦,可随时接入天德区块链,无须启停区块链节点即可完成智能合约系统的接入与退出。天德区块链智能合约系统支持合约的并发运行,在性能和可扩展性方面表现突出。

天德区块链智能合约系统可应用于多个领域,如金融业的交易支付,版权领域的登记确权,法律领域的案件判决以及监管科技等。高度灵活性的开发支持使得天德区块链智能合约系统可轻松适用于多种场景,模板式的加载方式减少了同领域中重复合约的编写工作,大大降低了使用智能合约的成本以及可能存在的合约漏洞数量。

天德区块链智能合约系统基于天德区块链底层框架进行集成开发。系统架构如图 13 – 8 所示:

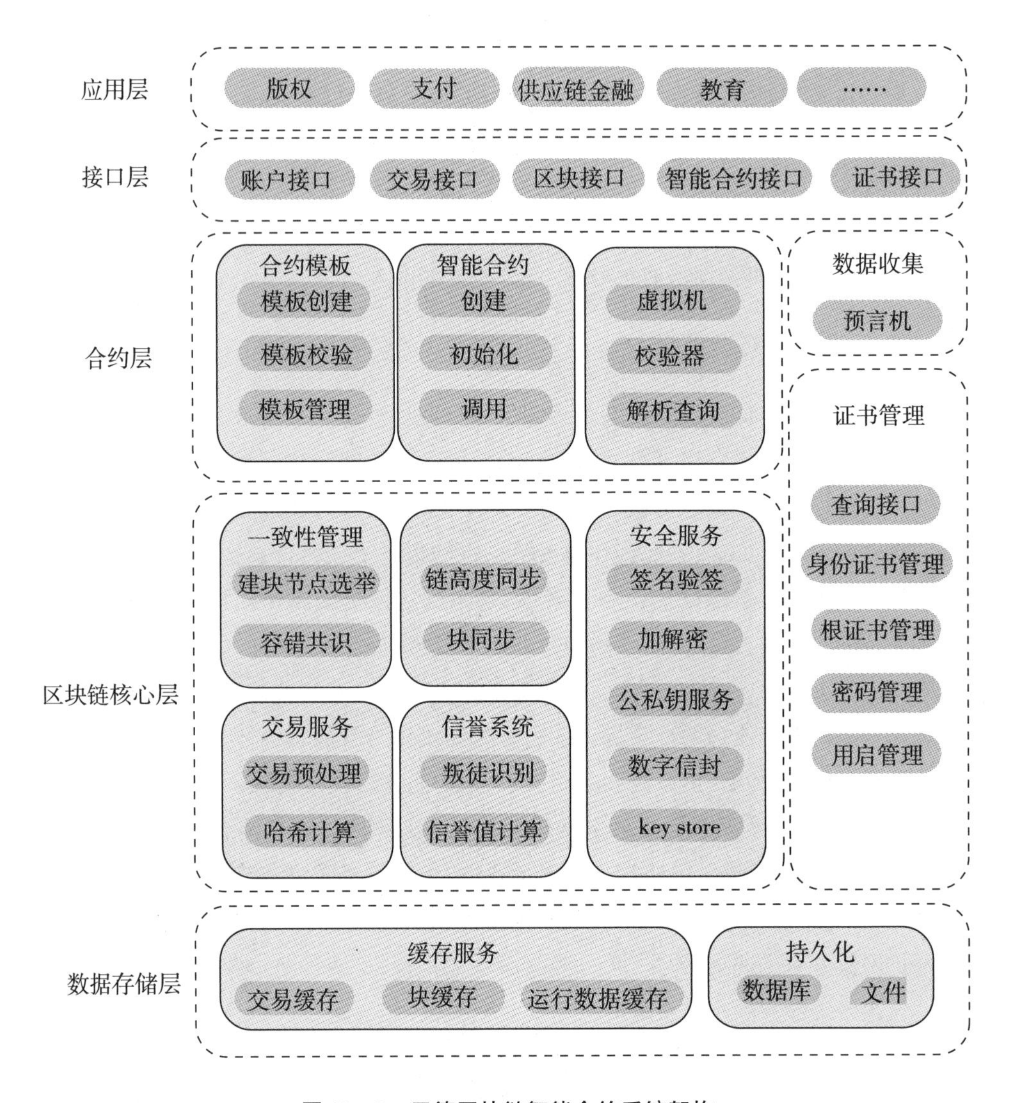

图 13－8　天德区块链智能合约系统架构

天德区块链智能合约系统有以下设计原则:

(1)智能合约数据来源于链上。智能合约的输入是从区块链的数据库里出来的。这些数据是由区块链保证的,具有真实性且不可篡改的特征。

(2)智能合约在链上执行。智能合约是在多个节点上执行的,而所执行的结果必须是相同,智能合约所输出的结果一定要得到共识才能被接受。所以执行的结果是可信的。

(3)智能合约输出在链上。智能合约的输出结果必须存在于区块链上,保证了结果的真实与可追溯性，并且为其他相衔接的智能合约提供输入数据的准确性保障。

天德区块链智能合约系统有以下特性：

（1）可插拔的智能合约系统。国内外大部分的区块链系统一般分为两类：不支持智能合约功能的区块链，以及内置智能合约模块、与区块链建块流程高度耦合的区块链。在高度耦合的情况下，区块链建块流程的效率会受到智能合约运行的影响，TPS 大大降低，同时智能合约执行过程中出现的问题会影响建块流程的运行，导致整个区块链系统瘫痪，系统风险增加。而天德区块链智能合约系统与天德区块链系统分离，作为可热插拔的组件可随时接入区块链系统中，将耗时操作前移，区块链节点服务器压力减小，建块效率增加。同时，智能合约系统故障或合约出现问题时，可随时将智能合约系统分离下线进行处理，而不会影响底层区块链系统的正常运行。

（2）高并发的合约执行。由于智能合约系统与底层区块链系统分离，天德区块链智能合约系统可在不影响区块链建块效率的前提下并发处理智能合约的请求，同时，天德区块链可同时接入多个天德区块链智能合约系统，从横向及纵向均可进行合约执行的扩展，支持高并发的合约执行。

（3）模板式加载。天德区块链智能合约系统使用模板化的合约加载方式。编写完毕的合约首先作为模板创建并存入链上，在实际使用时，再从链上获取模板内容创建合约实例运行。国内外大部分的区块链系统，一般需要自己编写新的合约进行创建才可使用，多数人选择查询类似逻辑的合约进行拷贝，修改个别参数后进行创建。模板化的合约加载方式使相同业务场景下合约的重复编写工作大大降低，同样的逻辑无须每次都编写新的合约进行创建，选择合适的模板进行实例化即可使用，极大降低了合约使用者的门槛。

天德区块链智能合约系统应用于多个领域，如金融业的交易支付、交易监管，版权领域的登记确权，法律领域的电子合同、案件判决以及监管科技等。

五、其他重要平台

（一）Corda

Corda 借用了区块链思想，但不是区块链系统。Corda 智能合约包括可执行和法律两部分智能合约。一方面，Corda 智能合约需符合 Corda 执行模型；另一方面，智能合约描述了当事人需要遵守的法律条款，将业务逻辑和业务数据与相关的法律条文联系起来，以确保智能合约的执行能符合法律规则。此外，Corda 建立了独特的共识机制，并非所有节点都参与共识。因此对该项目一直存在争议。公司在早期一直以区块链公司出现,在金融界大力为区块链“布道”。后来却公开承认他们开发的系统不是区块链,由此引发争议。最近几年,该公司进行了不少金融实验。

(二)OpenLaw

OpenLaw 智能合约平台运行在以太坊上,将智能合约与法律合同集成起来,律师可以使用智能合约对法律协议进行建模,以减少法律协议的创建、维护和生成的成本。OpenLaw 使用类似于维基文本的法律标记语言,将传统的法律契约转换为嵌入智能合约代码的文档。律师可以使用数字签名安全的签署法律合同。然而,目前的大多数合同都使用自然语言,与智能合约代码所表达的编程语言有很大差别,OpenLaw 很难将现有的法律协议自动转化为智能合约。比如,自然语言中的一个术语可能对应多种解释,但编程语言不能有语义歧义,否则代码执行后可能产生不同的结果;且编程语言很难完成不确定语义的编码,即便完成了编码,在特定上下文中也难以决定应执行哪一个语义。

(三)Kantara Initiative

Kantara Initiative 是一个区块链智能合约讨论组,讨论 The DAO 事件之后智能合约的各种问题。Kantara 认为智能合约应具备以下特征[1]:

(1)有意义的编程代码:代码必须执行有意义的操作,包括指定的主题和对象;

(2)表示真实主体的协议:涉及的法律方必须在规范中有效地用数字表示,可依赖于数字身份实现;

(3)数字表示现实世界的对象和/或事务的操作:所涉及的法律对象(如资产)必须在代码中用有效的数字表示;

(4)代码行为与现实行为之间的对应关系可识别:代码行为与现实行为或状态变化的对应关系在特定法律/领域场景下可识别;

(5)有意义的法律条文:法律条文必须在指定的法律环境/领域内与代码行为一致。

(四)Contract Vault:连接监管单位和金融机构的平台

Contract Vault 是一个基于区块链的智能合约平台,任何人都可以开发,使用,转售,定制和重新使用合法合同。

Contract Vault 智能合约平台包含监管单位和金融机构(见图 13-9)。

---

[1] T. Hardjono, and E. Maler, “Report from the Blockchain and Smart Contracts Discussion Group to the Kantara Initiative”, https://kantarainitiative.org/file-downloads/report-from-the-blockchain-and-smart-contracts-discussion-group-to-the-kantara-initiative-v1/, June 5, 2017.

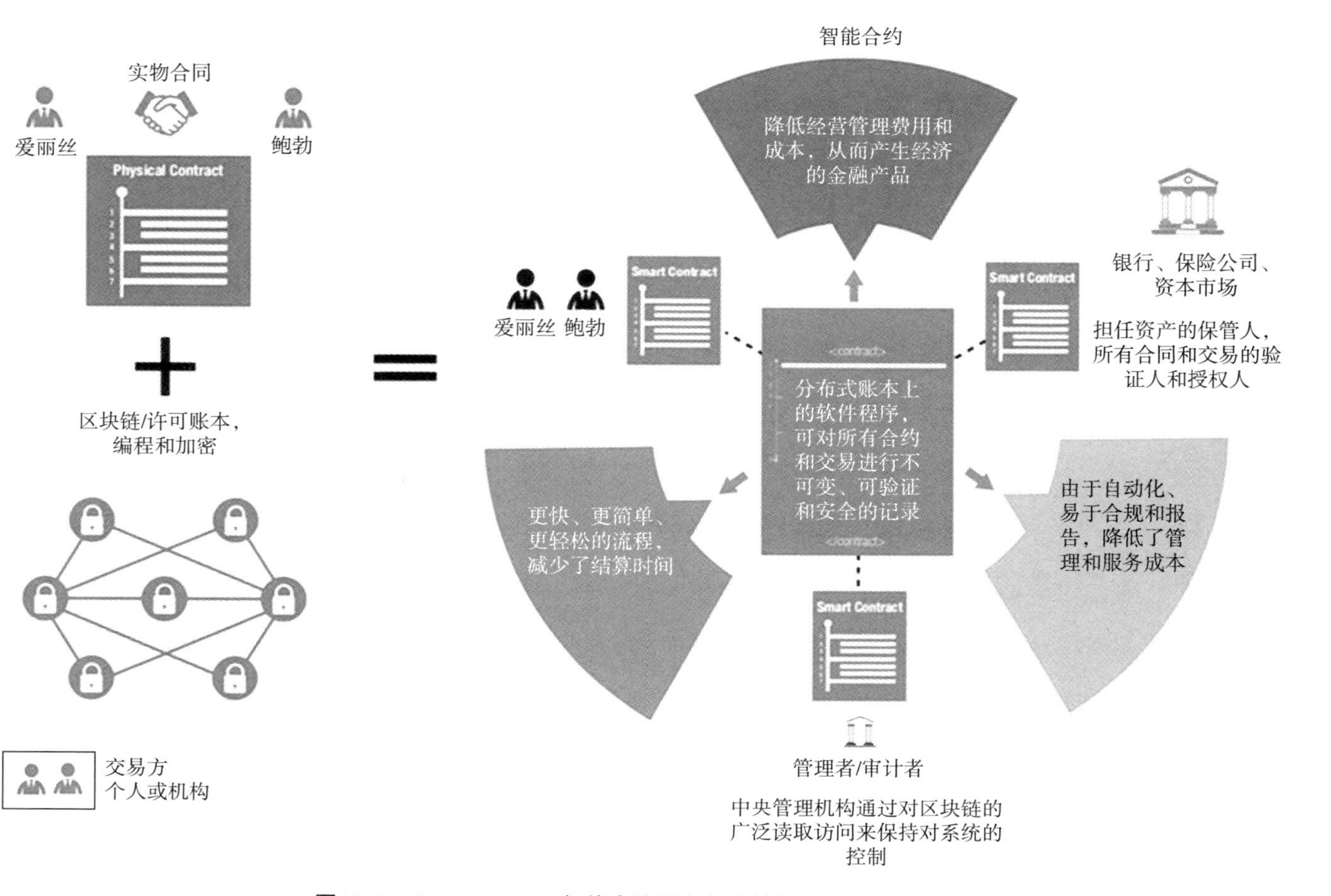

图13–9　Contract Vault智能合约平台包含的内容

Contract Vault 实现了如下功能:

(1)具有法律效力的智能合约:利用李嘉图合约将传统法律合同与智能合约相结合,确保其法律强制执行性,并实现区块链上实物财产和权利的转让。

(2)富生态系统:通过 Contract Vault 丰富的法律顾问、区块链专家和企业生态系统,用户可获取专家建议、仲裁和调解。

(3)可访问:界面直观,允许任何人仅使用浏览器或移动设备创建、测试及管理传统和智能合约。

(4)市场:访问、定制和部署各种法律及技术审计的合约模板;评价和讨论合约模板或直接获取法律及技术建议。

(5)合约创建器:使用可视化 SmartEdit 工具和自然语言处理,创建属于自己的传统或智能合约或调整现有合约,以满足需求。

(6)白标解决方案:律师事务所、银行、保险公司和其他企业可为客户提供其白标版本的 Contract Vault。

此外,Contract Vault 平台旨在解决合约和智能合约中存在以下四个问题:

第一,合约使用。合约模板通常编写不当、过时、含糊、无法真正定制或扩展,加之需要囊括大量法律知识,难为普通消费者所采用。

第二,合约创建。即使对于法律专业人士来说,合约的创建也相当低效、乏味、任务艰巨,与客户的协作效率低下;通常包括来回发送邮件。

第三,智能合约。智能合约相当复杂、实施成本高、非技术人员无法访问,存在不安全因素,而且通常不合法。智能合约是为特定使用案例而开发的,目前不可重复使用。

第四,访问。获取有关传统和智能合约的法律和技术建议成本高昂,获取时间也较长。

(五)Computable Contract:斯坦福大学 CodeX 项目

CodeX 可计算合同项目正在探索一种合同描述语言(Contract Description Language,CDL),CDL 旨在以机器可理解的方式表达合同、条款和条件,甚至法律,以便可以使用自动化工具来更有效地使用它们。[1] 根据该计划的设想,CDL 将具有以下属性:

(1)机器可理解的:计算机可以推理单个合同或一组合同,检查有效性,计算效

[1] 参见 compk. stanford. edu。

用，假设分析，进行一致性检查、计划和执行；

（2）声明式和高度表达：规范就是程序；

（3）无须将领域知识转换为过程代码；

（4）模块化：多个程序可以灵活地组合在一起；

（5）比程序代码更容易调试和可视化；

（6）领域专家也可以直接使用；

（7）声明性方法（如 jQuery）的趋势正在增长。

斯坦福大学可计算的合同架构（见图 13 – 10）。

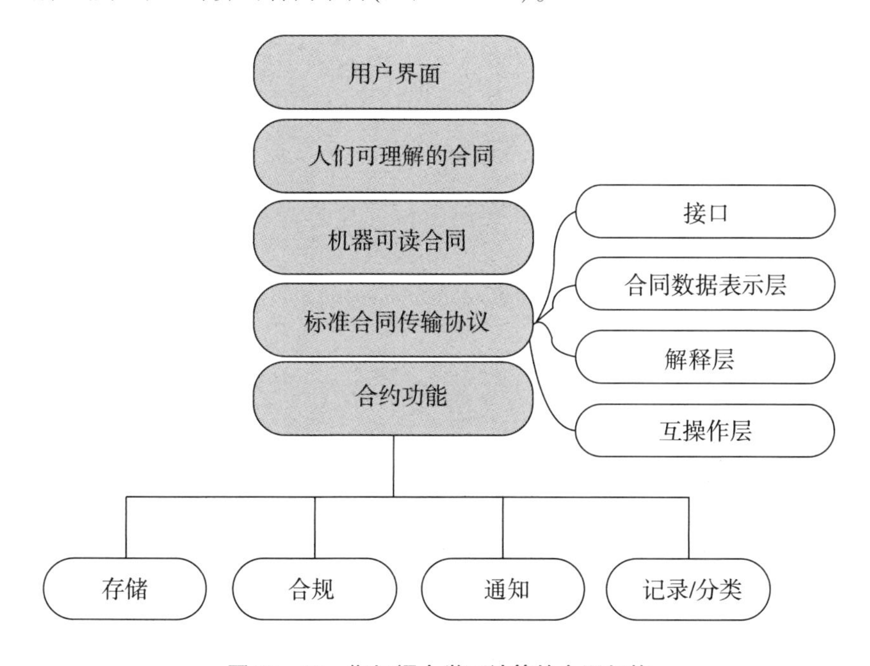

图 13 – 10　斯坦福大学可计算的合同架构

本章补充思考

问题一：本章讨论的平台中比较成熟的事实上都是“链上代码”平台，而不是智能合约平台。您建议如何将这些链上代码平台升级成为智能合约平台？（提示：这可能需要在区块链、智能合约和预言机三个系统上都进行升级，另外还需要许多其他机制）

问题二：Contract Vault 是少数考虑法律效力的智能合约平台，但仍属于早期的工作。讨论一下，下一步升级应该选择哪个方向？

问题三:在斯坦福大学可计算合同架构中,哪些机制可以实验智能合约完成?哪些机制应该由相关预言机处理?哪些数据应该存储在区块链系统里?这样的平台需要英国中央银行提出的智能合约架构(本书第十五章)吗?

问题四(研究问题):斯坦福大学还提出了在可计算合同里面使用机器学习系统,如何将这机器学习系统放进智能合约平台?

第十四章 智能合约在中国司法执行的应用

一、"智能合约 + 司法"的突破

在数字化的浪潮下,在科技进步的支持下,司法和正义普惠化更容易实现,科技对于司法的作用和价值正不断增加,司法科技已获得重大突破。

2018 年 7 月 6 日,习近平总书记主持召开中央全面深化改革委员会第三次会议,审议通过了《关于增设北京互联网法院、广州互联网法院的方案》,决定设立北京、广州互联网法院,并于 2018 年 9 月挂牌收案。该方案明确提出将区块链技术引入司法体系,充分反映了互联网法院积极拥抱前沿科技的态度,也是对区块链技术前景的认可。

2018 年 9 月 7 日,最高人民法院发布的《关于互联网法院审理案件若干问题的规定》(以下简称《规定》)开始施行。《规定》提出,通过电子签名、可信时间戳、哈希值校验、区块链等证据收集、固定和防篡改的技术手段或者通过电子取证存证平台认证,能够证明其真实性的,互联网法院应当确认。

2019 年 3 月 12 日上午,第十三届全国人民代表大会第二次会议在人民大会堂举行第三次全体会议,最高人民法院院长周强做最高人民法院工作报告时明确表示要"推进司法改革与现代科技深度融合"。

其实,在《规定》出台之前,区块链已经在很多司法系统中得到了实际的应用。2018 年 6 月 28 日上午,杭州互联网法院对一起侵害作品信息网络传播权纠纷案进行公开宣判,对采用智能合约技术存证的电子数据的法律效力给予确认;近年来,广东省中山市公安局正利用区块链网络对假释罪犯进行追踪,以提高社区劳改的质量;此外,深圳市政府也与互联网巨头腾讯合作,在反盗版的斗争中采用智能合约技术。

毫无疑问,将"区块链 + 司法"作为底层技术,让电子数据变成电子证据,规范数字经济中的产权认定等问题,将会极大地提升司法效率,更是区块链技术应用落地的一个重要里程碑。

二、智能合约在司法执行的实践

司法执行智能化的前提在于建立广泛参与的司法执行平台系统,以保证权威机构背书的数据上链,推动多方数据的交换和共享。因此,系统的建设以法院牵头建立数据交换共享的机制,采用开放、公开、共治、共赢的理念,不断吸纳社会各界加入,形成影响力。系统总体架构如图 14－1 所示:

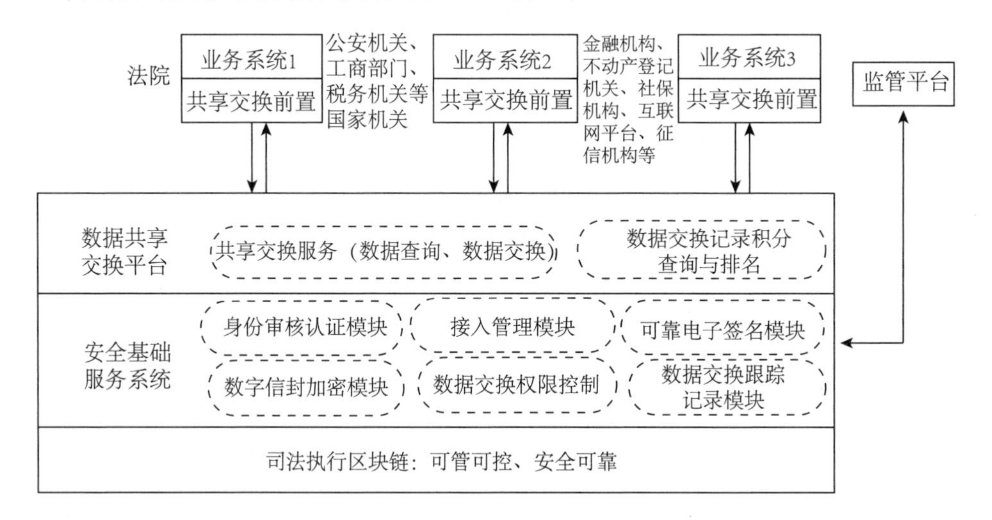

图 14－1　以区块链为支撑的执行体系总体架构

(一)司法执行区块链建设方案

以法院为主,发起建立司法执行区块链系统,联合公安机关、工商部门、税务机关、金融监管机构,不动产登记机关、住房公积金中心、车辆管理机构、社保机构、互联网平台、征信机构等共同参与,实现多方背书、数据共享的司法执行体系,最终实现通过区块链智能合约的方式,自动触发执行。建设结构如图 14－2 所示:

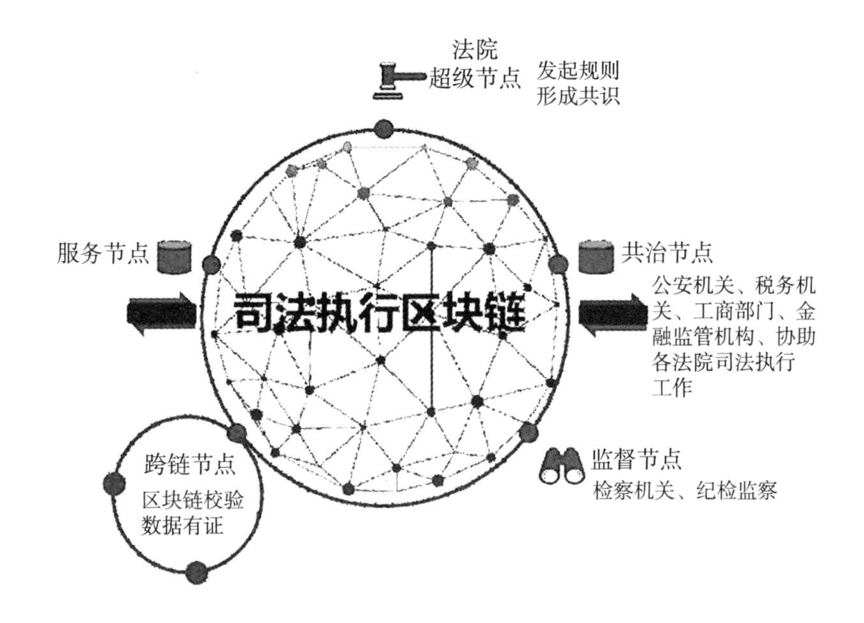

图 14－2　司法监督存证区块链系统的设计

1. 建设和运营主体

根据司法执行区块链的功能需求与设计规划，其建设和运营主体应包含核心共建单位（由法院、政法委、人大、政府部门以及其他权威机构共同发起建立司法执行区块链）、节点单位（由具备较高权威性的单位组成，如公安机关、工商部门、税务机关、金融监管机构等）和生态支撑单位（司法执行主要支撑单位，起到提供被执行人财产数据等信息和对被执行人进行联合惩戒、协作执行的作用）组成。

2. 技术实现方案

司法执行区块链从底层构架所包含的内容如图 14－3 所示：

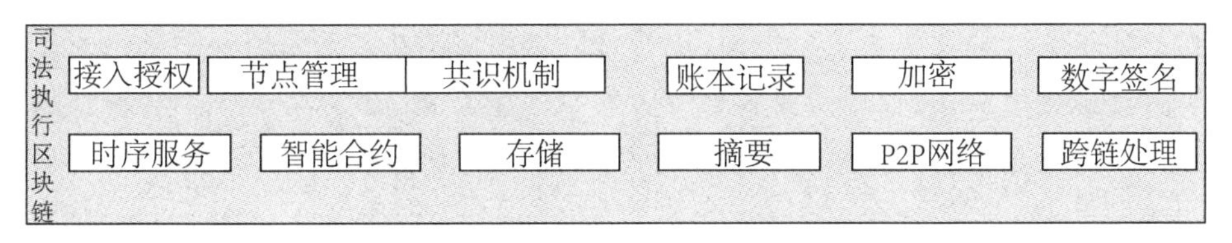

图 14－3　司法执行区块链底层架构

接入授权与节点管理负责成员的认证与加入。区块链共识机制的建构负责协调保证链上各节点数据记录的一致性，在共识机制的协调下，同步各节点的账本。账本记录和账本层则负责区块链系统的信息存储，并将上一个区块的电子数据摘要值嵌入下一个区块中组成块链式数据结构，使数据完整性和真实性得到保障，防止篡改。加密技术以及数字签名对数据进行保护,确保其机密性不受到破坏,同时任何人使用其公钥都可以解密该数据,从而产生不可否认性。

智能合约负责将区块链系统的业务逻辑以代码的形式实现、编译并部署,完成既定规则的条件触发和自动执行,最大限度地减少人工干预。建立灵活、实用的智能合约系统是司法执行区块链扩展核心能力之一,因此可以根据不同应用场景构建不同的智能合约,尤其要保证合约能够以人们可读的形式进行最终签署,体现智能合约的法律效力。

(二)司法执行区块链应用方案

1. 建设司法执行区块链自延展的生态

通过司法执行区块链推动解决"执行难"依赖于两个方面的条件:一是司法执行区块链的公正性,确保链上规则的严格遵守与高可信的信用背书;二是链上对接的生态的丰富度和活跃度,确保所能够覆盖的行业、领域以及参与的机构、用户规模等充分助力执行。因此,司法执行区块链的应用应当遵循以下两个方面的原则:

(1)法院主导建立规则,定义财产查冻扣、信用惩戒、征信共享等指令和数据接口格式,并将规则和接口向社会开放。

(2)生态支撑单位通过自注册的方式加入,共同参与司法执行区块链,把财产查冻扣、信用惩戒接口、征信数据接口等注册到司法执行区块链数据交换共享平台。

这里的服务都可以使用智能合约完成,如财产查冻扣需要和银行、征信中心、第三方机构对接才能自动完成。例如,对应银行系统,法院的区块链系统在实施上代表预言机,由法院出的资产转移指令,使银行区块链系统自动启动转移资产。如果资产都在一个银行里面,银行可以做内部调整。如果需要另外一家银行或其他金融机构,银行需要和第二方完成一笔交易,才能完成资产转移。而法院出的指令,也是由智能合约执行,需要等这些单位完成后,才宣布完成该指令。

2. 通过区块链进行智能合约执行

(1)法院/协作执行单位等司法执行区块链应用单位生成基于区块链的身份管理(见图 14-4)。

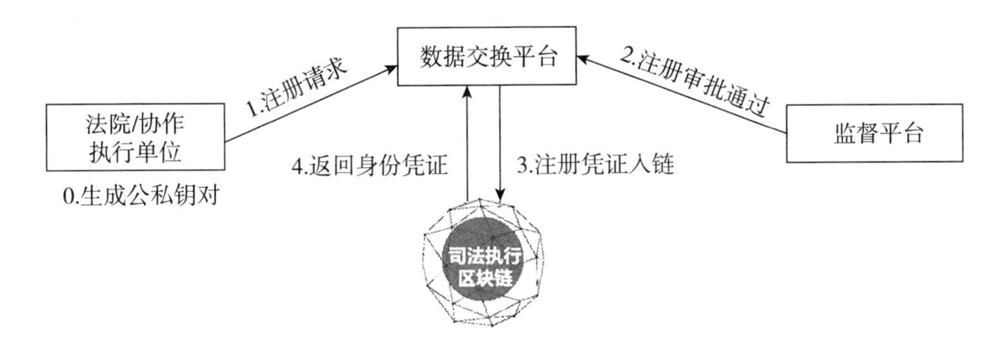

图 14－4 基于区块链的身份管理流程

（2）法院/协作执行单位等通过司法区块链进行被执行人信息自动查询的流程参见图 14－5。

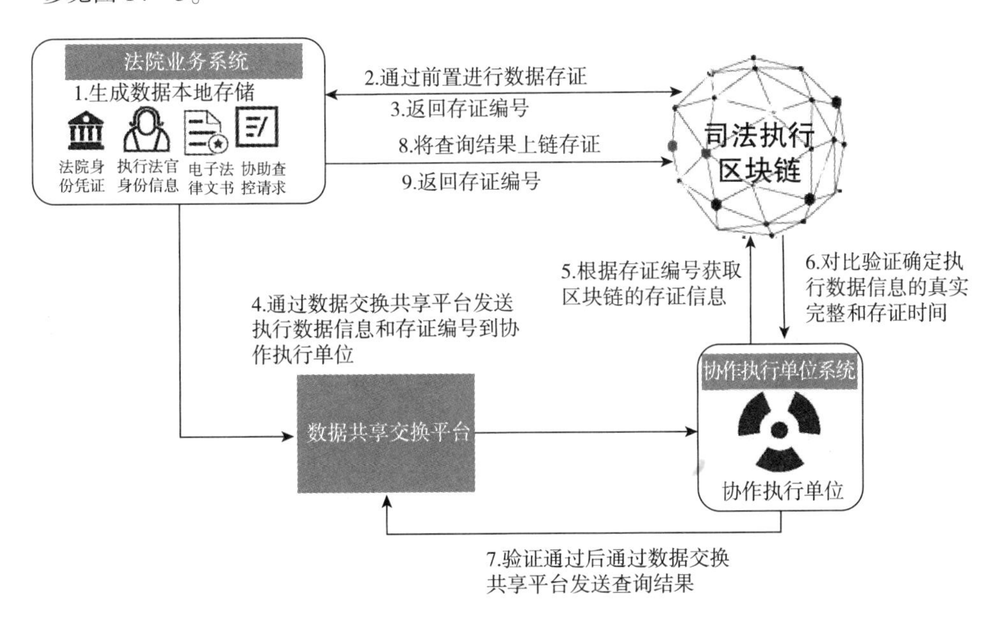

图 14－5 通过司法区块链进行被执行人信息自动查询的流程

(3)法院/协作执行单位等通过司法区块链进行智能自动执行的流程(见图14－6)。

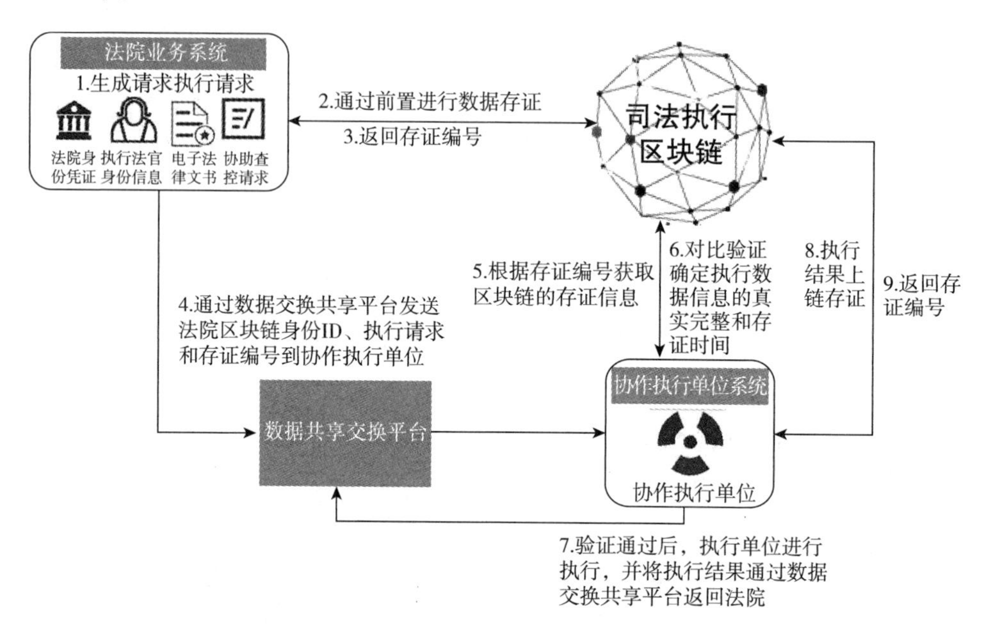

图14－6　通过司法区块链进行智能自动执行的流程

(4)联合惩戒单位通过司法区块链共享失信被执行人名单(见图14－7)。

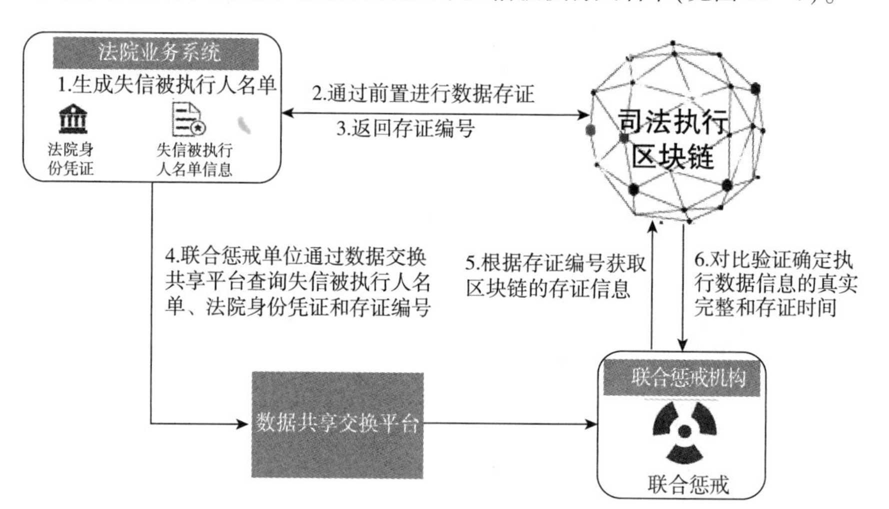

图14－7　通过司法区块链共享失信被执行人名单流程

(5)法院通过司法区块链共享被执行人征信信息(见图 14－8)。

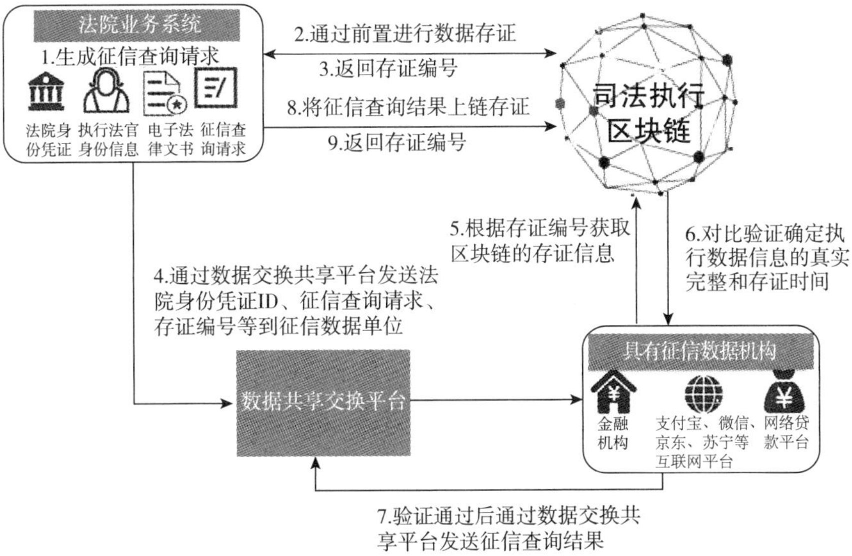

图 14－8　通过司法区块链共享被执行人征信信息流程

智能合约在执行中的应用必将大有可为。从法理维度上,智能合约与法院执行工作的融合在实体法上以实现对于申请执行人与被执行人之间民事权利的非正常状态恢复至正常状态为目的,程序法上不仅保证自动执行,实现法的安定,而且保证债权实现的正当化。因此,在未来的场景预想及构建中,从点对点执行、核验法院法官身份与文书真实性、扩大财产协作方范围、生成文书以及征信共享等方面进行方案设计,巩固"基本解决执行难"的最大成果。

本章补充思考

问题一:您认为司法执行区块链建设方案的隐含前提和立足点在哪里?

问题二:您认为目前智能合约在司法领域的应用实践与司法机关的信息系统集成化项目有何联系与区别?

第十五章

智能合约在数字法币领域的应用

英国中央银行在2020年3月发布了一份57页的报告,研究如何将中央银行数字货币(CBDC)引入现有市场[1],既作为价值存储,又用于日常交易,并分析了其可能对维持货币和金融稳定提出的重大挑战。这份题为"中央银行数字货币2020年3月:机遇、挑战和设计"的报告是在英国中央银行经过5年多研究后出的报告。包括国际货币基金组织在内的许多金融机构,在几年以前开始担心各国中央银行发行的法定货币正在——尽管速度缓慢——失去其市场据点。这个观点在2020年英国中央银行出这份报告的时候在国外媒体再度出现。[2]

英格兰银行(BoE)正在认真考虑发行以英镑计价的CBDC的利弊。英国中央银行认识到,数字英镑可能会颠覆当前的银行体系。然而,数字货币可以利用最新的金融科技,使消费者更容易和更快地进行交易。

上述报告中提道:"我们正处于一场支付革命之中。钞票是英国中央银行最容易获得的货币形式,用于付款的频率较低。与此同时,金融科技公司已经开始通过提供新的货币形式和新的支付方式来改变市场。这些发展创造了重大的新机遇,带来了新的风险,并给英国中央银行提出了一些深刻的问题。"注意一下,这里使用了"革命"两字。

英国中央银行目前只维持对法定货币(英镑)的控制,还没有进入这新数字法币市场。脸书宣布特别宣布稳定天秤币后,迫使一些国家认真考虑实施数字法币。

---

[1] Bank of England, "Central Bank Digital Currency: Opportunities, Challenges and Design", https://www.bankofengland.co.uk/-/media/boe/files/paper/2020/central-bank-digital-currency-opportunities-challenges-and-design.pdf, Aug. 27, 2020.

[2] 蔡维德、姜晓芳:《英国央行向第三方支付和数字代币宣战——以英国绅士的方式》,载CoinOn网:https://www.coinonpro.com/news/toutiao/47608.html,最后访问时间:2020年1月2日。

发行数字法币将是英国中央银行的一项重大创新，因为此类货币交易通常提供更安全的交易、更容易的汇款和接收资金的方式。然而，这将带来当前货币政策的变化和与某些加密货币相关的波动风险。[1]

如果将大量存款余额从商业银行转移到CBDC，则可能对商业银行和英格兰银行的资产负债表、银行向整体经济提供的信贷金额以及银行如何实施货币政策产生影响。[2]

由于这报告篇幅较长，本书在这里主要展开谈论一点。这份报告中英国中央银行难得公开讨论智能合约在数字法币的机制。以前即使有讨论，大多是简短的。这次却提出三个不同架构来实现智能合约，相信这些机制有知识产权，以至于英国中央银行并没有提供细节。但是英国中央银行还是提供了足够的信息可以分析这三个架构的差异。

一、英国中央银行在数字法币领域的尝试

这份报告篇幅较长且是科普性的文章，因此同一个观点会重复阐述并讨论，方便读者阅读并理解全文。下面是报告的重要信息：

(1)零售数字法币：整份报告都在讨论零售数字法币。这是英国中央银行原来的目标，但于2018年放弃；也是那年，英国中央银行重视“批发”数字法币。由于脸书天秤币的横空出世，英国中央银行被迫又回到零售数字法币的研究。

(2)批发数字法币：但是英国中央银行没有放弃“批发”数字法币，并且表示以后会像这份报告一样出批发数字法币报告。事实上英国在这方面已经下了功夫和加拿大中央银行、新加坡中央银行合作在2018年出联合报告，并且实际项目已经交给一个民间公司来完成，预备出基于美元、日元、欧元、英镑、加拿大元的联合合成数

---

〔1〕 David Siegel, “Understanding the DAO Attack”, https://www. coindesk. com/understanding-dao-hack-journalists, June 2016.

〔2〕 Bank of England, “The Bank of England’s Future Balance Sheet and Framework for Controlling Interest Rates: A Discussion paper”, https://www. bankofengland. co. uk/paper/2018/boe-future-balance-sheet-and-framework-for-controlling-interest-rates, August 2018.

字法币(Universal synthetic CBDC)。[1]

(3)支付科技改变金融市场:英国中央银行还是坚持支付科技改变金融市场,在2019年8月23日发布的信息更是震动美联储,其中提到这个改变可以使美元失去世界储备货币的地位。美国研究后在2019年11月对该理论正式重视起来。美联储开始认真研究该理论并于2020年2月演讲的时候大量讨论该理论。经济学者和金融界一直有人对此持保守的态度,认为区块链或数字法币不会影响金融、不会改变市场,且对法币的影响非常有限。最后一点是美联储于2019年6月(当时脸书发布天秤币白皮书)公开的观点。[2] 但是在2019年10月,美联储邀请普林斯顿大学教授演讲"数字货币区域"(digital currency areas)新理论,后又在2020年2月公开讨论这个新理论,讨论中指出普林斯顿大学理论是最完整的。欧洲中央银行则是在2019年9月讨论普林斯顿大学理论。

(4)全面评估:英国中央银行的报告给了一重要信息,数字法币系统设计需要是全面的,绝对不能以单线思路一概而论这也是为什么这份报告篇幅长——因为它列举了许多问题。

二、英国中央银行提出三大智能合约架构

英国中央银行这份报告第6章主要讨论的是CBDC技术设计(见图15-1)。

---

[1] Jack Meaning, et al.,"Broadening Narrow Money Monetary Policy with a Central Bank Digital Currehcy", https://www. bankofengland. co. uk/working-paper/2018/broadening-narrow-money-monetary-policy-with-a-central-bank-digital-currency, May 2018.
蔡维德、姜晓芳:《基于批发的CBDC数字货币重建全球金融体系——拜访发行USC的Fnality公司》,载链闻网:https://www. chainnews. com/articles/469554039982. htm,最后访问时间:2019年10月1日。
蔡维德:《国外数字法币的发展》,载链闻网:https://www. chainnews. com/articles/432737739361. thm? from = timeline,最后访问时间:2020年1月2日。

[2] 蔡维德:《数字法币3大原则:脸书Libra带来的重要信息》,载搜狐网:https://www. sohu. com/a/336970872116132,最后访问时间:2020年1月2日。

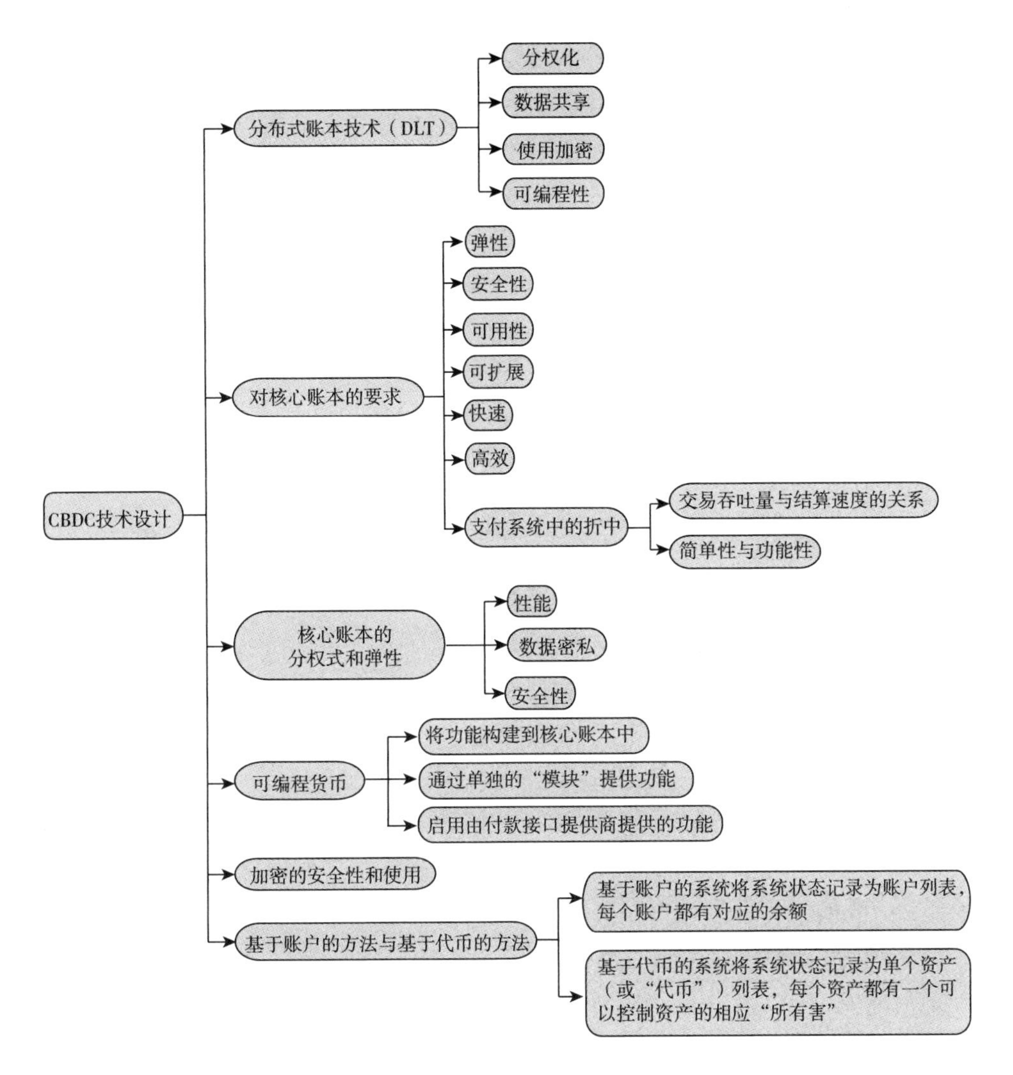

图 15－1　英国中央银行报告第 6 章的内容大纲

英国中央银行的报告提出三个智能合约应用，都是基于监管和 CFTC 观点一致：

(1)方案 1：智能合约系统和核心账本系统结合在一起；

(2)方案 2：智能合约系统和核心账本系统分开，两个系统并行；

(3)方案 3：智能合约系统和核心账本系统分开，放在连接第三方支付系统接口

上。〔1〕

（一）区块链和合约系统联合

第一个方案，是传统智能合约的设计，即智能合约在核心账本里面（见图 15 - 2），如以太坊。

英国中央银行在报告上这样分析："在核心账本上提供完整的可编程货币功能会带来重大的权衡。但是由于智能合约可能带来复杂的计算，会影响核心账本执行时候的性能。无论这些交易是否与智能合约有关，交易速度可能会因此减慢。但是，可能需要这种方法才能实现与可编程货币相关的全部好处。"

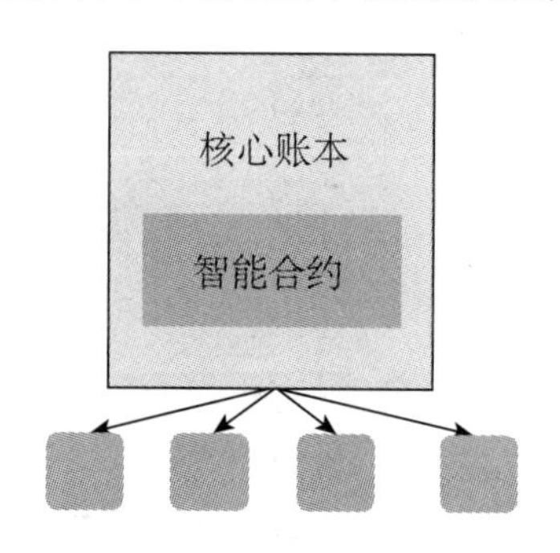

图 15 - 2 传统智能合约的设计

在此架构下，英国中央银行可以完全控制账本和合约系统，包括这些系统的开发和运营。由于这些系统操作都在中央银行里面进行，中央银行有完全的监管力量。这和传统数字代币系统（如比特币系统）正好完全相反，这里是完全由中央银行控制和监管，而数字代币却是在逃避监管，不过二者都是使用同样的区块链和智能合约技术。

这里的问题是账本和交易信息在核心系统里面是不是放在一起处理。如果放在一起，此系统很难扩展。〔2〕

（二）区块链系统和合约系统并行处理

第二个方案可以使智能合约平台和账本系统并行，增加速度（见图 15 - 3）。

英国中央银行报告称："另一种替代方法是，英国中央银行开发一个与核心账本分开的附加"模块"，以管理和处理智能合约。该模块将负责处理智能合约代码，

---

〔1〕 European Central Bank, https://www. ecb. europa. eu/pub/pdf/other/stella _ project _ report _ march_2018. pdf, Jan. 2, 2020.

〔2〕 蔡维德、姜晓芳、刘璨：《区块链的第四大坑（中）——区块链分片技术是扩展性解决方案？》，载微信公众号"天德信链"，2018 年 8 月 2 日。

然后在需要付款时指示核心账本。这种方法可以减轻对核心账本系统性能的负面影响,同时英国中央银行仍然承担公信方的功能。该模块将需要适当的权限来转移用户的资金以及用户控制和批准此功能的过程。这种方法将需要围绕包括用户身份验证过程在内的各个方面展开思考。”

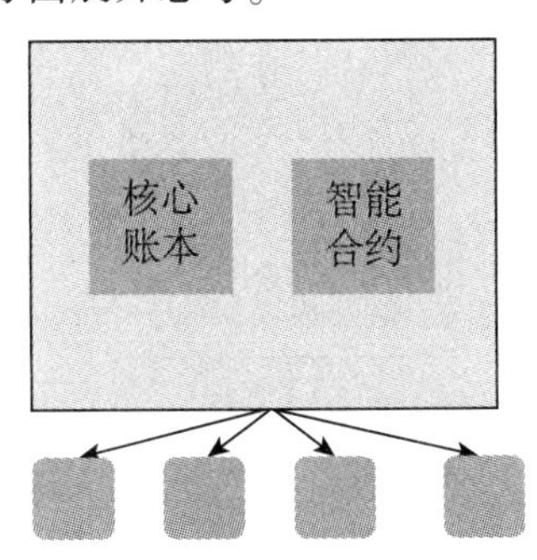

图 15－3　智能合约和核心账本并行处理

相比传统设计的智能合约架构,这里的架构将账本服务和合约服务分开处理的设计更为合理。在此架构下,英国中央银行还是完全控制核心账本系统和合约系统,包括开发和运营。由于这些操作完全在中央银行里面进行,中央银行依旧拥有完全的监管力量。英国中央银行没有提供技术细节,笔者在这里补充两个选择:

(1)全部交易操作由合约系统处理。这样核心账本系统就提供数据库服务管理账户。

(2)部分交易操作交给合约系统处理,但是还是有部分留在核心账本系统。在许多应用场景中,智能合约只是进行部分功能,而且一笔交易可能通过多个智能合约才能完成,如一个验证身份、一个记账、一个完成记录、一个报税。

如果采取第一个方案,核心账本提供账本服务,而合约系统提供交易服务,这样账本系统可以扩展,速度快,如果智能合约多,如何组建这里的合约系统还是一个研究课题,因为大部分智能合约只是完成交易里面的一个操作,在计算机理论上,这就是微服务(microservice)的概念。

如果采取第二个方案,如何设计核心系统是一个研究课题,而合约系统可能反而容易设计。如果核心系统不把账本和交易数据分开处理,则难以扩展。如果没有设计好,性能可能比第一个方案更差,原因是合约系统和核心账本系统都有合约,这两组合约还有交互。这些交互如果设计得好,性能可以提高不少,但是如果设计不好,系统性能会更不好。

（三）合约系统在接口

第三个方案则是靠近应用方，英国中央银行报告说“第三种选择是英国中央银行将提供的最少而且低功能的智能合约，因为外面的支付提供商可以提供更好和更完整的智能合约。最少功能可能包括用密码将资金锁定在有效的托管服务中的能力。在这种方法中，英国中央银行还将在制定智能合约功能标准方面发挥作用。这些标准将确保提供者之间的互操作性，并设置最低的安全标准，但不会决定如何提供服务。”

该架构下，外部智能合约由供应商提供（见图15－4）。

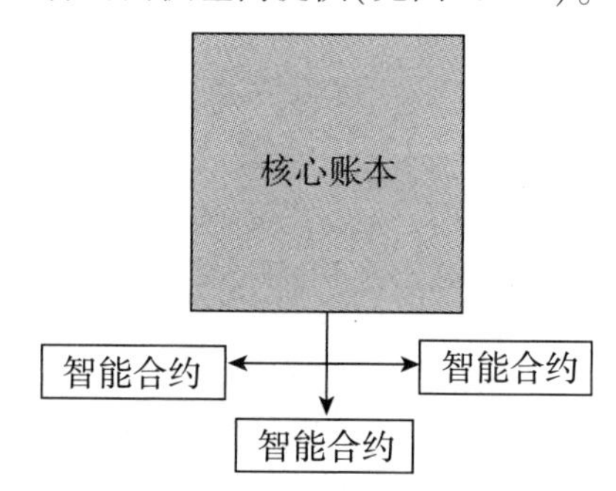

图15－4　智能合约运行和外部商家的接口

这里英国中央银行需要预备的工作还是不少，如开发自己的账本系统和合约系统；提出监管政策；验证外面智能合约符合监管政策。

这里所有和核心账本的交互作业依旧由中央银行自己开发和运营，如由中央银行的核心系统和智能合约来处理来保证中央银行系统的安全，

因此，中央银行的智能合约需要提供两大功能：完成交易和从事监管。而外面合约系统提供：完成部分交易；提供非中央银行的其他服务，如折扣、保险，或是连接服务。

这个方案基本上是中央银行提供资金投管机制和服务。这表示无论如何设计外面系统，最终还是由中央银行系统进行监管。

（四）“三驾马车”混合模型

上面三个机制不会是唯一的选择。这三种机制有可能可以同时间使用，或是任意两个机制同时使用。因为有可能会有两套以上的合约组同时间运行，在系统设计的时候需要确保运行时不起冲突。

如果是三种机制一起混合使用，部分合约在核心账本内，部分合约在并行系统上，而在接口还有另外一套合约系统。例如，交易完成功能的合约在核心系统里面

部署,可以独立执行的合约可以在核心账本外并行处理,而实时监管或验证信息的合约在接口上(见图 15－5)。由于这三套合约接触的数据都不一样,设计好不会起冲突。

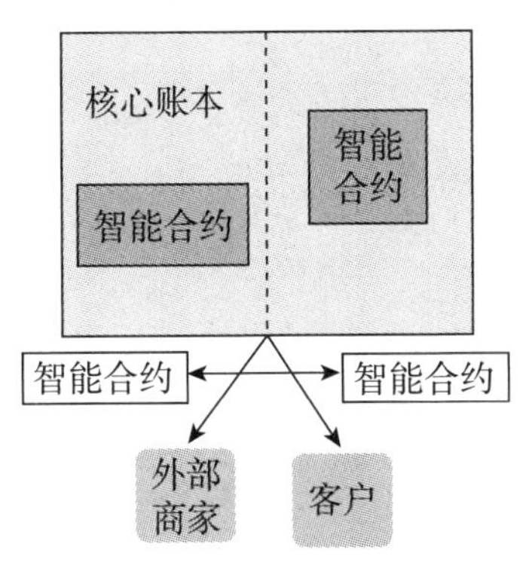

图 15－5　“三驾马车”智能合约模型

此外,英国中央银行提出的三个智能合约平台是少见的设计。此前英国中央银行实时全额结算系统(Real-Time Gross Settlement,RTGS)实验报告,报告里面的实验都没有成功(其中几个团队连系统连接都没有完成,等于实验还没有开始期限就到了),但在这份“失败”的报告里面居然提出后来在 2019 年发布的“一币一链一往来账户”新设计思想。[1] 因此笔者认为英国中央银行必定考虑过这三个方案,其内部有不同看法。

以前一些单位为了躲避政府监管,花许多时间来设计系统。这里英国中央银行却花了许多时间设计区块链和智能合约系统来从事监管金融交易。

英国中央银行还是坚持他们所讨论的各种方案都可以使用区块链系统完成,但同时也可以使用传统中心化系统完成。不过若是真的使用传统中心化系统实现这些方案,这些方案就显得很奇怪。

三种方案具体内容的对比如表 15－1 所示。

---

〔1〕 蔡维德、王娟:《数字法币:非对称监管下的新型全球货币》,载搜狐网:https://www.sohu.com/a/384487427 100189678,最后访问时间:2020 年 1 月 2 日。

表 15-1　三种方案的对比

	合约和账本系统联合	合约和账本系统并行	合约系统在接口
账本和合约服务器	联合	分开	分开
监管机制	中央银行完全控制,不但控制账本,也控制智能合约的开发和运行	中央银行完全控制,中央银行控制账本和智能合约的开发和运行	中央银行提供投管服务,中央银行控制核心账本,部分支付机制在外面完成,中央银行出监管政策和智能合约来监管外面的智能合约
和外面智能合约的关系	没有讨论	没有讨论	中央银行在接口的智能合约和外商提供的智能合约合作
核心账本的功能	没有提核心账本细节功能,如果核心账本提供账本服务和交易服务,此系统会难以扩展。如果分开,交易和清算两步到位,就成为中国熊猫模型[1]	这里有两种实践方式:(1)核心账本提供账本服务,而智能合约提供交易服务。(2)部分智能合约在核心账本系统中,而部分在外面的合约系统中。如果是第一种,英国中央银行还没有提出设计方案,可能会走向类似中国熊猫模型的方向。如果是第二种,还需要设计,这两套合约系统不能冲突	这种设计可能会走向中国熊猫模型的设计思想,就是账户和交易分开。接口上的智能合约(和外商提供的智能合约合作)从事交易作业,交易后在账本系统做清算(可能也做结算)。交易有可能分多阶段完成,外商提供的合约系统完成部分交易,中央银行接口合约系统完成其他部分如监管机制和清算。如果不是采用此方案,外商提供的智能合约系统需要等中央银行核心系统完成交易共识后,才能回复客户。这样一笔交易需要经过两个合约系统和账本系统处理。这样交易时间会延迟,而这种延迟会使这设计达不到支付系统的需求

[1] 蔡维德:《熊猫——CBDC 央行数字货币模型》,载微信公众号"天德信链",2016 年 11 月 5 日。

续表

	合约和账本系统联合	合约和账本系统并行	合约系统在接口
其他讨论	外面服务商应该可以提供他们的智能合约服务,但是他们不能和中央银行核心账户系统直接交互	此方案如果没有设计好,可能不能解决英国中央银行的性能问题,因为智能合约需要和核心账本交互,在运行时,参与交易的数据在核心账本需要被锁住,虽然在账本系统外面运行,但是还是影响核心账本系统的功能和性能	外商提供的智能合约不能直接接触到中央银行的核心账本服务

本章补充思考

问题一:您认为数字法币的实现路径,会基于现行商业银行体系调整还是会采取新设新建的方式?由何种主体来主导?

问题二:您认为各国中央银行对待数字法币的态度是否相同?其在数字法币的未来前景中,各自会扮演何种角色?

问题三:这里英国中央银行只是提出初步想法,如何将此思想落地?

第十六章 智能合约在金融领域的应用

一、"智能合约 + 金融"蓄势待发

(一)区块链对金融体系产生的潜在影响

金融体系包含货币发行流通、金融工具、金融市场、金融中介、制度与调控机制等构成要素。从这几个核心构成要素来看,基于区块链在金融资产权益证明发放与流通中的应用,区块链将通过"一升一降三创新",为金融体系带来潜在积极的影响(见图 16 - 1)。

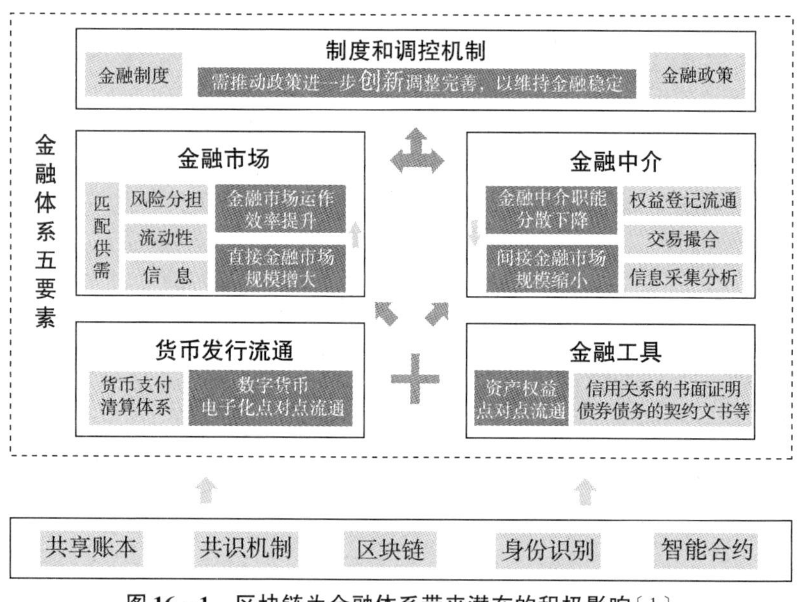

图 16 - 1 区块链为金融体系带来潜在的积极影响[1]

---

[1] 中国信通院、腾讯研究院:《2018 金融区块链研究报告》,载搜狐网:https://www.sohu.com/a/243506652 204078,最后访问时间:2020 年 1 月 2 日。

从实际应用情况来看,区块链应用最早且应用最热的金融范畴就是加密数字代币。以比特币为代表的加密数字代币基于区块链创新地实现了资产权益的远程点对点流通,逐步激发人们对于区块链在货币发行流通中应用的探讨,这是第一个“创新”。

金融工具,也可以称为金融资产,是作为储蓄者与借款者进行资金转移的重要手段,区块链可创新地实现金融资产权益的高效点对点登记流通,这是第二个“创新”。

基于区块链对加密数字代币以及金融资产权益实现电子化、点对点流通的创新应用,能增强金融过程中的投资者与借款者之间的点对点关联,继而金融市场的运作效率会整体提升,使直接金融市场的规模增大,即“一升”。

在这个过程中可能带来金融中介职能的下降、聚焦和转变,今后金融中介职能主要会针对实现投资者与借款者的交易撮合、信息采集分析等最重要的功能,即“一降”。

区块链对金融市场与金融中介带来一升一降的影响,继而可能推动金融制度与调控机制的创新调整与完善,从而在这一大机遇的背景下维持货币稳定与金融稳定,即第三“创新”。

(二)智能合约与金融领域的结合点

区块链技术之所以能够得到国内外和中央银行的关注,主要因为其有以下技术优势。

1. 提高自动化交易水平

智能合约不仅由代码定义,还由代码强制执行,智能合约双方无须彼此信任,自动且无法干预。金融机构便可以将智能合约运用于区块链的分布式账本中,运用于股票、衍生品合同、金融资产(如债券)等智能金融工具,通过建立规则并用代码表述形式代替合同,实现链上支付功能,提高自动化交易水平,如假定拥有者的汽车是通过贷款购买且其车载系统连接了互联网,那么一旦拥有者无法偿还贷款,智能合约将会自动调用智能扣押令(smartlien),将车辆控制权交由银行实现自动化操作。

2. 确保金融交易安全和效率

智能合约一旦确定,其资金就按合约条款进行分配,只有合约到期才可以使用这笔资金,在合约订立期间及生效后,合约任意一方都不能控制或挪用资金,确保了其交易的安全性。同时记录在区块链上的智能合约,具备区块链永恒性和无须审核等特性,且能够通过存储和转移加密货币来控制智能资产,提升交易效率。

3. 降低金融交易及合约执行成本

通过预设自动执行的智能合约约束并引导公众行为,使信息更加透明、数据更加可追踪、交易更加安全,降低了合约执行成本。同时,智能合约将分布式账本的加密算法、多方复制账本以及控制节点权限等关键性程序结合起来,成为以计算机语言而非合同文本语言记录的条款合同,降低了交易成本。

4. 便于金融机构对交易行为进行管理

通过创建透明的分布式账本,记录智能资产所有权变化及可能的全部交易过程,用来跟踪和执行嵌入的智能合约,以此验证交易关系,方便了金融机构的管理,同时也为其提供重要的证据线索。此外,智能合约通过对其资产赋予代码并决定网络中智能资产的运作地点和方式,能够让智能金融工具在市场上自主流通,削弱监管套利空间,甚至可以不需要监管机构介入。

二、智能合约在金融领域的应用实践

(一)金融交易

为了覆盖其客户的违约风险,银行会与互换交易商签订信用违约互换(CDS)合同,信用违约互换合同是一种金融衍生品产品。

如果是新季度,智能合约会进行计算并将保费从银行转到互换交易商;如果借款人违约,系统检查当事方同意的违约事件权限(如预言机);如果借款人违约,智能合约会进行计算并将付款从互换交易商转到银行。

因此,智能合约运行时,系统每季度会自动从买方(银行)转移付款到互换交易商,每日自动检查是否存在违约事件(如果违约,就支付)。

智能合约在金融系统的运行系统(见图 16-2)。

应用案例：信用违约互换

为了覆盖客户的违约风险，银行与互换交易商签订了信用违约互换（CDS）合同。
- 如果是新季度，智能合约会进行计算并将保护费从银行转到互换交易商。
- 如果是借款人违约，系统检查当事方统一的违约事件权限（如预言机）；如果借款人违约，智能合约会进行计算并将付款从互换交易商转到银行。

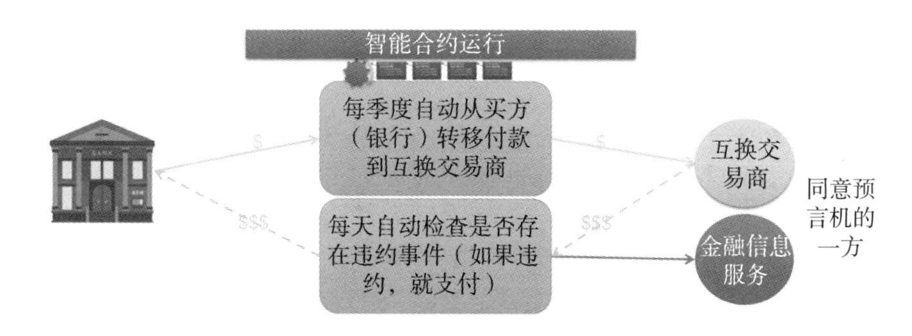

图 16－2　智能合约在金融系统的运行流程

（二）保险

区块链技术在保险业中有各种各样的用例，下面讨论的示例只是冰山一角。然而，本部分的目标是阐明对保险业价值链可能产生的影响。

智能合约是两方或多方之间的合约，它可以通过电子方式来编程，并通过其底层区块链自动执行，以响应编写在合约中的特定事件。

执行合同所需的数据可能位于区块链之外。在这种情况下，一种被称为预言机的新型可信第三方在给定时间将此信息推送到区块链中的特定位置。智能合约读取数据，并相应地采取行动（执行/不执行）。

1. 自动生效的保险：预言机、英国汽车保险业

（1）预言机应用

张三在夏威夷购买了一片菠萝林，但张三担心天气会影响生意，而菠萝安全保险公司通过自动执行的智能合约来提供保险服务。张三和菠萝安全保险公司同意保险条约各条款后，以数字化的方式签署数字签名。智能合约是在区块链上存储和操作的。本案例的示意图 16－3。

当智能合约运行时，每月会自动完成从张三到菠萝安全保险的付款，每日自动执行冻结事件的检查（如果有冻结事件，就付款）。其中，第三方系统是预言机公司。

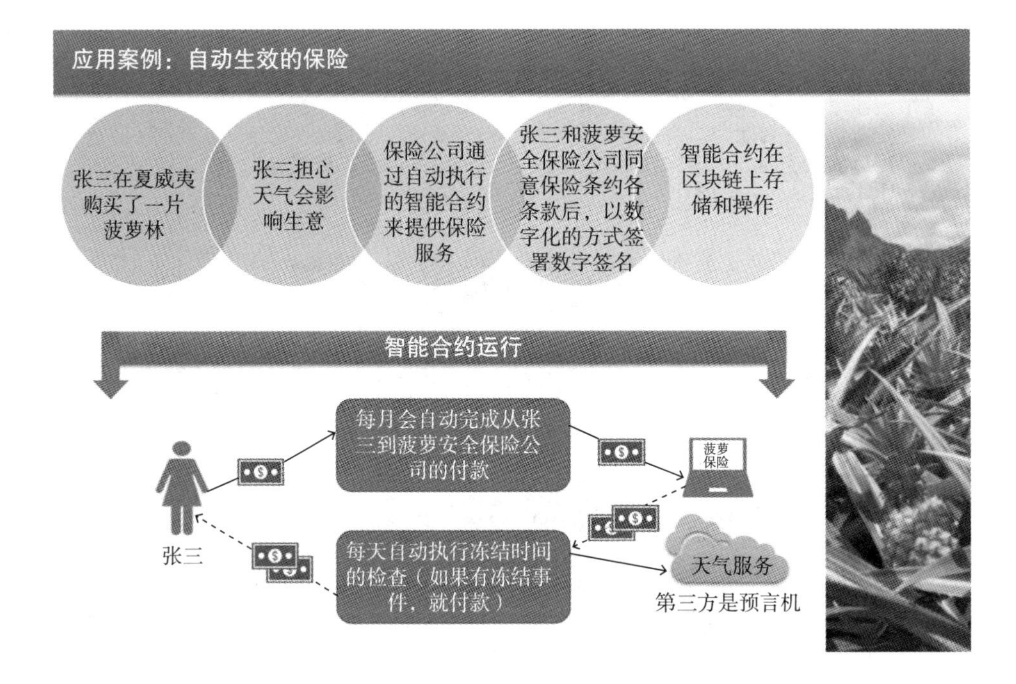

图 16－3　智能合约提供保险服务

(2)英国汽车保险业估计

在汽车保险行业,将保险公司、客户和第三方带入单一平台的智能合约将提高流程效率,并减少索赔处理时间和成本。此外,车库、运输供应商和医院等第三方一旦成为分布式账本的一部分,将能够对客户的索赔提供更快的支持,并有望更快地解决索赔。

保守估计,英国汽车保险业处理了 370 万件索赔,在索赔成本和费用上花费了 1330 亿美元。通过计算,如果采用智能合约可节省约 167 亿美元,占总成本的 12.5%。基于英国汽车保险市场,估计全球汽车保险业通过使用智能合约每年可节省 2100 亿美元。

一部分储蓄可以通过降低汽车保险单的保费转嫁给客户。估计如果保险公司将智能合约采用过程中产生的所有节约转嫁给消费者,每支付一笔保费,成本节约平均将减少 90 美元;如果保险公司选择仅转嫁 50% 的节约,则每支付一笔保费,成本节约将减少 45 美元。

2. 及时保险:Ledger、Slock、InsurTech Cuvva、DocuSign 和 VISA

(1)Ledger

Ledger 公司提出了一个硬件预言机解决方案,它允许信息被实时地推送到区块链上。这些硬件预言器使用一系列传感器(连接的设备,物联网)来跟踪事件。

使用与物联网相关的智能合约有两个好处:第一,基于连接设备报告的数据的管理过程的自动化和自主性,需要满足执行智能合约的条件。第二,基于记录所有数据(包括连接的设备提供的数据)账本的无限且不变的数据历史。对于保险公司及其客户来说,这是为了保证透明度和简单性,因为相关数据在区块链上是存在和安全的,任何一方都不会采取任何行动。

(2)Slock

通过让任何人都可以租赁、出售或分享任意东西来构建未来共享经济的基础设施——除了通过智能联系人激活/停用的保险之外,没有其他中介。

(3)InsurTech Cuvva

根据客户的要求启用和停用,新玩家将自己定位在这一利基市场,允许司机在借用一辆汽车时,在几分钟内就可以安排保险。

(4)DocuSign 和 VISA

为购买、融资租赁或运营租赁连接车辆试点了智能合约,智能合同安装在仪表板中。这一伙伴关系的目的是促进和加快获得相关文书工作的进程,特别是在保险方面,使用纯粹的在线解决方案。

3. 点对点保险:Friendsurance、Wekeep

(1)Friendsurance

Friendsurance[1]在 2010 年引入了一种新的分销模式,区块链技术凭借分散式自治组织(DAO)的原则带来了新的机遇,实践也在不断发展。

智能合约代表分散应用程序的第一级,它们通常涉及人工输入,特别是当合约将由多个不同方签署时。如果智能合约与其他合约相互作用,它也可以为“开放网络企业”(ONE)做出贡献。当它们与自主代理(在没有人为投入的情况下进行决策的程序)的概念结合起来时,就会创建一个 DAO,或者一个在没有传统管理结构的情况下产生价值的组织。

由于 DAO 能够管理大量利益相关者之间的复杂规则,因此能够大规模地推出 P2P 保险。因此,现有的保险公司和新的参与者都可以更容易地在这个新兴的 P2P 保险市场定位。毕竟,P2P 归根结底不过是一种新的风险共担理念,这是所有保险的核心理念。

---

[1] 这个词是由朋友(friend)和保险(insurance)两个词合拼而成的。

(2) Wekeep

将非强制性保险的保费集中在由多个不同方面签署的智能合约中。索赔之后,将根据两个条件解决:通过有形数据确认保险事件和其他成员投票同意数。

在这种安排中,任何成员都不持有在任何时候筹集的资金,也没有任何中央组织拥有决策权。如果大多数成员(或预先确定的百分比)同意,索赔将得到解决。

4. 指数保险:IRSA 协议

基于指数的保险是与基础指数(如降雨量、温度、湿度或作物产量)相关的保险。这种做法解决了发展中国家农村地区传统作物保险的局限性,例如,通过降低管理和结算成本。在非洲这样一个保险普及率只有 2% 的地区,这类保险真正有可能在民众中获得 15% 。

然而,尽管这种保险有多种好处,但推出基于指数的产品仍然复杂且成本高昂。为了开发这种产品,特别是收集数据所需的基础设施,大量的资源和技术专长是必不可少的。

通过将这种保险建立在智能合约的基础上,基于指数的产品将是自动化的、更简单和更便宜的。例如,农民和保险公司之间的智能合约可以规定,在 30 天没有降雨后付款。本合同由预言机提供的可靠外部数据(如国家气象局编制的降雨量统计数据)提供,在干旱 30 天后自动触发付款,无须投保方提出保险索赔或专家现场评估。这种机制可以替代传统的农业保险。

法国的 IRSA 协议(或被保险人的直接赔偿和汽车保险公司之间的追索协议)旨在促进在发生交通事故时赔偿损失。IRSA 协议创建于 1968 年,由法国大多数保险公司签署,是确定保险事故责任和解决保险索赔的关键。

该协议适用于在法国发生的交通事故,涉及至少两辆由成员公司投保的陆上车辆。原则很简单:"无论交通事故的类型和损害的性质或数额如何,成员公司在寻求追索之前,承诺按照一般立法的规定,在其赔偿权利的范围内赔偿自己的客户。"

经专家鉴定后,保险人确定客户的责任,并对客户造成的损害和伤害直接赔偿。赔偿直接依据法国的交通法规,确定的责任往往符合一般立法的规定。然后,保险人根据保险公司之间达成的协议,向对方的保险人追索:如果损害赔偿额低于 6500 欧元(不含增值税),被保险人承担全部责任,则追索权基于高达 1354 欧元(不含增值税)的固定金额,追索权与被保险人的责任份额成比例;如果损害赔偿额高于 6500 欧元的阈值,则根据实际损害赔偿额进行追索。

IRSA 协议的主要目的是加快基于共同规模的被保险方结算过程,并确保保险公司结算其客户的索赔。

5. 再保险:B3i

在过去的几年里,大多数主要的保险集团都建立了内部再保险机制;通常是在引入偿付能力Ⅱ的同时。使用内部再保险可以降低单个实体的资本要求,因为风险转移给自保再保险人,自保再保险人可以是单独的实体,也可以是控股公司内的一个部门。因此,保险集团可以在资本效率方面获益,因为多元化集中在自保水平。

内部再保险机制通常需要根据监管或财政要求迅速和复杂地交换信息。这些信息交换可能涉及第三方,如经纪人或专业再保险人,他们为保险提供公平的内部转移定价。

只要对这种情况有一个自然的内部共识,就有可能通过私人区块链为内部再保险组织信息流。

通过智能合约自动执行再保险协议,相关实体(如集团子公司)将不再需要参与保险的"申报"阶段(合同、索赔报告、核实、结算触发等)。

2016 年 10 月由五家欧洲领先的保险公司和再保险公司(Aegon、安联、慕尼黑再保险、瑞士再保险和苏黎世再保险)推出的区块链保险行业倡议(Blockchain Insurance Industry Initative,Bi3)旨在推出转分保概念证明(PoC)。

2017 年 2 月,B3i 又增加了 10 家在亚洲、欧洲和北美运营的国际保险公司和再保险公司(Achmea、Ageas、Generi、汉诺威再保险公司、Liberty Mutual、RGA、Scor、Sompo、Tokio Marine 和 XL Catlin)。

B3i 的原型被称为 Codex 1,旨在实现灾难再保险流程的自动化。它将把同一区块链上的保险公司、经纪人和再保险公司聚集在一起。

(三)转换资产管理

资产管理是一个高度监管的行业,其各个中介机构之间存在很大程度的互动。分布式账本技术可以提高该行业的流程效率以及行业不同利益相关者之间的合作。

1. Blockchaniz

伊利诺伊州的初创公司 Blockchaniz 目前正在开发这一领域的项目,特别是与领先的银行合作,以降低他们在资产管理方面的调节成本。对于所有合规问题,可将确保符合适用法规所需的数据写入区块链,该区块链可由所有各方或授权方(如适用)访问和审计。

2. 资金链(Fundchain)

运用智能合约的技术优势,降低了解客户(KYC)成本、降低欺诈和保险财产被盗的风险、减少对人力投入的需求、提高保险产品的定价以及开发新市场。

同时,区块链技术识别并使用已经存储在银行多个记录系统中的所有有效现有数据,如与贷款申请、人寿保险登记和银行账户开立相关的数据。

在这种情况下,区块链技术通过减少对专注于 KYC 任务的人员的需求来帮助降低成本,缩短处理时间,从而改善客户体验。声誉风险——这是保险公司的一个主要问题——也大大降低。因此,区块链有助于简化管理流程并提高效率。客户可以获得更好的服务,避免人为错误,并降低成本(消除处理此类数据的相关成本)。

(四)杠杆贷款

杠杆贷款市场面临着尖锐的结算问题。高收益债券交易的结算时间为 T+3 天,而长期贷款的结算时间往往长达近 20 天。这给杠杆贷款市场带来了更大的风险和流动性挑战,阻碍了其增长和吸引力。2008 年以来,全球长期贷款市场负增长,高收益债券市场增长 11%。

智能合约可以帮助减少诸如文件、买卖双方确认和转让协议、KYC、AML 和 FATCA 核查等流程的延迟,并提供一份经过许可的账本。因此,杠杆贷款的结算周期可以缩短至 T+6 天至 T+10 天,使杠杆贷款市场比目前更具流动性。

例如,在美国住房市场,根据历史平均数,其中 64% 是房主用抵押贷款购买的。如果采用智能合约,抵押贷款客户的抵押贷款手续费总成本可能会下降 11% 至 22%。根据美国抵押贷款市场的情况,智能合约可能会为美国和欧盟新的抵押贷款发放流程节省 30 亿美元至 110 亿美元。此外,一旦外部合作伙伴(如信用评分公司、土地注册局和税务机关)可以通过区块链访问,以促进更快的处理和降低成本,则可以节省 60 亿美元。

三、保险智能合约备受资本青睐

在保险方面,一些主要参与者已经通过以下方式对智能合约表示了兴趣:

一方面是合伙企业/股权收购。AXA Strategic Ventures 参与了一轮 5500 万美元的筹款活动,为普华永道的初创企业和合作伙伴 Blockstream 筹集资金。这家年轻的公司是一家著名的实施侧链(或“区块链下的区块链”)的专业公司,它提供对初始区块链上不可用的应用程序的安全访问(如比特币上的微交易)。

另一方面推动试点计划,如安联风险转移与 Nephila(专门从事气候风险的投资基金)的合作。这些公司成功地试行了智能合约技术,旨在加速和简化自然灾害保险领域中投资者与保险公司之间的索赔和结算流程以及交易过程。

在那些没有 PoC 或合作伙伴关系的公司中,许多公司已经开始分析该技术或至少正在跟踪发展情况。

Ledger 首席执行官埃里克・拉尔谢夫克(Éric Larchevêque)认为的预言机是任何智能合约的基本组成部分,他们实际上是受信任的自动化中介。当前,有三种类型的预言机:即在线数据的预言机、共识预言机、本地预言机。

某些物理数据只能通过传感器(温度、功率输出等)收集。本地预言机用作安全仪表。它是一种自主的物联网,无须数据反馈。信息在区块链上以交易形式进行点对点传输。为了保证数据安全,使用了智能卡。可以对预言机进行审核和认证。但是存在一个弱点:建立系统的一方必须是受信任的参与者。

此外,通过智能合约全面改善客户体验和管理流程。没有智能合约时候,签合同需要的步骤:首先报价(客户要求家庭保险报价),其次购买保险(客户接受报价并购买保险)。

有智能合约后, 大大增强客户的体验。合同自动化像高速公路,它为客户提供房屋保险的报价和购买,购买保险的客户接受报价并购买保险,由于客户信息在区块链(现有客户)上可以得到,所以可以自动为家庭保险报价。

这样的话,来自不同人群的输入减缓了索赔管理和结算过程。以前的索赔管理需要如下步骤:(1)客户索赔。客户必须提交结算所需的所有文件。(2)评估,专家到现场检查损坏情况。(3)谈判结算金额。(4)结算。这可能需要几个月到几年之间的时间。如果使用智能合约,而且满足智能合约的条件,则自动触发结算。这是根据天气预言机和用于评估索赔的连接设备提供的信息来确定的,所花费的时间不到一个星期。

本章补充思考

问题一:目前我国货币发放、信贷业务均由商业银行经授权开展。您认为,智能合约的出现是否会造成商业银行的被边缘化?对于非银行机构实质性开展原银行类业务,您认为监管机构应当采取何种态度?是否会增加监管难度?

问题二:目前我国监管机构对于保险费率、保险产品设计均严格进行掌控。您认为,智能保险产品的出现是否会出现违反监管的歧视性定价、以合法形式掩盖非法目的的假合同等情形?保险公司数据收集分析能力、精算水平的提升,更有利于保险公司盈利,还是更有利于降低社会保费负担?

问题三:除加密货币、智能保险、智能信贷之外,您认为智能合约会在金融行业哪些细分领域具有应用意义?

第十七章

智能合约在政务民生中的应用

一、数字政务时代“奇点”来临

（一）数字政府正当时

2015 年是数字政府建设政策指导的“分水岭”。自从发布国务院《关于积极推进“互联网 +”行动的指导意见》以来，电子政务明显向数字政府阶段演化，也即更加强调利用互联网真正打通政府内部、政府对企业和政府对用户三方面的统筹协调建设，强调政务服务“一号申请、一窗受理、一网通办”，旨在利用大数据、云计算等新兴技术真正实现政务数字化、自动化、智能化、智慧化管理。

数字政务相关政策（见表 17 – 1）。

表 17 – 1　数字政务相关政策一览

年份	政策名称	内容要点
2015	国务院《关于积极推进“互联网 +”行动的指导意见》	创新政府网络化管理和服务，首次提出鼓励政府和互联网企业合作建立信用信息共享平台，打通政府部门、企事业单位之间的数据壁垒，利用大数据分析手段，提升各级政府的社会治理能力
2015	《促进大数据发展行动纲要》	加快政府数据开放共享，推动资源整合，提升治理能力
2017	《政府工作报告》	加快国务院部门和地方政府信息系统互联互通，形成全国统一政府服务平台
2017	党的十九大报告	加强应用基础研究，拓展实施国家重大科技项目，突出关键共性技术、前沿引领技术、现代工程技术、颠覆性技术创新，为建设科技强国、质量强国、航天强国、网络强国、交通强国、数字中国、智慧社会提供有力支撑
2017	《政务信息系统整合共享实施方案》	各地区、各部门整合分散的政务服务系统和资源，于 2017 年 12 月底前普遍建成一体化网上政务服务平台，从政策上引导“互联网 + 政务服务”一体化深入发展，平台首现一站通

续表

年份	政策名称	内容要点
2018	十三届全国人大一次会议	深化“放管服”改革,深入推进“互联网+政务服务”,使更多事项在网上办理,必须到现场办的也要力争做到“只进一扇门”“最多跑一次”

尤其需要指出的是,2018年7月5日,北京市重磅发布《北京市推进政务服务“一网通办”工作实施方案》,明确提出2019年12月底前完成运用区块链等新技术提升政务服务质量和信息安全水平的研究工作,并在2019年6月底前完成海淀区先行试点相关工作,一时引起市场轰动。

(二)政务区块链迎来大规模落地

随着经济社会的发展,公共服务的规模和范围不断扩张,影响力日益壮大,社会舆论对公共服务的信息共享、权限控制和隐私保护等提出更高的要求。以公众需求为导向的高质量的政务服务,将是未来公共服务发展的重要方向。目前,部分地方政府大力推进“区块链+政务”服务,已取得积极成效。

2018年7月31日,国务院出台的《关于加快推进全国一体化在线政务服务平台建设的指导意见》指出,要在2022年年底前,全面建成全国一体化在线政务服务平台,实现“一网办”。区块链技术可以大力推动政府数据开放度、透明度,促进跨部门的数据交换和共享,推进大数据在政府治理、公共服务、社会治理、宏观调控、市场监管和城市管理等领域的应用,实现公共服务多元化、政府治理透明化、城市管理精细化。作为中国区块链落地的重点示范高地,政务民生领域的相关应用落地集中开始于2018年,多个省市地区积极通过将区块链写进政策规划进行项目探索。在政务方面,主要应用于政府数据共享、数据提笼监管、互联网金融监管、电子发票等;在民生方面,主要应用于精准扶贫、个人数据服务、医疗健康数据、智慧出行、社会公益服务等。

二、智能合约带来政务民生的变革

(一)交通:RentCo

李四用一个智能合约来租一辆自行车,根据存款,智能合约解锁自行车给李四进行使用,并根据行驶踪迹来监控自行车的速度和距离。当李四把自行车送回另一个出租点时,智能合约就会将资金转移给自行车出租公司,并重新锁定自行车。

在这个过程中,对李四来说,在智能合约区块链上,她可以看到自己的骑行记录;对骑行跟踪服务来说,预言机后台可以跟踪自行车的位置、速度和事故。

智能合约会跟踪自行车,以转移费用、罚款、付款和退款,如果李四偏离服务区域,智能合约会通知自行车出租公司,进行锁定或解锁自行车。本案例示意(见图17-1)。

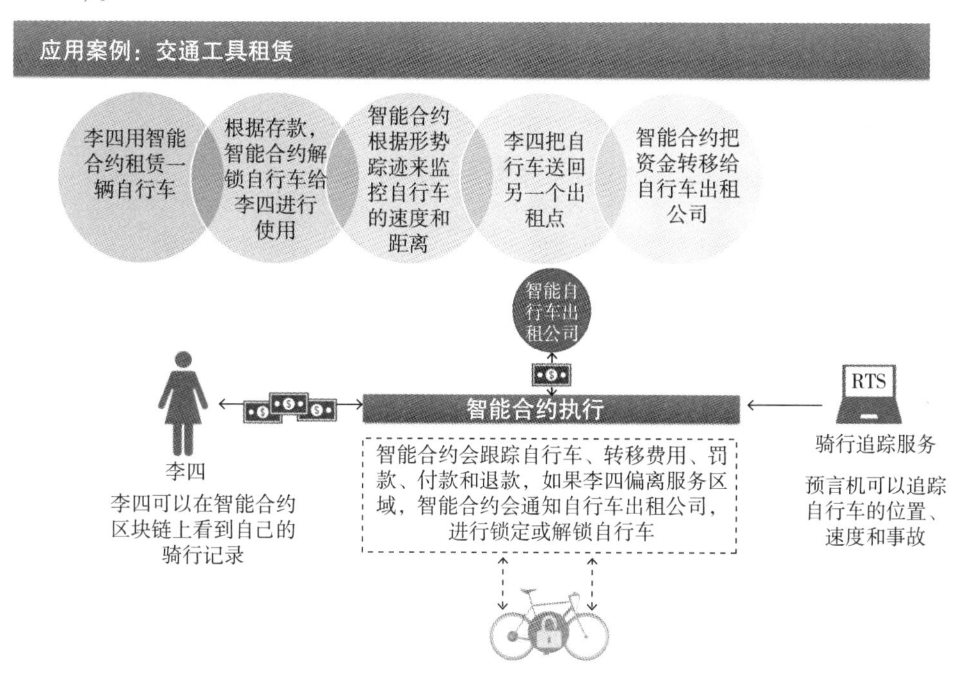

图17-1　智能合约在交通中的应用

(二)房屋租赁:雄安新区区块链租房平台

雄安新区借助蚂蚁区块链的底层技术,搭建了全国首个区块链租房平台,通过这一平台挂牌的房源信息、房东房客的身份信息以及房屋租赁合同信息都将得到多方验证,且这些信息具有无法篡改的特性。此举有望解决租房场景最核心的"真人、真房、真住"的问题,租户与平台之间签署智能合约,从而保障了各个主体之间的高效协作。

(三)教育:高校链

通过天德高校链学籍管理平台(见图17-2),海量教师与学生公开信息记录在区块链上,学生、老师、教育监管方用私钥、公钥在平台上进行各样的管理以查询。学生的成绩、证书在区块链上登记认证,根据区块链的不可篡改性,有效地防止了假证书、假学历的社会问题。智能合约可以提供给老师定制化的服务,如自动点名、查验学术成绩,或者自动家长通知以及验证。

图 17-2 天德高校链管理页面

(四)医疗:熊猫区块链

以目前的医药供应链管理系统来看,其中每一种药品跟每一个制造商,每一个仓库或者每一个物流,还有药房、医院以及病人,相互之间的计算关系都是乘法,乘起来就是一个巨大的数字。根据 Drugbank. ca 网站(drugbank. ca)的统计数据得知,现在美国有 12,000 种药左右,其中 3700 种药是政府批准可以使用,还有 5700 种药正在做实验。美国一共有 8400 间医院或是诊所, 包括 5627 间医院, 美国有超过 200 家医药制造商, 67,000 家药房,其组合如下:

医药数目 × 制造商数目 × 医院数目 × 药房数目 $= 3700 \times 200 \times 8400 \times 67{,}000 \approx 4 \times 10^{14}$

这还不包括物流交易的数据。并且上面数据是每种药品,可是实践交易是每一颗药品。一种药品可能经过多次交易才会到达病人。这些都没有估算,所以上面是一个低估。显然,这不是任何一条链可以解决的,也不是多链可以解决的,而是需要区块链互联网才能解决的,运用智能合约构建"技术信任",从而提升运行的效率。

这个问题可以通过天德公司提出的熊猫模型方案[1]来很好地解决,每一家药

[1] 蔡维德等:《熊猫——CBDC 央行数字货币模型》,载微信公众号"天德信链",2016 年 11 月 5 日。

品制造商,每一间医院,每一家药房或者每一个物流公司和仓库都可以是一个账户链。67,000 家药房可以有自己的账户链,有 8000 间医院有自己的账户链,制造商也可以有自己的账户链。

然后有各样的交易链,这些交易链处于账号链中间,处理他们之间的交易。可以看出来,链的数量看起来大,但是和组合数目来看,还是小得很。这些链加起来可能有 10 万条链,可是组合是 4×10^{14},相对应来说 10 万是一个非常小的数目。另外一些医院,或是一些药房可以使用同一账号链。比如,美国 Walgreens 旗下就有许多药房,对这些药房可以统一管理。美国一些联合医院也管理许多医院,如在一个城市,一间联合医院可以管理十多间医院,这些也可以统一管理。这样还会减少区块链数目。熊猫区块链互联网模型(见图 17 - 3)。

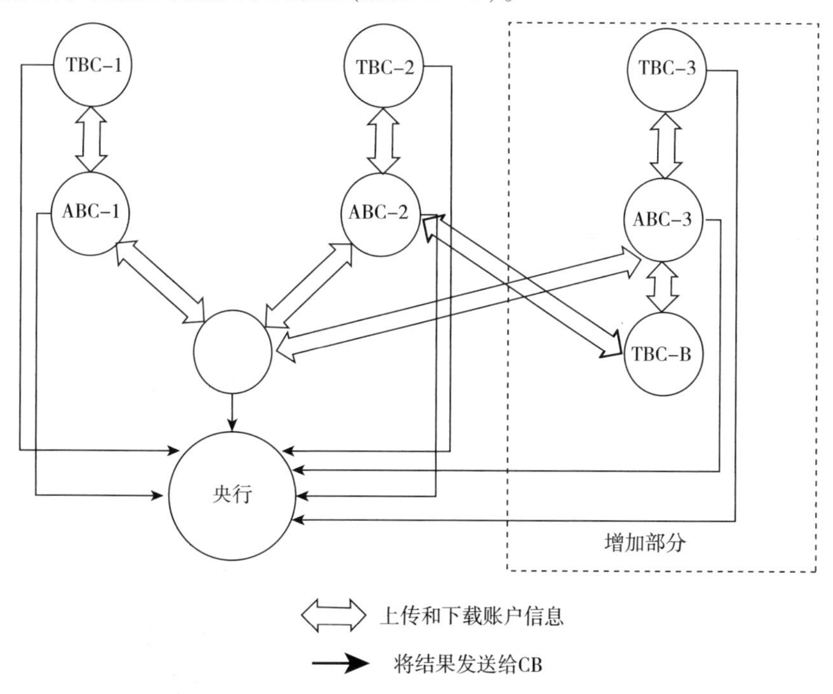

图 17 - 3　熊猫区块链互联网模型

另外,这个模型具有极强的扩展性,模型里面链分为账户链或是交易链,账号链只管理账户,交易链处理交易,账户链可以用分片来扩展,交易链却是以增加交易链的数量来扩展的;这样这两种链都可以无限扩展。这种无限的扩展性也就能极大地扩展"技术信任",进而降低信任成本。

这个医药链虽然大,但是交易只有两种:进或是退。当一个药从一个单位(如药房或是物流)到达下一个单位(如医院或是药房),这是进。退就是相反的交易,医药从一个单位回到先前的单位。因为这个系统的主要目的是追踪医药流程,只需要两种交易。但是每个交易都是这个医药的全流程。智能合约在这里可以担任监管的工作,就是每次交易都查验:(1)医药来自合法合规的制药商;(2)运输过程,包括进或是退,都记录在区块链上。如果这项通过,这个药就可以继续留在这医药链上,不然就需要从何链上移出,因为有可能医药在中间被换掉。

当这个项目完成第一步后,就可以进行第二步部署,就是提供供应链金融和保险服务。这时每一笔保险交易可以由智能合约完成。如果医药出事,预言机会立刻提供信息,而智能合约就可以自动执行。由于数据完整,参与单位也可以申请贷款来进行交易,由于所有的医药都有数字证据在区块链上,银行可以追踪货品的来源和销路。

(五)身份认证:India Stack

在印度的 India Stack 系统中,可将每个人身份证都放置其上,把银行账号和养老保险全部打通,全部采用数字化交易,使全国成为一个大生态、大系统、大平台。这是世界上最大的身份认证系统,等于实现了 MIT ID3 最底层的基础设施,表明该底层技术是可行的,也是可扩展的。India Stack 系统花 5 年时间让 10 亿人身份证上网(见图 17-4)。

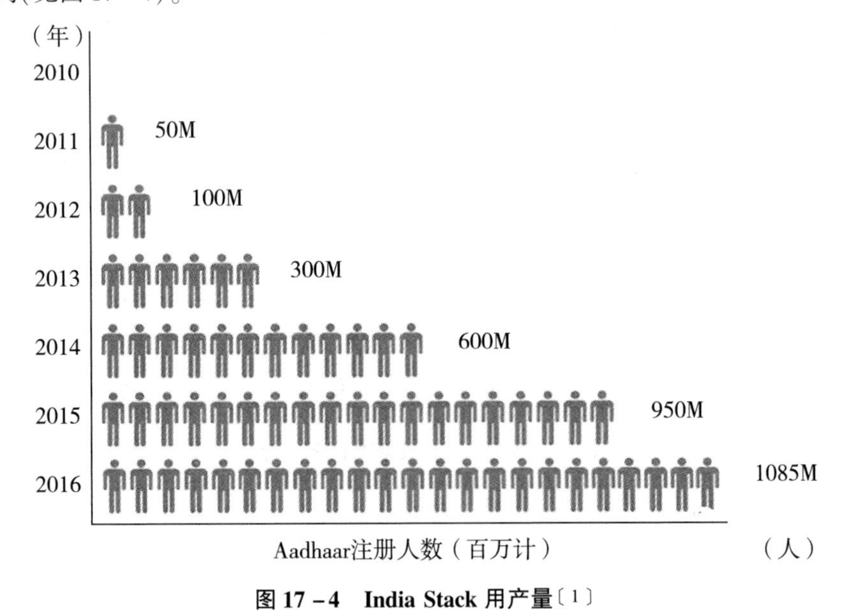

图 17-4 India Stack 用产量[1]

---

[1] 资料来源:www.indiastack.org。

三、"ABCD 5"奠定数字政务

2017 年 12 月 8 日,习近平总书记提出必须加快建设数字中国。数字政府的建设对更好地提供政府服务,切实改善服务质量,提高社会整体运作效率都具有重大意义。数字中国是一个包括数字经济、数字政府、数字社会"三位一体"的综合体系。其中,数字政府是重中之重,将点燃新一轮改革创新的核心引擎。

数字政府是指通过数字化、数据化、智能化、智慧化的现代信息技术促进实体政府虚拟化形成的一种新型政府形态,包含政府办公自动化、政府实时信息发布、公民随机网上查询政府信息等。

数字政务的关键技术支撑可以概括为 ABCD5,即人工智能(A)、区块链(B)、云计算(C)、大数据(D)和 5G。其中,云平台为大数据和人工智能平台提供坚实的计算基础;大数据平台为人工智能平台和上层应用提供数据共享交换、存储、分析、挖掘等服务,为数据价值的发现和创新提供支撑;人工智能平台除了向应用层提供图像分析、语义分析等服务外,同时为云平台和大数据平台的自动化运维提供支撑。

数字政务更多的是强调将当下最热门的人工智能、大数据、云计算、区块链等新技术运用到电子政务当中。所以,数字政务是电子政务发展到更高阶段的产物,是一种数据化、自动化、智能化、智慧化形态的电子政务。

附录:使用 CodeTract 制定的智能合约的服务示例

1. AKASHA 是下一代社交媒体网络,可创建不受设计审查的行星级信息网络,每个人的思想和观念将在整个人类的存在中相互呼应。

2. Attores 是一个智能合约即服务平台。可以使客户可以轻松地在区块链上编写,提交和执行智能合约。

3. Augur 将预测市场的魔力与分布式网络的力量结合在一起,创建了一个准确的预测工具,并有机会进行真实货币交易获利。

4. Balanc3 是基于智能合约的三次录入系统。Balanc3 使用区块链的不可否认性和全面的可听性来保证会计记录的完整性。

5. BoardRoom 是下一代组织管理设备,可在区块链上进行分布式决策。该平台具有与决策的阶段和组织相关的系统。

6. CodeTract 为员工提供以太坊法定货币代币收取工资的服务,并为以太坊提供无缝的入职体验。

7. Decentralized Capital 为用户提供了一种安全、便捷的方式,可以将美元,欧元和其他政府支持的货币带入以太坊网络或从以太坊网络中带走。

8. Digix 是建立在以太坊上的资产加密平台。他们通过将区块链应用于珍贵的有形资产来利用其区块链的不变性、透明度和可审计性。

9. Edgeless 是一个基于以太坊智能合约的赌场,提供 0% 的赌场优势,并一劳永逸地解决了赌场透明度问题。

10. 以太坊名称服务提供了一种安全且分布的方式,使用简单的、人类可读的名称来处理区块链内外的资源。

11. 与传统业务相比, Etherisc 正在构建分散式保险应用程序,使保险的购买和销售更加有效,降低运营成本,提高保险行业的透明度,并使再保险投资民主化。

12. EtherLoan 是一个分布式的群众贷款平台,该平台无须中间人就可以非常低的成本和较高的安全级别为交易融资,从而为发展中经济体和小额贷款人提供了便利。

13. Etheroll 是一个以太坊智能合约,用于在没有存款或签约的情况下使用以太币押注可证明公平的骰子游戏。

14. Etherplay 是一个技能游戏平台,玩家可以在玩有趣的小游戏时争夺高分。与街机类似,玩家只需支付少量费用即可享受一些欢乐时光。问题是,如果你的分数在最高分数之内,你将获得一些回报。

15. FirstBlood 是一款分布式的电子竞技游戏应用程序,可让个人测试自己的技能并参加 1v1 竞赛和团队对团队比赛,以争夺诸如《英雄联盟》《刀塔 2》《反恐精英:全球攻势》等热门在线游戏。

16. Gnosis 通过易于使用的预测市场实现复杂的预测。

17. Golem 是任何人都可以访问的全球性,开源,分布式的超级计算机。它由用户计算机的综合能力组成,从个人笔记本电脑到整个数据中心。

18. hack. ether. camp 通过利用区块链技术发布 Virtual Accelerator 为初创企业创造理想的创新环境。

19. Humaniq 通过消除古老银行的所有障碍(如需要进入分行、进行无休止的文书工作、处理难以使用的、错误的移动应用程序以及使用难以处理的数据保护数据)来开发全新的银行业经验。

20. Iconomi 支持从多种数字资产中创建自己的数字资产阵列™(DAA)。管理他们,并与他人比较你的表现。吸引支持者并在新的分布式经济中留下你的印记。

21. iEx 旨在为运行在区块链上的分布式应用提供可扩展、安全且易于访问的服务、所需的数据集和计算资源。这项技术依赖以太坊智能合约,并允许构建虚拟云基础架构,该架构可按需提供高性能计算服务。

22. JAAK 将歌曲、电影和电视节目直接连接到创建、拥有和分发它们的艺术家、制作人、作家和组织上。

23. Lunyr 是一个基于以太坊的分散式众包百科全书,它为用户提供了用于同行评审和提供信息的应用令牌,从而奖励了用户,旨在成为互联网上寻找可靠、准确信息的起点。

24. Maker 是一个以太坊区块链上的分布式自治组织,旨在将其稳定代币 – Dai 的价格波动最小化,以应对 IMF 的国际货币篮子 SDR。

25. Matchpool 将允许个人根据特定兴趣创建“池”。这些池旨在促进朋友和利基社区之间的联系,并将具有许多功能,包括消息传递和数字货币钱包。

26. Melonport 使参与者能够以开放、竞争和分散的方式建立,管理和投资数字资产管理策略。

27. Monolith 将 VISA 支付网络带到以太坊。通过让用户重新掌控、提供完整的功能平台并设置安全性标准,它代表了传统借记卡的一代飞跃。

28. Oaken 项目为现实世界中的每个物理应用程序制作“ACORN”。其物联网区块链平台设计使用 Node. js 与可以监控硬件的机器的 gpio 进行交互。其安全硬件环境利用每个橡子中的安全元素来防御外部威胁。每种橡子都有其特殊用途,但可以轻松缩放和复制以用于多种应用。

29. raidEX 是一种基于以太坊和 Raiden 链下状态通道技术的分布式交易所,可解决托管人问题,但保留高吞吐量和低延迟的特点。

30. Singulardtv 是一个区块链娱乐工作室,智能合约权利管理平台和视频点播门户。

31. Slock. it 使 Airbnb 的公寓变得完全自动化。可以按需租用智能物品,而未使用的车辆可以重新获得生命的租约;正在发展共享经济的未来基础设施。

32. Status 是一个移动的以太坊操作系统。与新兴的 DApp 生态系统无缝交互,告别中央中介,并控制你的数据。

33. uPort 是一个开源软件项目,旨在为人员,企业,组织,设备和机器人建立一个全球化、统一的主权标识系统。

34. Ujo是面向创意产业的新型共享基础架构,可为内容创作者及其客户带来更多价值。他们的开放平台使用区块链技术来创建权利和权利所有者的透明的、分散的数据库,并使用智能合约和加密货币自动执行特许权使用费支付。

35. Weifund正在使众筹变得用户友好,经过全面测试且可互操作性。这是用于众筹活动的开放平台。

36. WeTrust是一个协作式储蓄,贷款和保险平台,具有自主性,不可知性,无摩擦性和分散性。

本章补充思考

问题一:您认为智能合约在政务民生应用层面是否应当采取同种架构逻辑?

问题二:您最期待的智能合约应用是什么?为什么?

第五部分

积极拥抱智能合约革命（趋势展望）

这部分是未来篇，提出将来的理想。我们经常提“未来已来”，其实我们一直走在通往未来的路上，智能合约对于未来数字新社会有着重要的意义，会成为谱写“中国梦”的重要一笔。

第十八章主要介绍了智能合约与数字新社会。此想法出于10年前的麻省理工学院。虽然他们提出这些概念，但是开始的时候没有使用区块链或智能合约。后来北航数字社会与区块链实验室和英国首席科学顾问都支持这概念，但是采取区块链和智能合约技术。这不只是社会治理的问题，在此思想下，科技开发方向需要变，从追求性能转为追求安全，如现在数字身份的原则就是根据此学说发展下来的。另外证根据麻省理工学院的研究，数字社会带来的经济效益是巨大的。

第十九章提出基于中国法律的智能合约框架，包含了国外其他类似框架而又有所创新。特别是国外智能合约多重视智能合约而少重视基础设施，而且智能合约开发只是第一步，验证、标准化、已经在执行的监控和基础平台标准化，都是重要工作。

第二十章最后落脚点在智能合约与“中国梦”，这也是这本书出版的真正原动力，笔者有幸生在这个变革的时代，科技报国是笔者这一代研究人员的使命所在。尤其是区块链与智能合约对于技术的颠覆范围极广，对于未来社会可能会产生超出目前想象的作用，是中华民族崛起的一个重要机会。

第十八章 智能合约与数字新社会

一、链满天下，打造数字社会

2015 年 10 月，高德纳发布了一份报告，预言人类将于 2016 年进入数字社会（Digital Society）。那时，笔者觉得颇为奇怪，因为计算机早已大量使用，很多人甚至认为人工智能的出现已使人类从数字社会进入智能社会。但笔者认为，高德纳这样重要的机构发布的预言自有其道理，因为人工智能机制已经遍布我们身处的社会，所以数字社会出现在智能社会之后也是理所当然。高德纳报告提出数字社会里一个重要技术就是区块链。

无独有偶，麻省理工学院媒体实验室（MIT Media Lab）也提出了数字社会的概念，根据他们的观点，原先计算机很昂贵，为节约成本形成了现代计算技术，如用现在的技术重新设计计算系统和网络，一定会有全新的思路，其中最重要的是安全，而安全当中最关键的就是身份认证。因此 MIT 媒体实验室前几年启动了一些项目，如 OMS〔1〕、Windhover 原则〔2〕，还参考了 Respect Trust 框架〔3〕，在《从比特币

---

〔1〕 OMS 是一个开源框架，用于开发和部署安全和可信的云计算和移动应用。它提供了一种新的自主部署和自主管理的网络基础设施层，使个人对自己的身份和他们的数据进行控制。OMS 集成技术包括可信的执行环境、区块链 2.0、机器学习、安全的移动和云计算。

〔2〕 Windhover 原则是关于数字身份，信任和数据管理的原则，包括数字身份与个人数据的自我控制主权、基于风险按比例执行的监管、在信任机制和隐私保护方面确保创新、开源协作与持续创新。

〔3〕 Respeet Trust 框架包括五个控制身份证和个人数据的原则，概括为“5 个准则（p）”：承诺（promise）、许可（permission）、保护（protection）、可移植性（portability）和证明（proof）。

到火人节[1]及更远:数字社会中身份与自主的追求》(*From Bitcoin To Burning Man and Beyond: The Quest for Identity and Autonomy in a Digital Society*)一书中提到一个新的以安全为基础的可运行的计算架构(Computational Architecture),它涉及信任(Trust)、声誉(Reputation)、数据库(Databases)、机器学习(Machine Learning)、货币(Currency)和可执行的法律(Executable Law)——智能合约,当时有20多家公司投资,虽然后来因为诸多因素没有达到预期的结果,但这代表一个新的计算基础(不是计算应用)技术——以安全、身份为主的。这也是笔者一直认为区块链是一种新的计算基础设施的原因,也是第一个区块链与中国梦[2]里提到的一个新概念。区块链不只是一个应用,也是一个新的计算基础设施。

表18-1是MIT提出的新计算框架,与现在计算机的框架差异很大,是计算机历史上的一个重大突破。这可能会是区块链基础架构的未来蓝图,至少是一个重要参考架构。在传统的计算机系统里,身份认证和信任框架大都放在应用上面,底层是操作系统和进程(Processes),底层虽然也有安全机制,但却是计算机里的安全机制,不是应用上的安全机制(如身份认证)。

表18-1 MIT提出的ID3框架

应用(Applications)
核心服务(CoreServices)
信任框架(Trust Framework)
身份管理与认证(ID Management and Authentication)
核心身份证(Core ID)

与在传统系统上开发相比,在MIT的新框架上开发应用差异很大,因为所有应用都基于同一个安全的身份认证机制,而且每个应用都自带安全机制,这可能也是项目难以推广的原因。

正如高德纳所说,2016年是数字社会的元年,我们将来可以通过数字化技术创

[1] 在美国,每年许多人,不远千里赶赴内华达州的黑岩石沙漠,安营扎寨、搭起大型的装置艺术,共同狂欢十天左右后,再将这里一把火烧掉,这就是"火人节",它已成为科技圈最流行的社交场所,结识科技大佬的最佳去处。因为你的隔壁帐篷,也许住着马克·扎克伯格。电动汽车的创始人埃隆·马斯克认为火人节是硅谷文化的中心所在。

[2] 蔡维德、刘琳、姜晓芳:《区块链的中国梦之一:区块链互联网引领中国科技进步》,载微信公众号"天德信链",2018年8月7日。

建商业公司、政府机构等,可以用数字方式提交仲裁、开立银行账户、申请数字公民身份等,整个社会都在数字世界中,将有数字政府、数字法庭、数字社团、数字法律、数字学校等各式各样的数字应用,人类进入数字社会。

数字社会就是人类的整个生活环境数字化、区块链化,那时可能会是"链满天下"——一个公司可能会有几千条链,一个城市会有几百万条链。

早期欧洲中央银行提出的概念是"一链通天下",后来则是多链,根据帕纳斯(Parnas)原则,一条链应该只从事一项业务,只有业务相关数据,这样数据处理容易,这就会带来一种新的情况,就是每个领域或者每个应用都有自己的链,就会形成"链满天下"。处处都是链,这会形成新的基础设施,链上的解密、隐私保护等都需要一个新的基础设施。

二、节约成本,改善社会生活

因为人类开始使用共享式账本,所以今天看到的商业、政务等社会各种流程和秩序将会产生重大变化,而且金融、法律、基础设施、政府等社会生活的各个方面也将会受到影响,甚至包含人们日常生活中的衣食住行教乐等场景,这就是数字社会的原则。

(一)数字政府

以数字政府为例,英国首席科学顾问报告认为世界上第一个数字政府不是美国政府,也不是英国政府,而是爱沙尼亚政府。爱沙尼亚是一个人口只有 130 万人的东北欧小国,曾经是苏联的加盟共和国之一,非常封闭落后,1991 年独立时,只有一部电话可以与外界沟通。而独立后,经过 27 年的经济建设,其成为欧盟内区域内经济增长率排名前三的国家,英国巴克莱银行(Barclays Bank)也将爱沙尼亚评为"世界数字发展第一名"的国家。

爱沙尼亚从 1994 年开始提出建立数字化国家的相关构想, 1999 年爱沙尼亚推出了名为"e-Estonia"的项目,即"数字爱沙尼亚"计划。这个计划的目标是把整个国家的基础设施和公共服务推倒重建,从我们能够看得到的物理世界提升到数字空间。由于爱沙尼亚地理位置特殊,人口很少,因此较为顺利地推动了这个项目,使得上网权成为爱沙尼亚的基本公民权之一。而随着后续一系列项目的实施,爱沙尼亚已成为世界上第一个实践全面提供数字公共服务的国家。

爱沙尼亚的数字国家计划,有三个支撑性项目:X-Road 项目,数字身份证项目以及区块链系统项目。所谓 X-Road 项目就是非中心化的公共数据库系统,它与人们常见的电子政务系统的区别在于没有使用集中式的中心化数据平台,而是使用分布在不同公共部门和私营部门的数据平台,通过高速互联网和信息分享的方式进行传递,使爱沙尼亚本国的公民和数字公民得到了充分透明的共享数据。

而数字身份证项目,就是通过加密数字 ID 给所有爱沙尼亚人(包括数字公民)的身份证,通过多组数字密码对不同场景下的使用登记,使得每个公民能够享受数字世界的各种服务,并和其他公民进行交流。

最后就是区块链系统项目,世界上最早提出类似区块链理念的是爱沙尼亚人,远早于中本聪在 2009 年所发表的那篇论文,但那时它不叫区块链,它叫无签名基础设施(KSI),它的理念(分布式的共识、非对称加密)和区块链的理念非常一致。因此,区块链系统是数字政府的重要部分,也是值得人们思考的关于数字治理的重要案例。

(二)数字公司

现在管理公司需要非常复杂的手续和流程,但如果把公司账放在区块链上,公司做事的权限也放在区块链上,管理公司就会变得容易,甚至几个互不熟悉的人都可以众筹开公司,所有人都能看到账户,所有的管理章程和做事流程都非常清楚,哪些人能做什么,哪些人不能做什么,不能做的系统就不允许通过,这样的数字公司,不需要创立公司的人提前建立信任,现有公司的很多黑暗面都会消失。

所以 MIT 的研究中提到,如果数字公司能够出现,人们可以自由做生意,经济就会大爆发。这就是里德定律(D. P. Reed's Law),里德定律是由美国计算机科学家戴维·里德(David Reed)提出,指随着联网人数的增长,网络的价值呈指数级增加。如果人类可以自由加入团体,而这个团体能够赚钱,人类的活动会有巨大的交互,由此产生经济大爆发。

(三)数字生活

区块链的可追踪、防篡改特征,可以应用到医食住行教乐方方面面。以下重点阐释数字医疗、数字食品、数字交通、数字娱乐和数字教育。

1. 数字医疗

现在个人电子病历是由集中式的医疗信息系统管理,发生医疗纠纷时,容易被利益相关方篡改,很难验证。而且病人每转一家医疗机构都要重新做一遍检查,浪费钱财和精力。通过将电子病历应用区块链,既可系统设定公正防篡改,也减少了无谓的重复检查,方便了病人就医。另外对科研机构而言,经过脱敏的病历记录是高价值的“大数据池”,可以基于大数据做进一步的分析研究,提高医疗水平。

2. 数字食品

民以食为天，国家现在非常重视食品安全，2015 年 4 月 24 日，新修订的《中华人民共和国食品安全法》经第十二届全国人大常委会第十四次会议表决通过，被称为“史上最严”《食品安全法》，但食品行业的痛点在于监管不到位，而区块链可以实现跨部门协同，从田间地头一直到餐桌，可以对食品进行全生命周期的追踪，种子、土壤、施肥、运输和厨房加工情况都可以放在区块链上，可证可溯。比如，某个地方的土特产特别出名，存在品牌效应，可以在区块链上做类似的延伸功能。

3. 数字交通

交通工具的制造、融资、服务、维修和使用，都可以使用区块链，包括交通罚单的开具和申诉也可用到区块链。例如，滴滴的共享出行方式因为人们的生命财产安全受到威胁而遭到极大的质疑，但如果应用区块链的技术，完成各类锁与汽车的绑定，安全开展租车业务，在区块链上运行智能合约，由智能合约操控锁的控制权限转移，汽车的拥有者和使用者双方通过智能合约的前端应用分布式应用（Decentralized Application，Dapp）来完成交易，汽车拥有者获得租金和押金，使用者获得使用权；又如国家现在大力倡导绿色交通，推广电动车，但电动车充电却缺乏统一支付体系成为一个难题，有的需要到网点办理电卡，插卡充电；有的则需要下载 App，扫描桩上二维码缴费。如果应用区块链，当车需要充电时，人们可以从安装的 App 中找到最近可用的充电站，通过智能合约自动付款。

4. 数字娱乐

数字娱乐系统，是非常大的产业，包括广告、版权、支付和交易等。当作家宣布要写作一本书时，版权就可被预售，而且版权价格随着时间推移可能不断变化，比如，刚开始版权可能卖 100 万元，写到一半时可能成为 200 万元，而写完了，版权费又变成 400 万元了。有些人只要看好某些作品或作家，就会投资；而需要资金周转的作家，可以提前把版权卖掉。这会演变成一种新型的交易系统，都属于数字娱乐系统。

5. 数字教育

如果有区块链研究生院、大学、中学、小学、幼儿园以及区块链的人力市场，可以把一个人从幼儿园开始包括成绩单、学位证书等在内的所有记录都存在区块链上，甚至可以把每天活动日积月累的日志，存在数据库中，只有相应授权的人员可以查看，在保护个人隐私权的同时保证履历无法作假，可以追踪一个人的教育和职业全过程。

可以看到,从衣食住行乐到医疗和教育等都能应用区块链技术,有利于增加整个社会经济活力。无论是食品、交通、教育、医疗,每一个行业都可以有一个区块链互联网,如医疗链、食品链、交通链,在整个社会中分若干层次,通过链条连在一起,整个产业的架构、流程会产生巨大的变化。

三、创造信任,促进价值流动

(一)从上到下、万业可用

2016年,英国首席科学顾问提出将区块链作为英国国家战略,认为整个社会都可以使用区块链,并且会有一个颠覆式的改变。

一般人认为区块链只应用在金融业上,但英国认为可以用在政府、交通、医疗,税务、能源、民生、版权等非金融的业务上。这就是:数字政府、数字社会和数字法庭。

每个领域都会有自己的链,所以未来会有许多种不同的链。

麻省理工学院媒体实验室提过整套全新的数字社会的框架,例如ID3和OMS。但因为提出的框架和现在的基础架构不融合,较难推动。但区块链建立在现今的基础架构上,可以推动。

(二)领域链条、"区块链+"

每个领域的链设计不一样,就是在同一领域里面也会有不同设计的链。例如在金融领域,笔者设计的支付链和清算链就大不相同:一个做实时交易,侧重低延迟;另一个做盘后处理,侧重高吞吐量。

另外,一旦单位有链之后,还可以带动许多其他相关的新业务。例如,在版权上面,有了确权,就可以有交易、侵权、自动分账、链上仲裁、清算、报税等功能。不会有人会为了几块钱版权纠纷,告到法庭,如果有了链上仲裁,使用"区块链+大数据+人工智能",就可以很快地解决版权纠纷,几块钱的纠纷也可以有公平的仲裁。同样,产权、股权、保险、证书等都可以用"区块链+"的方法。

(三)诚信机制、不容更改

区块链被《经济学人》称为是一个"诚信机器",信任机制在于三项技术的融合:加密,多独立拷贝和拜占庭将军共识协议。拜占庭将军共识协议的作用就是查验谎言。参与的节点(单位)可以查验其他节点是否说谎。例如人力市场链,如果把人的简历放在链上,公司不用担心申请工作者说谎。

但是现在出现一些弱化的链,放弃拜占庭将军共识协议,以至于这些链不能查验谎言，因此这些链不被认为是“诚信机器”，不能支持监管。

（四）自主金融、市场改变

区块链改变世界，不是因为躲避监管的数字代币，而是因为区块链账本的一致性，解决了交易双方信息不对称的问题，也改变了市场的流程。在未来，每个机构、团体，甚至个人都可有自己的金融平台，做交易、支付、清算和结算，并且万业可用，又可被监管。因为这样“自金融”出现的可能性，市场规则将被改变。

（五）网络重构、应用重组

互联网底层由 TCP/IP 协议组成，上接数据库和应用。同样区块链互联网也应有自己的底层协议以及应用架构。上接法律（可计算法律），智能计算和应用；下接新的网络协议。

中间层会有新型区块链的数据库，互链网会在互联网的上面，作为数字政府、社会和法庭的基础平台。互链网成为一个“诚信网络”（也有人称为“价值网络”）和互联网并行。区块链不再只是诚信机器，而是诚信网络。

四、治理变革，重塑未来秩序

从物权到数权，智能合约可能会重构新的数字文明的新秩序。既能维护公共利益，还可以用于商业交换产生价值，进而推动互联网向一个价值互链网时代的演进。

习近平总书记在 2014 年第一届世界互联网大会上提出了“网络主权”并提议各国互相尊重网络主权，在第二届世界互联网大会上，又提出了推进全球互联网治理体系变革的四项原则和构建网络空间命运体的五项主张。

互链网与互联网的结合，把互联网从无界、无价、无序走向有界、有价、有序，进而推动建立一个包括共识、共治、共享在内的统一体，给网络空间治理带来了新理念、新思想和新规制。

依据智能合约所主张的打破人为技术与信息壁垒的构想，对于未来网络的信息系统重构、数据思维重构提出了新的思路。即从封闭走向开放，从垄断走向共享，从集中走向分散，从单向走向多维，网络治理范式充分体现出社会开放性、权力多中心和双向互动的特性，彻底改变传统的以信息控制与垄断来维护威权的治理模式，真正建立起一套用数据说话、用数据决策、用数据管理和用数据服务的全新机制。

可以设想，假如智能合约真正实现像普通合约一样大范围普及，依托智能合约建立的规则,将区块链与社会各个行业结合,对于构建规则和价值引导的数字社会有着巨大的意义。在这样的场景下,每个人"小账本"与政府各部门、各行各业数据库"大账本"的安全链接,并确保"活账本"生成的安全可控。一方面,由于记录每个人社会活动的"小账本"和政府各部门、社会各行各业"大账本"记录是同步进行的,即便有人企图篡改也不可能同时篡改,所以这种链接又是安全的;另一方面,生成不同用途"活账本"的权力受到严格控制,"小账本"与"大账本"的链接是在严格规范条件下,在必要时有限制地进行的。可以从根本上解决社会治理所需要的信息共享困难,也符合保护个人隐私的要求,智能合约必然能重塑未来网络新秩序,并推动全球数字经济、数字治理的跨越式发展,带来人类数字文明的大飞跃。

本章补充思考

问题一:您认为数字社会的判定依据和基石是什么?

问题二:对于数字社会,你最大的期许和最大的忧虑是什么?

第十九章 皋陶模型指引智能合约的未来

自2008年始,无论在国外还是国内,区块链改变世界和改变金融的声音一直存在。11年后,还是有很多人支持这种想法,但是整个论点已经不同。以前很多人认为:是比特币变革现行金融体系,比特币是数字黄金,比特币在现行金融体系之外建立独立的新金融帝国;现在越来越多人认识到,数字法币(Central Bank Digital Currency,CBDC)正在改变世界,很多金融系统开始使用区块链技术,融入现实世界的产业并拥抱监管才是正道。事实也是如此,币圈侵害投资人事情爆发后,投资人都是要求政府、监管单位或是司法处置。比如,在2016年国外的The DAO事件,或是在2020年另外一件币圈暴雷事件发生后,投资人都要求法律处理,也是币圈第一次在中国媒体公开要求政府监管。

在未来数字经济的环境中,每时每刻都在运行着各种各样的信息交流与财富交换,要想使得这样庞大的社会网络稳定公平地运行,必须借助现代技术来"明刑弼教,以化万民",这是未来智能合约的发展方向。

需要强调的是,这种法律思想并非智能合约的首创,而是近五千年前伟大思想家皋陶提出来的。皋陶是我国"上古四圣"(尧、舜、禹、皋陶)之一,相传架构了中国最早的司法制度体系(五刑、五教),采用独角兽獬豸治狱,坚持公平公正,强调"法治"与"德政"的结合,促进社会和谐,天下大治。

皋陶的法律思想奠定了五千年中华文明的准则,形成了独特的中国社会契约,随着技术的进步,智能合约为代表的技术正在改变人与人之间的信任基础,社会契约面临着重大的改变,需要新的法律思想作支撑。为此,笔者结合"上古四圣"之一皋陶的法律思想,提出了未来智能合约发展的"皋陶模型"的几点特征。

一、天人合一:智能合约与区块链融合

皋陶所言"天秩有礼""天命有德""天讨有罪"等是告诫人们要遵循天道,自然

之理。在未来的数字世界,社会网络的复杂程度越来越密,人与人之间的交流会大大地突破传统的血缘关系与组织关系,在这样的体系内,可信就是"天秩",不欺骗就是"有德",而智能合约与区块链技术的融合恰恰能实现这样的目标。

区块链保证上链后,数据很难被篡改,而且数据在每个节点都被存储,节点投票维持一致性。因此区块链主要是提供数据库功能(区块链不是外面经常讨论的分布式操作系统或是网络操作系统,而是分布式数据库或是网络数据库)。但是智能合约却是代码,是可以执行的。区块链控制数据以及保障数据不被篡改,智能合约则是使用区块链上的数据,执行合同。

智能合约三原则的出发点是使数据的正确性和可靠性大大提高,计算得出的结果正确性和可靠性也同样的大大提高。可以从表 19 - 1 看出来。

表 19 - 1　智能合约与区块链融合

机制	特性	数据/作业控制
区块链	保证数据不被篡改,不保证数据来源是正确	只能控制数据
智能合约运行在非区块链系统上	不能保证任何	都不能控制
智能合约运行在区块链系统上,但是不符合智能合约 3 原则	由于数据不一定来自区块链,数据到达智能合约系统的时候可能已经被篡改	数据在区块链上可以被控制,但是无法控制智能合约的数据来源
智能合约运行在区块链系统上,也符合智能合约 3 原则	区块链保证数据没有篡改,而智能合约使用区块链上的数据,结果存在区块链上	数据和作业都可以被控制

如果说区块链是"信任机器",智能合约则是维持这"信任机器"信任度的一个重要机制。但是智能合约千奇百怪,如何使智能合约支持金融交易和监管?而且表 19 - 1 只是表示有"可能"控制数据和作业,这离实际控制还有一些距离。

二、民本思想:智能合约需要以人为本

皋陶虽然制定刑罚,但是更强调重民、爱民、惠民,关注民生,听取民意,并提出"安民则惠,黎民怀之""天聪明,自我民聪明"等观点。现代技术往往是一把"双刃剑",尤其是早期监管的滞后性,会给很多人钻法律空子的机会,从而运用技术来谋取非法收入,但是这些"收入"比起新技术的真正价值其实是微不足道的。智能合约也是如此,其根本的目标是推动社会的高效运行,为人们带来更多的福祉,因此必须以人为本。

以人为本,首先要平衡管理与创新的问题。如何控制智能合约的同时鼓励创新,可以从下文找到几条可能的路径:

1. 监管单位完全控制:这是英国中央银行的做法,在2020年3月英国中央银行的报告中提出,3种智能合约架构都是由中央银行控制,而且由中央银行开发运营,这些智能合约只有2个功能,支付和监管。英国中央银行以后可以改变想法,但是现在提出的方案就是英国中央银行完全控制。外面的服务商可以提供他们的智能合约,但是还是要经过中央银行的智能合约才能完成支付交易。

2. 标准化智能合约定义:这是ISDA的做法,开始大量发表智能合约白皮书,而现在提出的智能合约白皮书还没有任何代码,只是提供智能合约需要使用的定义,例如什么是违约事件。ISDA提供大量定义,包括事件的定义,分析事件和其他事件的关系,以至于可以系统性的开发合规的金融交易智能合约。这工作还需多年才能完成,完成后,每年会继续更正和更新。例如,一个新交易模型出现,就需要研究相关机制后,才能开发对应的智能合约代码。但是ISDA只是定义智能合约的作业,并没有定义代码以及如何开发代码。ISDA走出了非常重要的一步,但是离实际智能合约还有距离。

上文提到的合规智能合约和传统以太坊的智能合约已经是相差十万八千里。以太坊智能合约设计意在独立于现行金融体系,除语言和平台外,其他标准难说统一。程序员要如何写智能合约代码都可以,由市场来决定接受度以及方向。

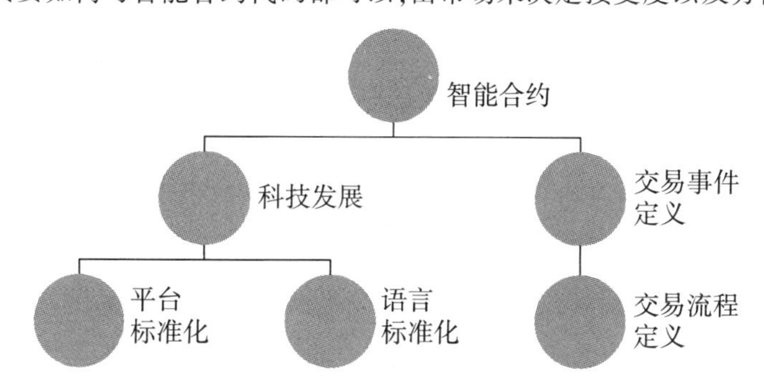

图19-1 智能合约发展

图19-1显示智能合约在金融交易上的发展路线。左边是科技发展路线,这又再分两条路线:一是平台标准化,二是智能合约语言标准化。右边是交易定义标准化,这是ISDA主要工作,但是还要继续深化,不但事件需要定义,细节流程也要定义,另外不论是定义或是流程还要形式化。一旦形式化,开发和验证更加严谨。

智能合约平台标准化有可以分为3项工作,如图19-2表示。

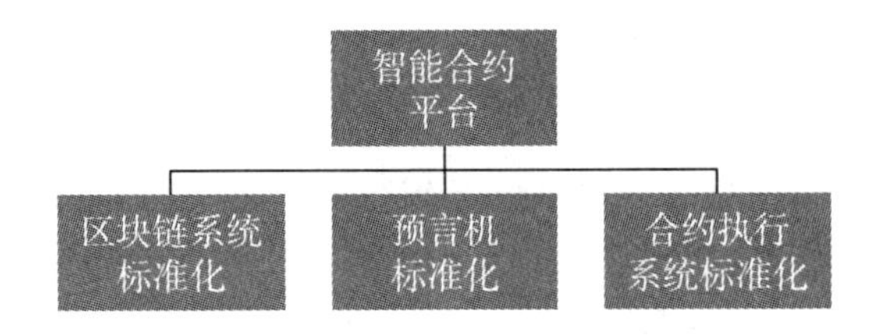

图 19－2　智能合约平台标准化

第一，需要区块链平台，而区块链必须标准化，特别在中国。工信部发布的各样区块链标准都说要用拜占庭将军共识协议，可是在中国重要应用系统上面的一些系统一直不肯表示有没有用拜占庭将军共识协议。根据很多分析的消息，中国的一些联盟链没有用拜占庭将军共识协议，有的还是使用中心化的伪链。这是中国需要面对的问题——应该如何建立有序的区块链开展。

第二，预言机也非常重要。预言机因为和外界接触，会有许多种预言机，包括物联网等。虽然有许多不同的预言机机制，但是所有预言机需要提供正确可靠的数据，预言机以后还会有非常大的开展。

第三，合约执行系统，这是传统的智能合约系统。这合约执行系统需要和区块链有标准化的接口和交互协议。有交互协议后，对于不同区块链系统，智能合约提供商可以提供不同的智能合约系统。这和英国中央银行定的智能合约架构一致，中央银行可以提供基础账本系统加上基础智能合约，但是外面商家可以提供其他智能合约服务。同时增加了商业竞争有利于良性发展。

三、司法公正：标准化是公正的基础

公平公正是皋陶司法的终极目标，在獬豸断狱的故事中，皋陶铁面无私、秉公执法、断案如神，究其根本在于有一个明确的标准，只有制定明确的标准，才能真正有标准可依，才能让更多人明确规则，遵循规则。智能合约的自动执行，更是需要事先有一套清晰的标准。

除了需要智能合约的基础设施，即区块链系统、预言机系统和合同执行系统。智能合约还需要标准化，类似于现在有了高速公路，还需要让上面行驶的汽车标准化，例如每部车都需要有刹车，而且每年需要做一次安全检查。下文以金融交易标准化为例说明。

ISDA 已经提出许多金融交易的定义，并且预备这些标准定义在智能合约上。下文提出合约开发的一些标准作业，如图 19－3 所示。

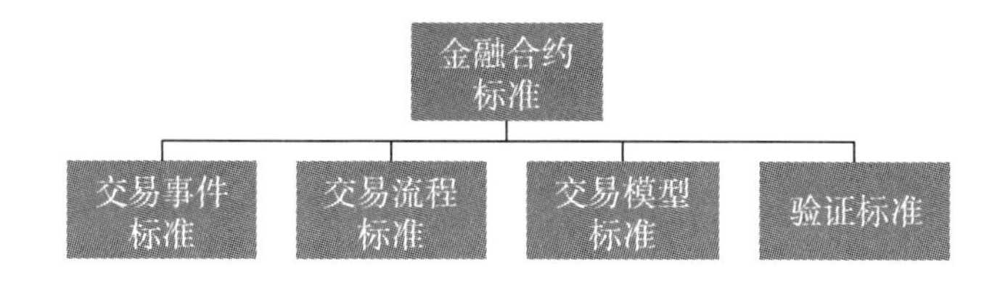

图 19－3　金融智能合约标准分类

ISDA 已经开始交易事件和用词定义，下一步就是实际交易流程定义，而交易流程需要标准化模型，而这些合约模型的标准化以及和合约模型和代码标准验证标准化。例如，现在 ISDA 使用英文来描述交易，但是 ISDA 也支持金融产品标记语言（Financial Product Markup Language，FPML）。FPML 是一个半形式化的语言，因为可以由机器处理，但是却不像其他形式化语言那么严格。但是要从语言比较适合机器处理，而不适合让律师或是金融人员阅读，要从语言对计算机工程师来讲也存在难度。另外是这些都是基于英文的国外交易系统和国外法律的系统。中国应该开发基于中文的中国交易系统和中国法律的系统。

本书在其他章节已经讨论合约模型（如比格犬模型、LSP、雅阁项目章节），合约模型验证也在比格犬模型还有其他章节讨论过。但是这些还要继续发展，因为这些都还处于起步阶段。

这些定义、流程、模型、验证在中国需要大量中文化、本土化、本地化，因为中国大量的律师界和金融界专家主要使用中文，在中国贡献他们的力量，但是现在大部分智能合约还是使用外文。

四、德法结合：智能合约要拥抱监管

皋陶提出“明于五刑，以弼五教”，即道德与法律结合、德治与法治结合，任何时代，法律都是社会道德的补充，刑罚也只是维持社会公正的保障手段。智能合约作为未来法律规则的发展方向，虽然技术上会对传统的法律运行模式带来巨大的变化，但是其根本目标并没有变，那就是维持社会的公正，既然公正那就要主动拥抱监管。

美国商品期货交易所、英国中央银行、ISDA 都认为监管是智能合约的最大应用之一。但是如何使用监管智能合约？ISDA 白皮书已经给出了答复，其上提到的定义和事件，都是为监管设计的。因为要监管，所以定义用词和事件，保证监管需要的事件都会记录在区块链上，所有自动执行的智能合约，是因为监管需要的事件发生，产生对应的行动，然后产生对应的结果，记录在区块链上，方便监管单位检验。

ISDA 白皮书上的规则讨论,围绕着保护交易双方以及服务监管单位,因此规则非常多而且烦琐。ISDA 报告说明这是复杂的规则。

目前存在三种监管智能合约,如图 19 – 4 所示。

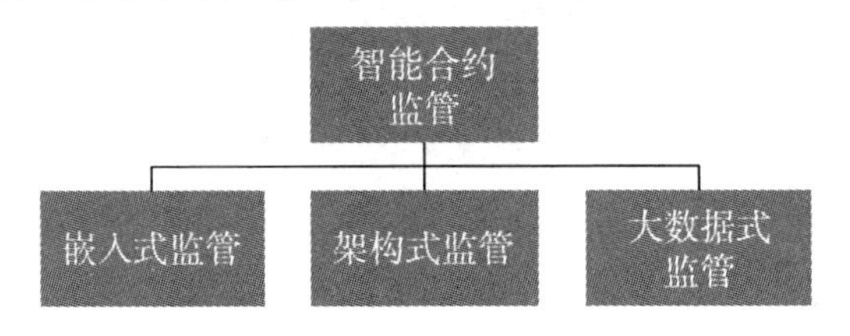

图 19 – 4 智能合约监管方式

一是嵌入式监管:监管的需求已经在智能合约的代码上出现,这是 ISDA 白皮书的特性。ISDA 的规则如此复杂,是经过多年监管实践得到的经验,知道哪些事件金融交易系统需要追踪,而且在用词和事件上下功夫,知道如何把事情说清楚,如果出现纠纷,可以在法院依法争论。

二是架构式监管:是英国中央银行提出的想法。他们提出三种不同的智能合约架构,而且由中央银行直接开发和运行,完全在中央银行控制之下。在这系统上,打开接口,让第三方商家进来交易,商家的智能合约仍需要经过中央银行的智能合约系统。这是非常严格的监管。使用的智能合约仍然运行在区块链上,所有数据记录在区块链保证监管数据不能被篡改。而这种监管方式和嵌入式监管可以同时部署。例如,银行(包括商业银行和私人银行)需要使用 ISDA 式的嵌入式监管方法来创建系统,而普通银行系统和中央银行接口的时候,还接受中央银行的直接监管。

三是大数据式监管:这是传统监管方式,收集资料,然后用大数据分析来发现作弊行为,这里数据还需要放在区块链系统上保证数据不能被篡改。而这里数据收集可以在许多地方进行,例如(非银行)金融机构包括交易所、清算所、普通银行、中央银行。收集时最好使用同样模板,例如算法合同类型统一标准(Algorithmic Contract Types Unified Standards,ACTUS)或是其他模板,方便迅速处理。区块链系统也需要处理大型数据,避免数据传送缓慢。

这三种监管方式可以同时使用。

五、利泽中华:中国智能合约发展方向

皋陶创刑、造狱,倡导“明刑弼教,以化万民”的思想,为四千多年来中国的各项法律制度,奠定了坚实的基础,被奉为中国司法鼻祖,历史上被人们称为“圣臣”。

中国作为世界上唯一一个文明没有中断的国家,如此多的人口一直牢牢地联系在一起,在历史长河的洗礼中,没有被冲散,这其中除了有坚韧的文化纽带,也离不开清晰且具有普世价值的法律规则。

如今,我们处在一个技术大爆炸、世界大变革的时代,一方面需要拥抱技术谋求经济发展,另一方面还要注重社会秩序的完善。智能合约对法律的创新,其带来的影响将会是深远的。智能合约在中国发展,还有很长的路要走。

图 19－5 表明了中国智能合约的发展方向。

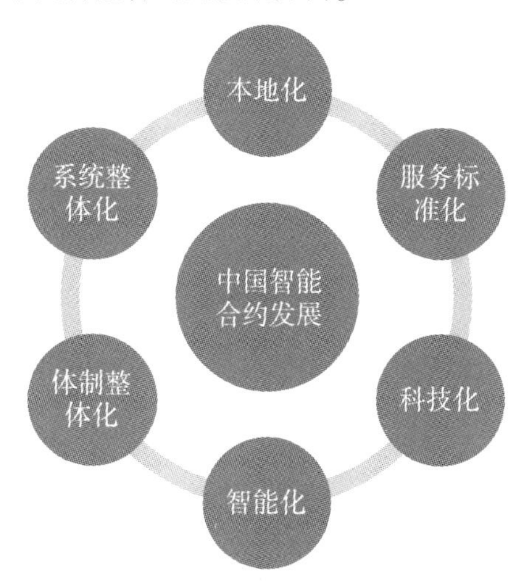

图 19－5　中国智能合约发展方向

1. 本地化

中国智能合约需要用中国的"新法言法语",是一个使用中文也可以被机器处理的新语言,利用新法言法语来制定中国的法律合同模板。每个领域都可以有自己独特的模板,有可能在一个领域有几个竞争的合同模板出现。实现这个目的要法学界和计算机界合作。一个有趣的现象是,在计算机界历史上从来没有全世界都使用同一语言的经历,一直都是多语言的生态,一个计算机语言可能有多个编译器出现。每个计算机语言都有不同的特性,有的特性存在非常大差距。预测可能会有几个新法言法语出现,或是有统一的法言法语,但是有不同翻译器或是编辑/编程环境。

2. 系统整体化

智能合约系统不是"空中阁楼",不能在空中运行,而且智能合约需要区块链和预言机合作。智能合约系统接口需要严格设计来保证系统的高效性、可靠性、安全性,还有可监管性。

3. 体制整体化

智能合约不只是技术问题,也需要体制改革。许多智能合约项目,包括 CodeX、雅阁项目、比格犬模型、Contract Vault 都表明需要政府机构(如公证处、法院、公安、国税局、监管单位、中央证券投管系统、银行、交易所、清算所等)上链,英国中央银行要求其他外商和中央银行系统连接。这些不但需要技术和系统连接,也需要制度配合。

4. 智能化

ISDA 在白皮书上认为,自动执行不是万能的。在一个复杂系统,代码的自动执行需要智能化,就是在运行时候,系统可以动态的决定是否需要继续自动进行。微服务的代码,由于代码少,不会有这样智能,但是智能合约平台可以有这样的智能。这个决策可以使用智能合约机制来完成。

5. 科技化

现在智能合约的工具科技化不够。现在有许多技术,但是多数不能联合使用,也就是无法在一个项目上使用。这是一个非常大的浪费,因为科研没有系统化,许多科技工具没有协调好,以至于发展的技术无法一起使用。修正这个问题会是大工程。

6. 服务标准化

美国期货交易委员会认为智能合约最大用途是"完成交易"(而不是"交易"),这表示智能合约只是执行交易的部分功能。这代表智能合约是"微服务",其功能如图 19 - 6 所示。

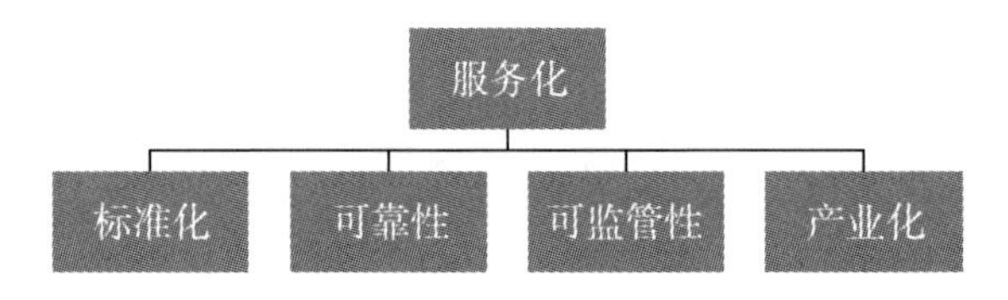

图 19 - 6　智能合约服务化的意义

(1)标准化:许多交易都需要相同的功能,例如注册、记账、交税等。这些如果都标准化,会大大增加智能合约(微服务)的重用性。标准化的影响不会只在已开发金融系统,以后金融系统开发,可能会重用这些已经开发的微服务,或是直接使用,或是稍作变动。标准化智能合约可以建立一个微服务知识库,以后可以作为中国金融系统作业的参考定义。监管机构可以指定使用一个新微服务,而这样的变动,可能只需要几分钟就可以完成(在制度整体化的背景下)。例如,英国中央银行的智能合约架构的设计,所有金融机构都必须使用英国中央银行提供的智能合约定义和接口。英国中央银行进行一次软件更新,如增加一个微服务,全英国所有的金融系统一被更改,几乎是全自动化的更改。例如,英国需要增加一个税收项目,于是增加一个新的税收智能合约服务,这种服务可以立刻进入所有支付系统。

(2)可靠性:微服务可以公开源代码,让公众评估,包括高科技公司评估。经过这样的众智活动,这些微服务功能和性能会是最好的。而且这些微服务的公信力也很高。这样的微服务还可以提高公众的注意力和推广数字经济。

(3)可监管性:这些微服务可以以类似 ISDA 的标准制定,而这些标准的主要目的都是监管。

(4)产业化:智能合约科研标准化使中国智能合约存在产业化的可能。

这是中国法律、金融、计算机三个领域的共同大事业,是一个伟大的中国梦,是中国合规数字金融的起点。

六、圆梦中国:智能合约与中国梦

当今的中国,14 亿中国人凝聚在一起,正努力实现一个伟大的中国梦——中华民族的伟大复兴。

回顾历史,中华民族古代的四大发明是中国科学技术对世界文明和人类发展的卓越贡献。要实现伟大复兴,科学技术依旧是发展的“主心骨”,并且由于技术革命带来的制度升级将会是一个重要的推动力。

伟大的中国梦离不开丰富的物质文明与精神文明,新技术的出现会极大地推动社会生产力的变革,带来生产要素的高速流动;制度的升级会带来社会运行成本的降低,除了变相增加社会福祉之外,还能提升人们的幸福感。

放眼世界,当前中美贸易战、科技战,全球各地民粹主义的兴起,全球化的进程遭遇了极大的困难,特别表现在全球合作和治理的基础——国际法(国际条约)和国际组织正在经受严重挑战,比如在全球环境问题越来越严重的情况下,全球气候治理框架《巴黎气候变化协定》(The Paris Agreement)因为美国退出而元气大伤;还有因两年多来的选任困局没有得到解决,全球经济和贸易治理框架中的核心——世界贸易组织的上诉机构于 2019 年 12 月 11 日停摆,直接危及全球经济和贸易的确定性。

事实上,破坏这些国际条约和国际组织容易,但是建设过程却是远超一般人想象的艰难和漫长,以世界贸易组织为例,从 1947 年的《关税及贸易总协定》(General Agreement on Tariffs and Trade,GATT)开始,到 1996 年 1 月 1 日世界贸易组织正式取代关贸总协定临时机构,再到 2001 年 12 月 11 日中国正式加入,截至 2020 年,世界贸易组织有 164 个成员国和 24 个观察成员国,基本囊括全球绝大部分的国家和经济体。粗略算起来,世界贸易组织建设和完善经历了半个世纪以上,然而在世界贸易组织的上诉机构处于停摆状态,这不能不让人担心全球经济贸易合作的未来。

难道我们还需要用半个世纪来达成一个新的世界贸易条约?或者说我们需要多少时间,需要什么途径和技术来完成现行世界贸易条约的改革和升级?我们知道,虽然国际条约的达成非常困难和耗时,但是国际条约的履行和纠纷解决更是国际法上的核心难题,随着智能合约在清晰定义法律事项的自动执行领域的探索和进步,拥有国内法律效力的智能合约,在未来有机会能为国际法律(国际条约)主体的国家和地区提供了建构和达成国际法律(国际条约)的技术,进而为新的全球合作和治理框架形成打下坚实的技术和法律基础。也就是说,智能合约可以为新的全球秩序形成和进化提供法律和技术的基础设施,让全球发展的预期有更好的确定性。

中国梦不仅仅是实现中国社会的繁荣,中国还要成为构建人类命运共同体的重要组成,中国必须融入世界。全球范围的供应链网络,已经将中国与世界牢牢地联系在一起,中国的对外交流与日俱增。随着越来越多跨地域、跨文化、跨语言的交往,传统的方式会产生许多的成本,但是在数字世界却运行着同一种语言,因此智能合约的普及无疑会是人类交往的一个重要里程碑,也是实现中国梦伟大征程的一个创举。

要知道,法律制度、法律实践是助力中国梦实现最为重要的根基和保证。未来科技和法律的结合,是利用科技实现法律的自动执行,这将会对整个法律制度和法律实践带来重大变革,进而带来社会的进步,推动中国梦的实现。

而通过智能合约,中国梦所代表的价值也会高效地与世界链接,共同塑造一个新的社会契约,加深人类命运共同体之间的联系。

本章补充思考

问题一:您如何理解皋陶模型中的“天人合一”理念?“天道”的核心理念是什么?

问题二:您如何理解智能合约的公正?其内涵更接近于实体正义,还是程序正义?

问题三:您认为智能合约的实施前景中应当倡导的职业伦理与现实的道德标准有何异同?

问题四:您认为,在智能合约和区块链技术发展方面,我国与其他国家有何路径上的异同?

问题五:您认为我国推行数字社会的进程中最大的阻碍是什么?应当采取何种应对方式?

参考文献

一、中文类

[1]蔡维德:《比特币的发明者“中本聪”到底是谁》,载微信公众号“天德信链”,2019 年 1 月 4 日。

[2]孔蓉、光大证券研究所:《TMT 行业深度研究报告之——区块链“从 0 到 1”》,载新浪网:http://vip. stock. finance. sina. com. cn/q/go. php/vReport_Show/kind/industry/rptid/4200247/index. phtml,最后访问时间:2020 年 7 月 17 日。

[3]中本聪:《比特币:一种点对点的电子现金系统》,载巴比特网:8btc. com/wiki/bitcoin - a - peer - to - peer - electronic - cash - syseem,最后访问时间:2020 年 7 月 17 日。

[4]蔡维德:《互链网白皮书》,载微信公众号“互链脉搏”,2020 年 3 月 27 日。

[5]蔡维德:《真伪稳定币! 区块链需要可监管性》,载微信公众号“天德信链”,2019 年 5 月 28 日。

[6][美]劳伦特・莱斯格:《代码:塑造网络空间的法律》,李旭等译,中信出版社 2004 年版。

[7]黄震:《重新定义未来——区块链如何定义金融、商业、文化与我们的生活方式!》,北京联合出版公司 2018 年版。

[8]税兵:《超越民法的民法解释学》,北京大学出版社 2018 年版。

[9]许可:《决策十字阵中的智能合约》,载《东方法学》2019 年第 3 期。

[10]王延川:《智能合约的构造与风险防治》,载《法学杂志》2019 年第 2 期。

[11]谭秋桂:《民事执行权定位问题探析》,载《政法论坛》2003 年第 4 期。

[12]黎蜀宁:《民事执行行为研究》,西南政法大学法学院 2004 年博士学位论文。

[13]金殿军:《民事执行机制研究》,复旦大学法学院 2010 年博士学位论文。

[14]柴振国:《区块链下智能合约的合同法思考》,载《广东社会科学》2019 年第 4 期。

[15]夏庆锋:《区块链智能合同的适用主张》,载《东方法学》2019 年第 3 期。

[16]肖峰:《作为社会有机体的信息文明》,载《河北学刊》2017 年第 5 期。

[17]《黄奇帆:人民银行或成为全球率先推出数字货币的央行》,载新浪财经:https://finance. sina. com. cn/money/bank/bank_hydt/2019 - 10 - 28/dociicezzrr5430477. shtml,最后访问时间:2019 年 11 月 14 日。

[18]蔡维德、姜嘉莹:《智能合约 3 个重要原则》,载微信公众号“天德信链”2019 年 1 月 17 日。

[19]通证通研究团队:《预言机:区块链与外界沟通的桥梁——区块链技术引卷之十五》,载微信公众号“通证通研究院”,2018 年 11 月 24 日。

[20]徐忠、邹传伟:《区块链能做什么? 不能做什么?》,载搜狐网:http://www. sohu. com/a/273728767_481741,最后访问时间:2020 年 7 月 20 日。

[21]TokenClub 研究院:《预言机技术研究报告》,载 DISPLORE 网,http://report. displore. cn/view/41563,最后访问时间:2020 年 8 月 27 日。

[22]杨韫珏:《后真相时代的真相构建与公众参与》,载《今传媒》(学术版)2019 年第 5 期。

[23]蔡维德、姜晓芳:《英国央行向第三方支付和数字代币宣战——以英国绅士的方式》,载 CoinOn 网:https://www. coinonpro. com/news/toutiao/47608. html,最后访问时间:2020 年 1 月 2 日。

[24]蔡维德、姜晓芳:《基于批发的 CBDC 数字货币重建全球金融体系——拜访发行 USC 的 Fnality 公司》,载链闻网:https://www. chainnews. com/articles/469554039982. htm,最后访问时间:2019 年 10 月 1 日。

[25]蔡维德:《国外数字法币的发展》,载链闻网:https://www. chainnews. com/articles/432737739361. thm? from = timeline,最后访问时间:2020 年 1 月 2 日。

[26]蔡维德:《数字法币 3 大原则:脸书 Libra 带来的重要信息》,载搜狐网:https://www. sohu. com/a/336970872116132,最后访问时间:2020 年 1 月 2 日。

[27]蔡维德、姜晓芳、刘璨:《区块链的第四大坑(中)——区块链分片技术是扩展性解决方案?》,载微信公众号“天德信链”,2018 年 8 月 2 日。

[28]蔡维德、王娟:《数字法币:非对称监管下的新型全球货币》,载搜狐网:https://www. sohu. com/a/384487427100189678,最后访问时间:2020 年 1 月 2 日。

[29]蔡维德:《熊猫——CBDC 央行数字货币模型》,载微信公众号“天德信链”,2016 年 11 月 5 日。

[30]中国信通院、腾讯研究院:《2018 金融区块链研究报告》,载搜狐网:https://www.sohu.com/a/243506652204078,最后访问时间:2020 年 1 月 2 日。

[31]蔡维德、刘琳、姜晓芳:《区块链的中国梦之一:区块链互联网引领中国科技进步》,载微信公众号“天德信链”,2018 年 8 月 7 日。

二、英文类

[1]George Gilder,“Blockchain Paves Theway for Trust and Security”,https://gilderpress.com/2019/10/04/blockchain-paves-the-way-for-trust-and-security/,Oct. 4, 2019.

[2]George Gilder,“Exclusive:‘Lifeafter Google’, 10 Laws of Cryptocom”, https://townhall.com/columnists/georgegilder/2018/07/17/exclusive-10-laws-of-the-cryptocosm-n2501167, July 17, 2018.

[3]Shannon Voight,“George Gilder's Tenlaws of Cryptocosm”, https://blog.blockstack.org/george-gilder-predicts-life-after-google/, Feb. 28, 2019.

[4] Nick Szabo,“Smart Contracts: Building Blocks for Digital Markets”, http://www.fon.hum.uva.nl/rob/Courses/InformationInSpeech/CDROM/Literature/LOTwinterschool2006/szabo.best.vwh.net/smart_contracts_2.html, July 17, 2020.

[5]Nick Szabo,“Formalizing and Securing Relationships on Public Network”, https://firstmonday.org/ojs/index.php/fm/article/view/548/469#*, Jul. 17, 2020.

[6] UK Government Chief Scientific Adviser,“Distributed Ledger Technology: Beyond Block Chain”,https://www.gov.uk/government/uploads/system/uploads/attachment_data/file/492972/g-16-1-distributed-ledge-technology.pdf, July 19, 2020.

[7] MEDICI,“RegTech: A Triple Bottom Line Opportunity”,https://memberships.gomedici.com/research-categories/regtech-a-triple-bottom-line-opportunity, July 19, 2020.

[8] Carl Benedikt Frey & Michael A. Osborne,“The future of employment: Howsus ceptible are job stocom puterisation?”,Technol. Forecast. Soc. Change 114,2017.

[9]JPMorgan,“Software Doesin Seconds What Took Lawyers 360,000 Hours”,

https://www.bloomberg.com/news/articles/2017-02-28/jpmorgan-marshals-an-army-of-developers-to-automate-high-finance, Sep. 29, 2018.

[10] Mark Fenwick, Wulf A. Kaal & ErikVermeulen, "Regulation Tomorrow: What Happens When Technologyis Fasterthanthe Law?", AmericanUniversity Business Law Review, Vol. 6, Issue 3, 2017.

[11] Alexander Savelyev, "Contract Law 2.0: 'Smart' Contractsas the Beginning of the end of Classic Contract Law", https://www.tandfonline.com/doi/full/10.1080/13600834.2017.1301036, July 19, 2020.

[12] "Legal Technology through the Ages—Why Didn't They Dread It Then?", http://law2050.com, Feb. 21, 2019.

[13] Ron Friedmann, "Back to the Future: A History of Legal Technology", https://prismlegal.com/back_to_the_fu ture-a-history-of-legal-technology/, Oec 2004.

[14] The LexisNexis Timeline, http://www.lexisnexis.com/anniversary/30th_timeline_fulltxt.pdf, Oct. 6, 2019.

[15] The Basics, "What Is e-Discovery?", https://cdslegal.com/knowledge/the-basics-what-is-e-discovery/, Sept. 3, 2019.

[16] TechCrunch, "Legal Tech Startups Have a Short History and a Bright Future", https://techcrunch.com/2014/12/06/legal-tech-startups-have-a-short-history-and-a-bright-future/, Sept. 19, 2019.

[17] Charlie Von Simson, "How ROSS AI Turns Legal Research on Its Head", https://blog.rossin-telligence.com/post/how-ross-ai-turns-legal-research-on-its-head, Sept. 3, 2019.

[18] Jiang Jiaying, "The Normative Role of Smart Contracts", 15 US-China Law Rev. 139, 2018.

[19] ISDA, "2002 ISDA Master Agreement", https://www.isda.org/book/2002-isda-master-agreement-english/, July 17, 2020.

[20] Wei-Tek Tsai, et al., "A Multi-Chain Model for CBDC", in 5th IEEE International Conference on Dependable Systems and Their Applications (DSA), 2018.

[21] Rong Wang, et al., "A Distributed Digital Asset-Trading Platform Basedon Permissioned Blockchains", International Conference on Smart Blockchain, Springer,

2018.

[22] Wei – Tek Tsai, et al., Lessons Learned From Developing Permissioned Blockchains, in 2018 IEEE International Conference on Software Quality, Reliability and Security Companion (QRS – C) ,2018.

[23] Eli Androulaki, etl al., "Hyperledger Fabric: A Distributed Operating System for Permissioned Blockchains", in Proceedings of the Thirteenth EuroSys Conference. ACM, 2018.

[24] Wei – Tek Tsai, XiaoyingBai, Yu Huang, "Software – as – a – Service: Perspectives and Challenges", Science China: Information Sciences, 57(5) ,2014, pp. 1 – 15.

[25] Xiaomin Bai, et al., "Formal Modeling and Verification of Smart Contracts", Proceedings of the 7th International Conference on Software and Computer Applications, 2018.

[26] Abdellatif Tesnim, et al., "Formal Verification of Smart Contracts Based on Users and Blockchain Behaviors Models", 9th IFIP International Conference on New Technologies, Mobility and Security(NTMS), 2018.

[27] Xiaohong Chen, et al., "A Language – independent Approach to Smart Contract Verification", in International Symposium on Leveraging Applications of Formal Methods, 2018.

[28] Meixun Qu, et al., "Formal Verification of Smart Contracts from the Perspective of Concurrency", in International Conference on Smart Blockchain, 2018.

[29] Zeinab Nehai, et al., "Model – checking of Smart Contracts", in IEEE International Conference on Internet of Things (iThings), IEEE Green Computing and Communications (GreenCom), IEEE Cyber, Physical and Social Computing (CPSCom), IEEE Smart Data (SmartData), 2018.

[30] Leonardo Alt, et al., "SMT – based Verification of Solidity Smart Contracts", in International Symposium on Leveraging Applications of Formal Methods, 2018.

[31] Bhargavan Karthikeyan, et al., "Formal Verification of Smart Contracts: Short Paper", in Proceedings of the ACM Workshop on Programming Languages and Analysis for Security, 2016.

[32] Sidney Amani, et al., "Towards Verifying Ethereum Smart Contract Bytecode in Isabelle/HOL", in Proceedings of the 7th ACM SIGPLAN International Conference on Certified Programs and Proofs, 2018.

[33] Ton Chanh Le, et al., "Proving Conditional Termination for Smart Contracts", in Proceedings of the 2nd ACM Workshop on Blockchains, Cryptocurrencies, and Contracts, 2018.

[34] Nicola Atzei, et al., "A Survey of Attacks on Ethereum Smart Contracts (sok)", in International conference on principles of security and trust, 2017.

[35] Joshua Ellul, et al., "Runtime verification of Ethereum Smart Contracts", in 14th European Dependable Computing Conference (EDCC), 2018.

[36] T. Hardjono, and E. Maler, "Report from the Blockchain and Smart Contracts Discussion Group to the Kantara Initiative", https://kantarainitiative. org/file – downloads/report – from – the – block – chain – and – smart – contracts – discussion – group – to – the – kantara – initiative – v1/, June 5, 2017.

[37] Bank of England, "Central Bank Digital Currency: Opportunities, Challenges and Design", https://www. bankofengland. co. uk/ – /media/boe/files/paper/2020/central – bank – digital – currency – opportunities – challenges – and – design. pdf, Aug. 27, 2020.

[38] David Siegel, "Understanding the DAO Attack", https://www. coindesk. com/understanding – dao – hack – journalists, June 2016.

[39] Bank of England, "The Bank of England's Future Balance Sheet and Framework for Controlling Interest rates: a Discussion Paper", https://www. bankofengland. co. uk/paper/2018/boe – future – balance – sheet – and – framework – for – controlling – interest – rates, August 2018.

[40] Jack Meaning, et al., "Broadening Narrow Money Monetary Policy with a Central Bank Digital currehcy", https://www. bankofengland. co. uk/working – paper/2018/broadening – narrow – money – monetary – policy – with – a – central – bank – digital – currency, May 2018.

[41] European Central Bank, https://www. ecb. europa. eu/pub/pdf/other/stella_project_report_march_2018. pdf, Jan. 2, 2020.

[42]Matt Liston, "A Visit to the Oracle", http://media. consensys. net/2016/06/01/a - visit - to - the - oracle/? from = singlemessage&isappinstalled = 0, July 20, 2020.

后 记

蔡维德谈为何研究区块链和智能合约

一直有人问为什么笔者从2015年开始，一直在研究区块链，甚至经过2017年9月至2019年的区块链低潮，还在继续研究区块链。

在2014年12月，笔者到了北京航空航天大学，开始在祖国的研究生涯。回到祖国后，笔者一直在找一个研究题目，而这个题目必须是重要的，并且最好是新的课题，很少人研究过的。笔者在美国伯克利大学做研究生的时候，世界著名的控制理论大师拉特飞·扎德（Lotfi Zadeh）问笔者为什么在那里研究一个数学学科，笔者回答说这理论漂亮。他说，你不应该做这研究，因为这已经有30年研究历史，你应该去研究新的题目，因为这比较好做，而且以后有更大的影响。如果从学科的发展，往往是第一篇论文是最重要的论文，后面论文再好，大家还是引用原来的论文。他和笔者谈话的时候是1981年。

拉特飞·扎德教授

如果大家不知道拉特飞·扎德是谁，可以查一下他的背景。他年轻的时候，已经是世界控制大师，他提出现代控制理论（Modern Control Theory，对应古典控制理论)。现代控制理论是他和另外一位伯克利教授查尔斯·德索(Charles Desoer)合写一本书创造出来的新理论。但是在成名后,他突然转到研究模糊理论(Fuzzy Set Theory)。当时反对他做模糊理论的人非常多,但是他仍然认为自己做得对。他从控制理论大师转到研究一个全新领域(模糊理论),勇气可嘉。在他看来,建立一个全新领域比在一个已经成功的领域(他创建的现代控制理论)更加重要。

阴差阳错,很可惜没有成为他的学生。但是他这次对笔者的指导,笔者一直记到今天,也成为笔者的研究座右铭。

首先,区块链在学术界是一个新课题,在当时没有国际会议、没有期刊、几乎国内外大部分大学都没有听过这名词。根据扎德教授的指导,这情形大好,因为做的人越少越好,课题越新越好。

但是区块链有前途吗?以后会改变世界吗?这是笔者必须思考的问题。在2015年笔者就从以下几个方向研究:

(1)著名机构的观点

《华尔街日报》:2015年1月,《华尔街日报》认为区块链是500年最大的一次金融科技突破,这点非常重要,他们的观点主要是区块链是520年来第一次记账法的改革。1494年世界开始有复式记账法,经历520年,人类居然没有创造出另外一个新的记账法出来。《华尔街日报》认为区块链带来一个新的记账法——三式记账法(区块链记账法+复式记账法),就是人类520年第一次记账法的改革。

英国首席科学家:2016年1月,英国首席科学家报告认为区块链是"百业可用"。2016年3月,笔者去拜访英国首席科学家,面对面交谈。

英国中央银行、欧洲中央银行、加拿大中央银行:2016年9月,笔者拜访了英国中央银行银保监会主席,并且在伦敦参加国际会议,参与学者大多是中央银行经济学者。会议中笔者了解到,国外学者在2015年已经出书认为银行以后会改变。另外还听到英国中央银行两次演讲(一个是政策解读,另一个是理论演讲),直接接触欧洲中央银行。这次会议,笔者从英国中央银行演讲(数字英镑)、希腊大学的演讲以及加拿大中央银行实事求是的态度中获益良多。欧洲中央银行学者,听到英国中央银行说要发行数字英镑的时候,非常兴奋。当英国中央银行公开认为这是320年世界法币的一次大改革,欧洲中央银行学者情绪激动,不能自已。加拿大中央银行一直向英国中央银行提问,不断挑战英国中央银行的观点,但是同时又大力支持英国中央银行的观点。后来加拿大中央银行是世界第一个进行数字法币实验的中央银行,在2017年发布实验报告。当时其他几家中央银行没有表述任何意见,而他们后来动作也非常慢。在加拿大中央银行实验后，欧洲中央银行和日本中央银行连续进行多项实验，并出具实验报告。笔者关于区块链、数字法币的许多观点均出自这些报告。只有数据是靠谱的，其他可能只是想法。

伦敦金融城经济学家：2016 年笔者拜访英国伦敦金融城，遇到金融学家迈克尔·马伊内利（Michael Mainelli）。他认为区块链的革命是巨大的。同时访问了伦敦巴克莱银行，其他金融科技加速器，这些都加深了笔者对区块链的信心。

（2）学术研究

2015 年夏天，笔者读到麻省理工学院数字社会（Digital Society）的理论，特别提及里德定律，说到数字社会经济会大爆发。笔者深以为然。在 2019 年 2 月，笔者在文章《从麻省理工学院数字社会到通向区块链中国之路》里面提到这个理论。麻省理工学院里面一个重要观点，就是现在计算机设计和网络设计是不安全的，需要重新设计。这理论后来也影响到美国科技预言家乔治·吉尔德（George Gilder），他在 2018 年开始出书反对谷歌，表示新时代就要来临。笔者研究他的观点后，在 2020 年 1 月 27 日的文章《从大数据时代走向区块链时代：互链网新思维和新架构》中收录了他的观点。

在 2015 年 10 月，笔者决定采用区块链落地方式，而不是麻省理工学院采用的技术路线，理念相同，但是路线不同。也就是 2015 年 10 月在北京航空航天大学建立数字社会 & 区块链实验室，讨论计算法学、身份证等课题，这些都是后来区块链在我国发展的基础。

这思想后来还影响到其他重要项目，例如 The Sorvin Framework。笔者在 2020 年 3 月底发布的《互链网白皮书》，就引用了这些重要观点。

这些观点以麻省理工学院思想最前沿（或是说更加颠覆性）。与本书的理念非常靠近，但是路线不同。麻省理工学院是完全重新做起，本书观点比较保守，一点一点改变世界。

（3）历史研究

自 2015 年《华尔街日报》报道后，笔者研究相关金融历史，发现复式记账法在历史上被定位为伟大事件，是西方经济的基础。有了复式记账法后，才有中央银行、股票市场、上市公司、审计、会计、期货等金融机构及活动。

中国大历史学者黄仁宇教授认为，中国因为没有大量使用复式记账法而落后于西方。中国曾经开发了类似复式记账法，但是没有大量使用，以至于中国落后于西方——黄教授的这一观点出现在《万历十五年》一书中。

在《万历十五年》一书中,黄教授认为1587年是中国开始走向没落的一年,原因是缺乏数字管理,而西方已经开始数字管理。为什么缺乏数字管理?是因为没有用复式记账法。当时中国也有类似复式记账法出现,例如“龙门账”,但是没有被大量使用,成为数字管理的工具。

在1494年出现的复式记账法改变了金融和人类社会,而且改变了“国运”(包括中国和西方),影响到526年后的今天。2008年出现的“三式记账法”和2013年出现的智能合约会如何改变世界?(2013年后智能合约才真正出现,在这以前都只是一个名词概念)。每次想到这些问题,笔者都感到区块链和智能合约的重要。重要到在区块链寒冷的冬天(2018年),还是觉得热情满溢,认为自己走在正确的路上。在“币圈”最冷而“链圈”还没有起来的时候,笔者连续发表四篇关于“区块链中国梦”的文章,认为区块链是中国的巨大机会。

2018年9月,笔者发表《亲,别逗了,区块链是500年最大金融科技创新?》,几星期后,就有金融界领导公开讨论此事。

(4)和领域大佬直接谈话

2015年,笔者两次邀请维塔利克·布特林到北京航空航天大学就区块链发表演讲,其中一次是3天培训。但是有人认为向大学都没有毕业的人学习科技有问题。他们认为,维塔利克大学没有毕业,不值得向他学习,而且他还非常年轻,比许多研究生还年轻。但是孔子说,三人行,必有我师,何况是当时区块链界的“大佬”?人不能以出身来评估,三国中的曹操都不以出身认人。维塔利克有他过人的地方,他不是不想上大学,而是他认为他对区块链更感兴趣,认为这是一个历史性的新科技。但是在他的大学环境(是加拿大的一所大学),他不能发展,于是离开大学自己发展。

他走了人生一个正确的路线。

笔者在美国教书的时候,所有大一学生都必须上一门课,这课不是教数学、物理、化学、英文、法律,而是教人生的选择。里面一个重要功课是人一生要给自己一个机会,走自己认为对的路线,就算其他人认为不对,或是耻笑,也要坚持下去。教这堂课的时候,还叫学生看印度电影《三傻大闹宝莱坞》(Three Idiots)。这电影的信息,就是每个人走自己的路线。

他和笔者的讨论主要关注在区块链能不能在中国发展。他认为公链和发币是主要路线,笔者认为不能发币,而是注重基础系统设计,联盟链和应用是主要路线。后来以太坊也发展联盟链。

(5)研究计算机理论

笔者调查计算机理论,发现到现在没有完整的信任机器(trust machine)理论出现。有信任理论,但都是系统先设计好,才考虑信任问题,而没有基于信任开发的计算机和网络。这点麻省理工学院也有同样观点。笔者认为,区块链是世界计算机和网络的一个新突破口,这和当时传统思维正好相反。传统思维认为没有必要再发展全新路线。这种观点表明以前这些理论和系统是花大代价完成的,如今重来,市场不会接受。在一般情形下,这观点完全正确。但是区块链不是一般情形,因为区块链更新了已经使用500年的记账法。

遇到许多学者,大部分都认为区块链是应用,不是基础理论,区块链的开发只是应用开发,对计算机基础理论和系统没有影响。许多学者也不愿意从事研究区块链,因为连发表期刊机会都没有。没有国际会议也没有期刊收这些文章。许多人认为这时候不应该从事区块链研究,没有前途。

但是笔者却认为这个时机大好,因为这是开始,而且以后会是大改变。区块链会创造新理论、新架构、新系统、新基础设施。2018年《区块链的中国梦之一:区块链互联网引领中国科技进步》一文出现了这种观点,2020年3月发布的《互链网白皮书》也是基于同一理念。笔者认为,在现在系统或是网络上的创新,不是500年来一个大创新,这只是计算机历史上的小演进。如果这是500年来最大一次金融科技大创新,前面的路还非常长。在这历史时刻,不应该再做一般性的创新,在前面的是历史性的大创新。

笔者观察近20年来的重要创新都是集成创新。早在20世纪80年代,有观点认为集成创新比单学科创新更重要。美国把大笔研究经费都在联合项目上,例如,在生物学的创新,就是生物和计算机联合的创新。在2013~2014年,笔者没有到北京航空航天大学的时候,花了许多时间在联络国际项目,几乎所有项目都是集成创新。

《区块链的中国梦之一:区块链互联网引领中国科技进步》将区块链定位为计算机和网络基础设施是一个思想上突破,这表示以后会有基于区块链,或是支持区块链的网络、操作系统、数据库出现。

(6)和法律界交流

2015年笔者开始和法律界合作,例如,与哈佛大学毕业的律师相遇,一番谈话后,其立刻表示区块链对中国法学可以有巨大的贡献。其他互联网公司法务、律师和笔者交流,也纷纷表示这是中国法律界的大事。

和法律界交流对笔者个人影响很大。在2015年前,笔者从没有做过法学研究,不明白法学基本思路,但现在也研读法律评论文章。本书中提到的雅阁项目、LSP、李嘉图合同、可计算的合同大都是法学学者开启的项目。这些研究也使笔者更加确定,区块链方向是“原始森林”,连国外期刊文章都很少,国外关于沙盒的论文都是在2019年才开始。另外国外法学界对英国中央银行监管沙盒制度的批评让人佩服,直接批评英国中央银行这计划不公平、不科学、不合理、没有实际效果。

在和国内外法律界来往的时候,接触第一手的资料,深切感受到计算机对这领域的影响终于要来临了。这领域有太多的地方可以因为计算机、区块链、智能合约的来临产生巨大变化。在2018年,美国法学界对区块链还不熟悉的时候,笔者经过和多位法学老师反复讨论后,写下《区块链中国梦之三:法律的自动执行将颠覆法学研究、法律制度和法律实践》。

另外法学界对智能合约更感兴趣,存证(区块链)是第一步,法律的自动执行(智能合约)对法律界来说,更加重要。

(7)开发系统

2015年,笔者和三位北京大学学生开发出了世界最早的联盟链——北航链,比IBM公司还早,也比以太坊联盟链还早。当时研发遇到许多技术上的困难,实验一直做,设计却一直翻新。原来花了大代价得到结果,因为需要加一个新功能,设计可能要大改。这样实验一直做,一直改,设计不下几百个方案。

由于实验的时候遇到太多次困难,对系统更加了解。因此对世界其他著名系统遇到的困难也能很快领会,因为他们和笔者团队遇到的问题相同或是类似。有的系统选择放弃成为“信任机器”的设计,这样系统可以大大简化,从商业角度来说成本会降低,但是这就成为伪链或是假链。笔者团队也下载一些开源区块链项目,发现许多项目是虚假的。很多人认为我们不需要太认真,因为在商业界就是这样,假链满天下,而且发币优先,不会有人在意链是否真假。

笔者对区块链感兴趣,是因为区块链是“信任机器”。如果笔者是法院或是检察院,笔者就不敢用假链,如果笔者是金融机构,笔者也不敢用假链。如果没有出事,一切都不会有问题;但是万一出事,责任风险太大。

如果一直宣传区块链是“500年最大的一次金融科技创新”,而同时认为伪链和假链也是区块链,那么“伪链”或是“假链”就是“500年最大一次金融科技创新”?区块链颠覆金融市场,就是“伪链”或是“假链”颠覆金融市场?区块链是中国科技的重要突破口,那“伪链”和“假链”就是中国科技重要突破口?

(8)长期跟踪

从2015年开始,笔者开始每天读区块链信息。因为区块链信息相对来说较少,后来2017年“币圈”大爆发,消息开始多起来,那时候已经不能再跟踪每个区块链或是智能合约信息。而2019年6月后,数字法币消息大爆发,如果每天要把相关信息读完,需要耗费大半天的时间,而不能工作。

从2019年6月后,数字法币的热点远远超过“币圈”的热度,这次是世界中央银行和商业银行对这些感兴趣。区块链和智能合约终于走到合规和“台前”;讨论这些技术的是中央银行行长(如英国中央银行行长,他说得最多),而不是在做路演募资的发币公司。以前是币圈的人在说这技术颠覆金融,而金融界不理;现在是金融界讨论这技术会颠覆金融,而“币圈”的还在建立自己的“DeFi世界”。

2019年8月23日英国中央银行在美国的演讲让人发觉他们是有备而来,从2014年年底就开始一个大计划,这写在2019年10月29日发表的《隐藏复兴百年英镑的大计划——揭开英国中央银行数字法币计划之谜》一文中,后来美国的反应,写在2019年12月25日的文章《“数字法币战争”:英国仁兄“大闹”美联储,哈佛智库模拟战争》中。区块链的重要性也达到国家安全级别。联合国在2019年也将区块链和智能合约列为最重要的金融科技,证实了2015年1月《华尔街日报》的分析和预测。

世界终于变了,也是按照笔者在2015年的预测在走,可是我们对这技术的了解却大不相同。2019年6月18日、8月23日、10月24日这三个特殊的日子改变了世界,也改变了我们,区块链和智能合约不再只是技术,而是中国需要的重要突破口,而改革现在才真正开始。

图书在版编目(CIP)数据

智能合约：重构社会契约／蔡维德主编. -- 北京：法律出版社，2020
ISBN 978 -7 -5197 -4877 -7

Ⅰ.①智… Ⅱ.①蔡… Ⅲ.①区块链技术 Ⅳ.①TP311.135.9

中国版本图书馆 CIP 数据核字(2020)第156759号

智能合约:重构社会契约
ZHINENG HEYUE:CHONGGOU SHEHUI QIYUE

蔡维德 主编

责任编辑 程 岳 周 洁
装帧设计 汪奇峰

编辑统筹 司法实务出版分社
出版 法律出版社
总发行 中国法律图书有限公司
经销 新华书店
印刷 中煤(北京)印务有限公司
责任印制 胡晓雅
开本 710毫米×1000毫米 1/16
印张 19.5
字数 340千
版本 2020年9月第1版
印次 2020年9月第1次印刷

法律出版社/北京市丰台区莲花池西里7号(100073)
网址/www.lawpress.com.cn
投稿邮箱/info@lawpress.com.cn
举报维权邮箱/jbwq@lawpress.com.cn
销售热线/400-660-8393
咨询电话/010-63939796

中国法律图书有限公司/北京市丰台区莲花池西里7号(100073)
全国各地中法图分、子公司销售电话：
统一销售客服/400-660-8393/6393
第一法律书店/010-83938432/8433
西安分公司/029-85330678
重庆分公司/023-67453036
上海分公司/021-62071639/1636
深圳分公司/0755-83072995

书号:ISBN 978-7-5197-4877-7
定价:58.00元
(如有缺页或倒装,中国法律图书有限公司负责退换)